新起点电脑教程

C++面向对象程序设计基础入门与实战(微课版)

文杰书院　编著

清华大学出版社
北　京

内 容 简 介

C++是当前市面中最为常用的编程语言之一，它兼具高级语言和汇编语言的特点。本书以通俗易懂的语言、翔实生动的操作案例、精挑细选的使用技巧，指导初学者快速掌握 C++语言的基础知识与使用方法。本书主要内容包括 C++语言基础，C++程序的基本结构，C++语言的基础语法，变量和常量详解，运算符和表达式，流程控制语句，指针，复合数据类型，C++函数，输入、输出和文件操作，面向对象之类和对象，命名空间和作用域，类的继承和派生，C++多态，异常处理，图书馆管理系统等方面的知识。全书循序渐进、结构清晰，以实战演练的方式介绍知识点，让读者一看就懂。

本书面向学习 C++开发的初、中级用户，适合无基础又想快速掌握 C++开发的入门读者使用，同时对有经验的 C++使用者也具有很高的参考价值，还可以作为高等院校专业课教材和社会培训机构的培训教材。

图书在版编目(CIP)数据

C++面向对象程序设计基础入门与实战：微课版/文杰书院编著. —北京：清华大学出版社，2020
新起点电脑教程
ISBN 978-7-302-54086-1

Ⅰ. ①C… Ⅱ. ①文… Ⅲ. ①C 语言—程序设计—教材 Ⅳ. ①TP312.8

中国版本图书馆 CIP 数据核字(2019)第 241998 号

责任编辑： 魏 莹 杨作梅
封面设计： 杨玉兰
责任校对： 李玉茹
责任印制： 李红英
出版发行： 清华大学出版社
网 址： http://www.tup.com.cn, http://www.wqbook.com
地 址： 北京清华大学学研大厦 A 座 **邮 编：** 100084
社 总 机： 010-62770175 **邮 购：** 010-62786544
投稿与读者服务： 010-62776969, c-service@tup.tsinghua.edu.cn
质量反馈： 010-62772015, zhiliang@tup.tsinghua.edu.cn
印 装 者： 北京密云胶印厂
经 销： 全国新华书店
开 本： 185mm×260mm **印 张：** 17.5 **字 数：** 425 千字
版 次： 2020 年 1 月第 1 版 **印 次：** 2020 年 1 月第 1 次印刷
定 价： 69.00 元

产品编号：079827-01

前　言

随着电脑的推广与普及，电脑已走进了千家万户，成为人们日常生活、工作、娱乐和通信必不可少的工具。正因为如此，开发电脑程序成为一个很重要的市场需求。根据权威机构预测，在未来几年，国内外的高层次软件人才将处于供不应求的状态。而 C++作为一门功能强大的开发语言，深受广大编程初学者和爱好者们所喜爱。为了帮助大家快速地掌握 C++这门编程语言的开发知识，以便在日常的学习和工作中学以致用，我们编写了本书。

购买本书能学到什么？

本书在编写过程中以 C++语言的基础语法和常见应用为导向，深入贴合初学者的学习习惯，采用由浅入深、由易到难的方式讲解，读者还可以通过随书赠送的多媒体视频教学学习。全书结构清晰，内容丰富，主要包括以下 5 个方面的内容。

1. 学习必备

本书第 1～2 章，介绍了 C++语言基础和 C++程序基本结构等方面的内容，详细讲解了安装 C++开发工具的知识，并简单剖析了 C++的语法风格。

2. 基础语法

本书第 3～6 章，循序渐进地介绍了 C++语言的基础语法、变量和常量、运算符和表达式、流程控制语句等内容，这些内容都是学习 C++语言所必须具备的基础语法知识。

3. 核心技术

本书第 7～10 章，介绍了 C++语言的核心语法知识，主要包括指针，复合数据类型，函数，输入、输出和文件操作等相关知识及具体用法，并讲解了各个知识点的使用技巧。

4. 进阶提高

本书第 11～15 章，介绍了 C++语言的高级开发技术，包括类和对象，命名空间和作用域，类的继承和派生，多态，异常处理等方面的知识，以及这些知识点的用法和使用技巧。

5. 综合实战

本书第 16 章通过一个图书馆管理系统的实现过程，介绍了使用前面所学的 C++语言知识开发一个大型数据库软件的过程，对前面所学的知识融会贯通，了解 C++语言在大型软件项目开发中的使用方法和技巧。

如何获取本书的学习资源

为帮助读者高效、快捷地学习本书的知识点，我们不但为读者准备了与本书知识点有关的配套素材文件，而且设计并制作了精品视频教学课程，还为教师准备了 PPT 课件资源。购买本书的读者，可以通过以下途径获取相关的配套学习资源。

1. 扫描书中二维码获取在线学习视频

读者在学习本书的过程中，可以使用微信的扫一扫功能，扫描本书标题左下角的二维码，在打开的视频播放页面中可以在线观看视频课程。这些课程读者也可以下载并保存到手机或电脑中离线观看。

2. 登录网站获取更多学习资源

本书配套素材和 PPT 课件资源，读者可登录网址 http://www.tup.com.cn(清华大学出版社官方网站)下载相关学习资料，也可关注“文杰书院”微信公众号获取更多的学习资源。

本书由文杰书院组织编写，由薛小龙、李军组稿，杜成负责本书内容编写，参与本书编写工作的人员还有王卓、陈家政、吴新芳、袁帅、文雪、李强、高桂华、冯臣、宋艳辉等。

我们真切希望读者在阅读本书之后，可以开阔视野，增长实践操作技能，并从中学习和总结操作的经验和规律，达到灵活运用的水平。鉴于编者水平有限，书中纰漏和考虑不周之处在所难免，热忱欢迎读者予以批评、指正，以便我们日后能为您编写更好的图书。

编　者

目　　录

第 1 章

C++语言基础

本章要点

- 什么是 C++
- 搭建 C++开发环境
- 编写第一个 C++程序

本章主要内容

想必大家都听说过“C 语言”吧，有些读者甚至使用过 C 语言，因为它是大中专院校的基础课程之一。而 C++语言是对 C 语言的重大改进，C++的最大特点是通过“类”成了一门“面向对象”的语言。在本章的内容中，将介绍学习 C++语言必备的基础知识和搭建开发环境的方法。

1.1 什么是 C++

C++是在 C 语言的基础上发展起来的一种面向对象编程语言，支持过程化程序设计、数据抽象、面向对象程序设计、制作图标、泛型等多种程序设计风格。

↑扫码看视频

1.1.1 C++的发展历史

C++和 C 语言确实有很大的渊源。C 语言之所以起名为“C”，是因为它主要参考那个时候的一门叫 B 的语言，它的设计者认为 C 语言是 B 语言的进步，所以就起名为 C 语言；但是 B 语言并不是因为之前还有个 A 语言，而是 B 语言的作者为了纪念他的妻子，他的妻子的第一个字母是 B；当 C 语言发展到顶峰的时刻，出现了一个版本叫 C with class，这就是 C++最早的版本。其特点是在 C 语言中增加了关键字 class 和类，那时有很多版本的 C 都希望在其中增加类的概念。后来 C 标准委员会决定为这个版本的 C 起个新的名字，并征集了很多个名字，最后采纳了其中一个能人的意见，以 C 语言中的运算符“++”来体现它是 C 语言的进步，所以就叫作 C++，并成立了 C++标准委员会。

在成立 C++标准委员会后，美国 AT&T 贝尔实验室的本贾尼·斯特劳斯特卢普博士在 20 世纪 80 年代初期发明并实现了 C++(最初这种语言被称作“C with class”)。一开始 C++是作为 C 语言的增强版出现的，从给 C 语言增加类开始，不断地增加新特性，到后来的虚函数(virtual function)、运算符重载(operator overloading)、多重继承(multiple inheritance)、模板(template)、异常(exception)、RTTI、命名空间(name space)等逐渐被加入标准。1998 年，国际标准化组织(ISO)颁布了 C++程序设计语言的国际标准 ISO/IEC 1488—1998。

C++是具有国际标准的编程语言，通常称作 ANSI/ISO C++。1998 年是 C++标准委员会成立的第一年，以后每 5 年视实际需要更新一次标准。2011 年 8 月 12 日，国际标准化组织和国际电工委员会(IEC)旗下的 C++标准委员会(ISO/IEC JTC1/SC22/WG21)公布了 C++11 标准，并于 2011 年 9 月出版。

2012 年 2 月 28 日的国际标准草案(N3376)是最接近于 C++11 标准的草案(仅编辑上的修正)，此次标准为自 C++98 发布后 13 年来第一次重大修正。C++的最新正式标准 C++11 于 2014 年 8 月 18 日公布。

1.1.2 C++的优点和缺点

C++支持多种编程范式，包括面向对象编程、泛型编程和过程化编程。其编程领域广泛，常用于系统开发、引擎开发等应用领域，是最强大编程语言之一，支持类、封装、重载等特性。C++语言有很多优点，下面列出了几条比较重要的优点。

- C++语言灵活，运算符的数据结构丰富、具有结构化控制语句、程序执行效率高，而且同时具有高级语言与汇编语言的优点。与其他语言相比，C++可以直接访问物理地址，与汇编语言相比又具有良好的可读性和可移植性。
- C++语言具备了 C 的简洁、高效，接近汇编语言等特点，对 C 的类型系统进行了改革性的扩充，因此 C++比 C 更安全，C++的编译系统能检查出更多的类型错误。另外，由于 C 语言的广泛使用，因而极大地促进了 C++的普及和推广。
- C++语言支持面向对象的特征，虽然与 C 的兼容使得 C++具有双重特点，但它在概念上完全与 C 不同，更具面向对象的特征。
- 出于保证语言的简洁和运行高效等方面的考虑，C++的很多特性都是以库(如 STL)或其他形式提供的，而没有直接添加到语言本身里，这样使得 C++更加容易上手。
- C++引入了面向对象的概念，使得开发人机交互类型的应用程序更为简单、快捷。很多优秀的程序框架包括 Boost、Qt、MFC、OWL、wxWidgets、WTL 等使用的就是 C++。

对于广大初学者来说，C++比较难学。C++语言由于本身复杂，其编译系统受到 C++复杂性的影响，对于很多没有编程基础的读者来说，会感觉 C++比较难以入门。

1.2　搭建 C++开发环境

Microsoft Visual Studio 2017 是微软推出的全新专用开发工具，是一个集成的开发环境工具。Microsoft Visual Studio 2017 是一款功能齐全且可以扩展的免费 IDE，能够创建适用于 Windows、Android 和 iOS 的应用程序，以及 Web 应用程序和云服务。

↑扫码看视频

1.2.1　Visual Studio 2017 的新功能

- 更优秀的性能和工作效率：更加专注于新型、现代化的移动、云和桌面开发功能，与以前的版本相比，现在的 Visual Studio 启动速度更快、响应能力更强、使用的内存更少。
- 可以使用 Azure 开发云应用：通过内置的 Azure 工具套件，可以轻松地创建由 Microsoft Azure 提供支持的云应用。借助于 Visual Studio，可以轻松配置、构建、调试、打包和部署 Azure 上的应用和服务。
- 跨平台开发：可以向任意目标平台无缝提供软件，使用.NET Core 编写在 Windows、Linux 和 macOS 操作系统上运行的应用和库。

➢ 支持 AI 开发：通过使用 Visual Studio Tools for AI，可以生成、测试和部署 AI 程序，实现与 Azure 机器学习无缝集成的深入学习 AI 解决方案。

1.2.2 安装 Microsoft Visual Studio 2017

在微软公司推出的 Microsoft Visual Studio 2017 安装包中，主要包含如下三个版本。

➢ 企业版：能够提供点对点的解决方案，充分满足正规企业的要求。这是功能最为强大的版本，价格最贵。

➢ 专业版：提供专业的开发者工具、服务和订阅。其功能强大，价格适中，适合于专业用户和小开发团体。

➢ 社区版：提供全功能的 IDE，完全免费，适应于一般开发者和学生。

安装 Microsoft Visual Studio 2017 企业版的具体流程如下。

第 1 步 登录微软 Visual Studio 官网：https://www.visualstudio.com/zh-hans/，如图 1-1 所示。

图 1-1 微软 Visual Studio 官网

第 2 步 单击“下载 Visual Studio”下的 Enterprise 2017 链接开始下载，如图 1-2 所示。下载后得到一个 exe 格式的可安装文件“vs_enterprise__2050403917.1499848758.exe”，如图 1-3 所示。

图 1-2 单击“Enterprise 2017”链接

vs_enterprise_2050403917.14998487...	2017/7/12 16:46	应用程序	1,018 KB

图 1-3 可安装文件

第 3 步 鼠标右键单击下载文件“vs_enterprise__2050403917.1499848758.exe”，选择使用管理员模式进行安装。在弹出的界面中单击“继续”按钮，表示同意许可条款，如图 1-4 所示。

图 1-4　单击“继续”按钮

第 4 步 在弹出的“正在安装”界面中选择所要安装的模块，本书内容需要选择安装如下模块。

- 通用 Windows 平台开发。
- .NET 桌面开发。
- ASP.NET 和 Web 开发。
- 数据存储和处理。
- 使用.NET 的移动开发。

上述各模块的具体说明如图 1-5 所示。在左下角可以设置安装路径。

图 1-5　“正在安装”界面

第 5 步 单击“安装”按钮后弹出安装进度界面，这个过程比较耗费时间，读者需要耐心等待，如图 1-6 所示。

第 6 步 安装成功后的界面效果如图 1-7 所示。

图 1-6　安装进度界面

图 1-7　安装成功界面

第 7 步 单击“开始”按钮，在“所有应用”中单击 Visual Studio 2017 图标即可启动刚安装的 Visual Studio 2017，如图 1-8 所示。

图 1-8　启动菜单

1.3　实践案例与上机指导

通过本章的学习，读者基本可以掌握 C++语言基础和搭建 C++开发环境的知识。其实 C++语言基础和搭建 C++开发环境的知识还有很多，这需要读者通过课外渠道来加深学习。下面通过练习操作，以达到巩固学习、拓展提高的目的。

↑扫码看视频

在接下来的实例中，将使用 Visual Studio 2017 编写一段 C++程序，使读者初步了解 C++程序的结构、语法规则和表达方式，并初步体验开发工具的魅力。

实例 1-1：在屏幕中输出指定的字符串
源文件路径：daima\1\1-1

第 1 步 打开 Visual Studio 2017，选择“文件”→“新建”→“项目”菜单命令，如图 1-9 所示。

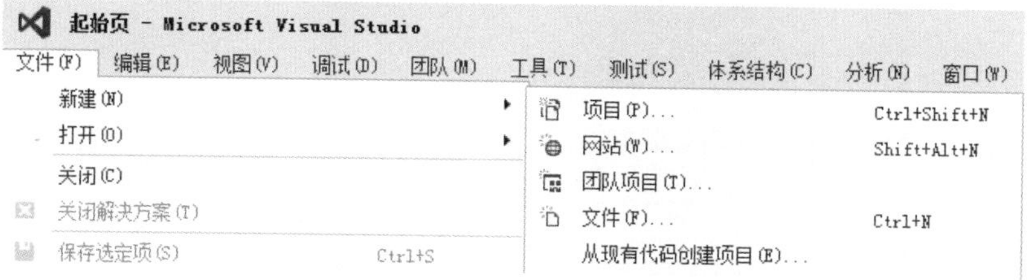

图 1-9　选择“项目”命令

第 2 步 在弹出的“新建项目”对话框中，在左侧“模板”中选择 Visual C++选项，在中间选中“Win32 控制台应用程序”选项，在下方的“名称”文本框中设置本项目的名称为“C++1”，如图 1-10 所示。

第 3 步 单击“确定”按钮后出现“欢迎使用 Win32 应用程序向导”界面，如图 1-11 所示。

第 4 步 单击“下一步”按钮后出现“应用程序设置”界面，在“应用程序类型”中选中“控制台应用程序”单选按钮，在下方的“附加选项”中选中“预编译头”复选框，如图 1-12 所示。

第 5 步 单击“完成”按钮后会创建一个名为“C++1”的项目，并自动生成一个名为“C++1.cpp”的程序文件。如图 1-13 所示。

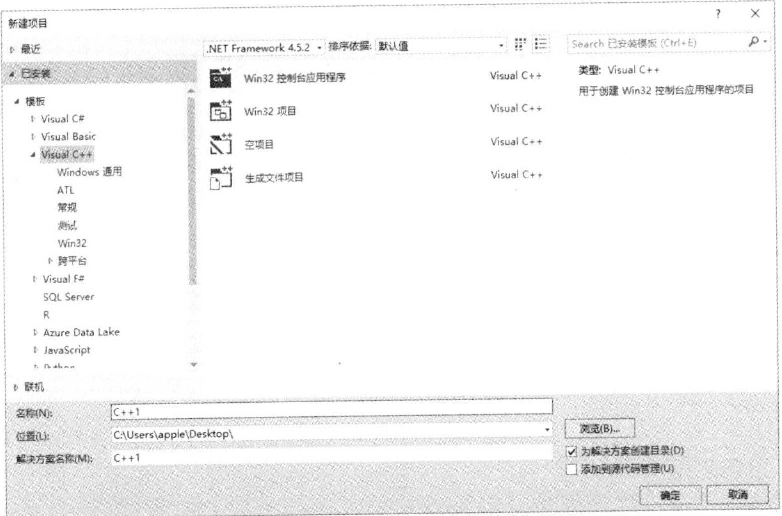

图 1-10 “新建项目”对话框

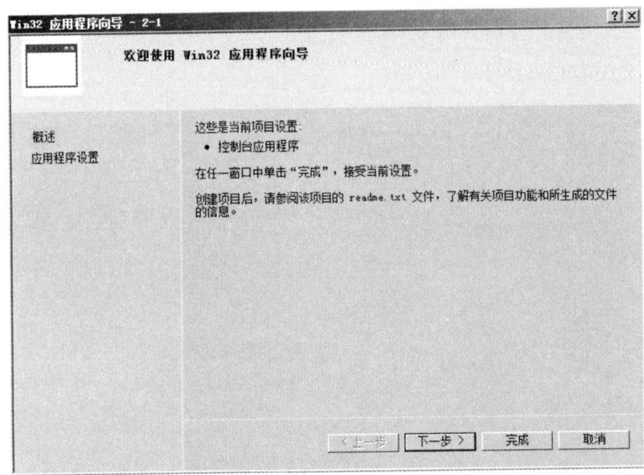

图 1-11 “欢迎使用 Win32 应用程序向导”界面

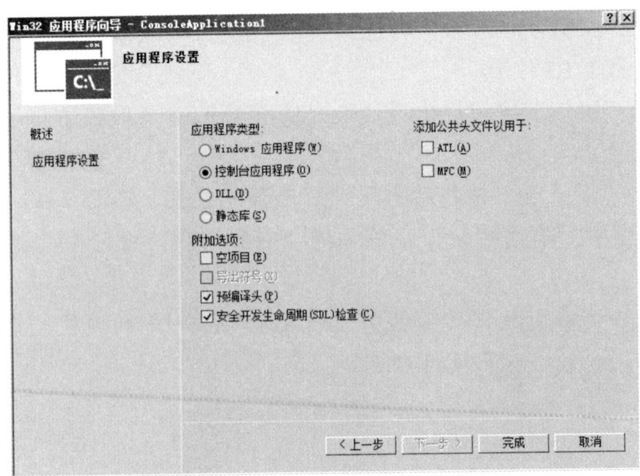

图 1-12 “应用程序设置”界面

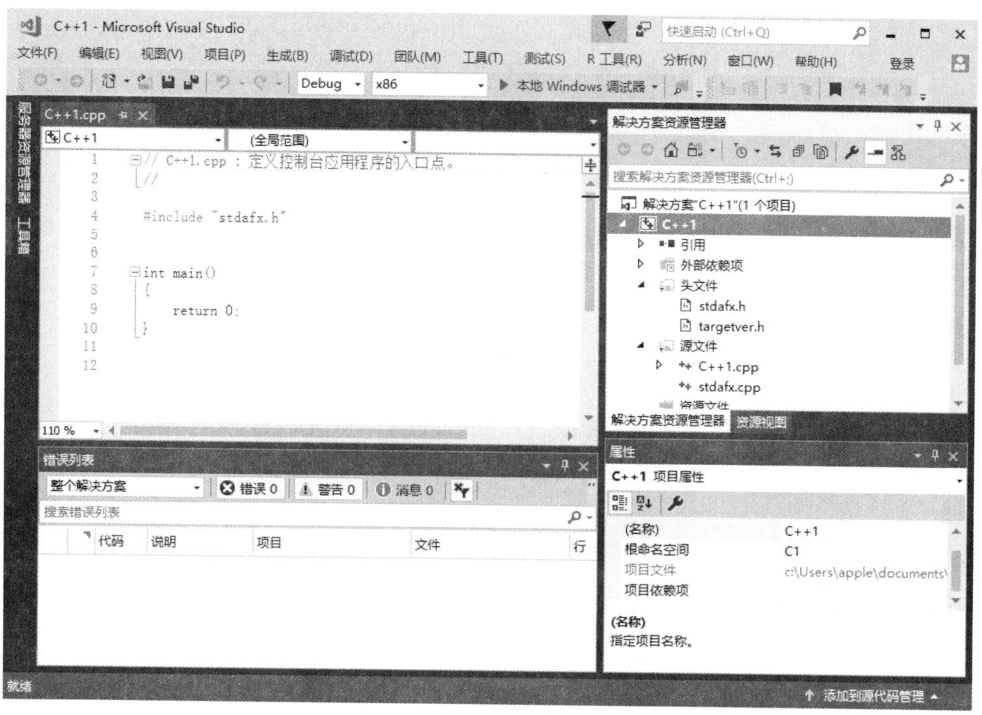

图 1-13 自动生成的文件 c++1.cpp

第 6 步 将如下代码复制到文件 c++1.cpp 中。

```
#include "stdafx.h"
#include "iostream"
using namespace std;
int main(){
    cout << "这是第一个 C++程序! " << endl;
    cout << "这是第一个 C++程序! " << endl;
}
```

在 Visual Studio 环境中，namespace 是一个表示范围的标识符。命名空间用关键字 namespace 来定义。命名空间是 C++的一种机制，用来把单个标识符下的大量有逻辑联系的程序实体组合到一起。该标识符作为此组群的名字。因为 C++标准程序库中的所有标识符都被定义在一个名为 std 的 namespace 中，所以在 Visual Studio 版的 C++程序中都必须引用上述代码。

执行后的效果如图 1-14 所示。

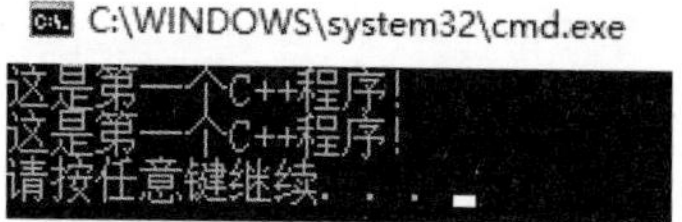

图 1-14 Visual Studio 2017 版的执行效果

1.4 思考与练习

本章详细讲解了 C++语言基础和搭建 C++开发环境的知识，在讲解过程中，通过具体实例介绍了搭建 C++开发环境的方法。通过本章的学习，读者应能熟悉 C++语言基础和搭建 C++开发环境的知识，并掌握它们的使用方法和技巧。

1. 选择题

(1) 在 20 世纪 90 年代，最流行的 C++开发工具是(　　)。

A. Visual C++ 6.0　　B. Visual Studio 2005　　C. DEV C++

(2) 假设变量 a= 23，b= 124，则$a & $b 的结果是(　　)。

A. 20　　B. 127　　C. 147　　D. −121

2. 判断对错

(1) 2012 年 2 月 28 日的国际标准草案(N3376)是最接近 C++11 标准的草案(仅编辑上的修正)，此次标准为自 C++98 发布后 13 年来的第一次重大修正。C++的最新正式标准 C++11 于 2014 年 8 月 18 日公布。　　(　　)

(2) Microsoft Visual Studio 2017 是微软推出的全新专用开发工具，它是一个集成的开发环境工具，是一款功能齐全且可扩展的免费 IDE。　　(　　)

3. 上机练习

(1) 输出“大家好才是真的好！”。

(2) 输出节日的祝福。

新起点电脑教程

第 2 章

C++程序的基本结构

本章要点

- 什么是面向对象
- 分析 C++的程序结构
- 必须遵循的编码规范
- 输入和输出

本章主要内容

C++语言不但吸取了传统汇编语言的优点，而且开创了全新的面向对象语言世界。从 C++语言诞生之日起，软件领域彻底进入面向对象时代。C++语言的最重要特质是面向对象，当然，除了面向对象以外，C++还有很多其他方面的优点。在本章的内容中，将详细讲解 C++程序的基本结构。

2.1 什么是面向对象

面向对象(Object Oriented，OO)是一种软件开发方法，是一种对现实世界理解和抽象的方法。C++是一门面向对象的编程语言，在本节的内容中，将简要介绍面向对象的基本知识和C++面向对象编程的流程。

↑扫码看视频

2.1.1 两种对象的产生方式

在编程语言中，对象的产生通常基于如下两种方式。

1. 基于原型

原型的概念已经在认知心理学中被用来解释概念学习的递增特性，原型模型本身就是企图通过提供一个有代表性的对象来产生各种新的对象，并由此继续产生更符合实际应用的对象。而原型-委托也是OOP(面向对象)中的对象抽象，是代码共享机制中的一种。

2. 基于类

一个类提供了一个或多个对象的通用性描述。从形式化的观点看，类与类型有关，因此一个类相当于是从该类中产生的实例的集合。而在一切皆为对象的背景下，在类模型基础上还诞生了一种拥有元类的新对象模型，即类的本身也是一种其他类的对象。

2.1.2 C++面向对象编程的流程

面向对象编程方法是学习C++编程的指导思想。当使用C++进行编程时，应该首先利用对象建模技术来分析目标问题，抽象出相关对象的共性，对它们进行分类，并分析各类之间的关系；然后再用类来描述同一类对象，归纳出类之间的关系。编程大师Coad和Yourdon在对象建模技术、面向对象编程和知识库系统的基础之上设计了一整套面向对象的方法，具体来说分为面向对象分析(OOA)和面向对象设计(OOD)。对象建模技术、面向对象分析和面向对象设计共同构成了系统设计的过程，如图2-1所示。

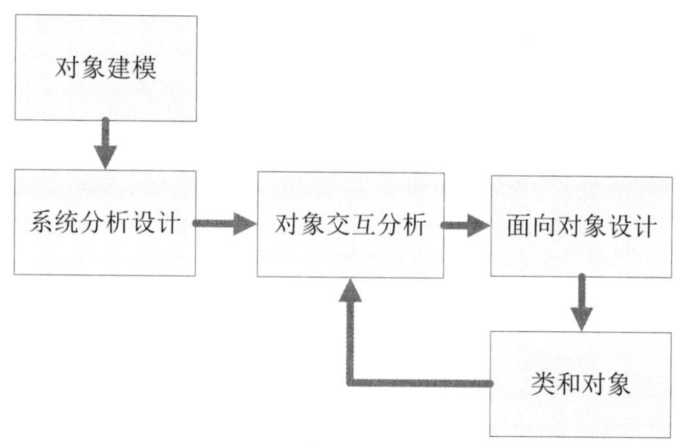

图 2-1　系统设计处理流程

2.2　分析 C++的程序结构

程序结构是程序的组织结构，它包括语句结构、语法规则和表达式，内容中包含了代码组织结构和文件组织结构。在编写 C++程序的过程中，我们必须严格遵循这些规则，才能编写出高效、易懂的程序。

↑扫码看视频

2.2.1　初识 C++程序结构

请读者先看如下一段 C++代码。

```
//这是一个演示程序，它从命令行读入一个整数，然后加 1 再输出
#include <stdafx.h>
#include <iostream.h>
int main(){
    int x;
    cout<<"请输入一个数字：";
    cin>>x;
    x=x+1;
    cout<<"x=x+1="<<x<<endl;
    return 0;
}
```

在上述代码中，将整段程序划分为如下三个部分。

(1) 注释部分，即上述代码中的首行，用双斜杠标注。

```
//这是一个演示程序，它从命令行读入一个整数，然后加 1 再输出
```

注释部分即对当前程序的解释说明部分，通常会说明此文件的作用和版权等信息。

(2) 预处理部分，即上述代码中的第 3 行：

```
#include <iostream.h>
```

预处理即在编译前需要提前处理的工作。例如此段代码表示编译器在预处理时，将文件 iostream.h 中的代码嵌入到该代码指示的地方，此处的#include 是编译命令。在文件 iostream.h 中声明了程序需要的输入输出操作信息。

(3) 主程序部分，即剩余的代码：

```
int main(){
    int x;
    cout<<"请输入一个数字：";
    cin>>x;
    x=x+1;
    cout<<"x=x+1="<<x<<endl;
    return 0;
}
```

此部分是整个程序的核心，用于实现此程序的功能。C++的每个可执行程序都有且只有一个 main 函数，它是程序的入口点。执行 C++程序后，首先会执行这个函数，然后从该函数内调用其他需要的操作。下面依次分析上述代码的主要功能。

➢ 第 2 行：表示定义一个 int 类型的变量，并命名为 x，后面的分号表示此条代码到此结束。

```
int x;
```

➢ 第 3 行：表示通过 cout 输出一行文字。此处的 cout 是 C++中预定义的系统对象，当程序要向输出设备输出内容时，需要在程序中设置此对象，输出操作符用“<<”表示，表示将“<<”右边的内容输出到“<<”左边的对象上。例如此行代码表示在标准输出设备上输出字符串文字“请输入一个数字：”。

```
cout<<"请输入一个数字：";
```

➢ 第 4 行：cin 代表标准输入设备的对象，即 C++中的预定义对象。当程序需要从输入设备接受输入时，就需要在程序中使用该对象。输入的操作符是“>>”，表示将“>>”左边接受的输入放到右边的对象中。当程序执行到该代码时，会停止并等待来自标准输入设备的输入。输入完毕后按 Enter 键，cin 会接受输入并将输入放到对应的对象中，然后跳到下一行代码开始执行。

```
cin>>x;
```

➢ 第 5 行：“+”表示加法运算，将“+”两边的数字相加；“=”表示赋值之意，将“=”右边的运算结果放到“=”左边的对象中去。

```
x=x+1;
```

➢ 第 6 行：这是一条在标准输出设备上输出文字的代码，包含了 3 个输出操作符：第 1 个操作输入了文字 x=x+1；第 2 个操作输出对象 x 保存的值；第 3 个操作的右边是 endl，表示回车换行之意。

```
cout<<"x=x+1="<<x<<endl;
```

➢ 第 7 行：本行表示跳出当前程序，即返回操作系统，使用数字 0 作为返回值。

```
return 0;
```

智慧锦囊

很多编译器并不特别要求函数 main 必须有返回值，例如 VC++，但是为了使读者养成好的习惯，建议都设有返回值。

2.2.2　C++程序的文件组织

C++程序的文件组织是指在一个 C++项目中的构成文件，如果是一个简单的 C++程序，仅仅需要几行代码就可以完成，这时 C++程序的文件结构是最简单的，只需一个文件即可保存所有的代码。这种简单情况不需要进行详细讲解，例如图 2-2 展示了一个典型的 C++程序的文件结构。

图 2-2　简单 C++项目的结构

在图 2-2 所示的结构中，只有文件 second.cpp 包含了当前项目的核心功能代码。在日常应用中，往往一个项目的程序代码会比较复杂，例如经常需要编写多个类和多个函数。为了使项目文件规整有序地排列，需要为文档设置比较合理的安排方法。

下面给读者提供 5 条建议，可以为项目合理地规划好整体的文件结构。

(1) 每个类的声明写在一个头文件中，根据编译器的要求可以加.h 后缀名，也可以不加。这个头文件一般以类的名字命名。为了防止编译器多次包含同一个头文件，头文件总是以下面的框架组织：

```
#ifndef CLASSNMAE_H_
#define CLASSNAME_H_
将类的声明写在这里面
#endif
```

知识精讲

CLASSNAME_H_ 中的 CLASSNAME 就是在这个文件中声明的类名。

(2) 将类的实现放在另一个文件中，取名为 classname.cpp(classname 为用户在类声明文件中声明的类名)。在该文件中的第一行包含类声明的头文件，如：#include "classname"(C++

新标准不支持带.h 的头文件)，然后在此文件中写类的实现代码。一般格式：

```
#include "classname"
```

(3) 与类相似，在编写函数时，总是把函数的声明和一些常数的声明放在一个头文件中，然后把函数的具体实现放在另一个头文件中。

(4) 通常来说，如果在某个源文件中需要引入的头文件很多，或者为了源程序的简洁，可以将头文件的引入功能写在另一个头文件中，然后在源程序的第一行引入这个头文件即可。

(5) 当在文件中需要使用函数和类时，只需引入类和函数声明的头文件，而无须包含实现的文件。

一个中型或大型项目通常会包含很多.cpp 文件和函数文件，例如图 2-3 所示的结构。

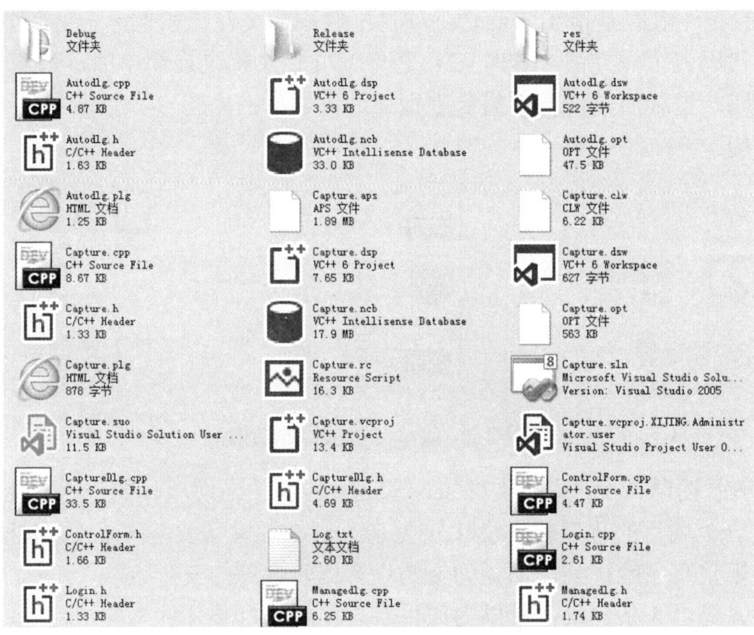

图 2-3 复杂 C++项目的结构

2.3 必须遵循的编码规范

编码规范即我们在编写代码时需要遵守的一些规则，在编写 C++程序时需要遵守一些编码规范。好的编码规范，可以提高代码的可读性和可维护性，甚至提高程序的可靠性和可修改性，保证了代码的质量。特别是在团队开发大型项目时，编码规范就成了项目高效运作的要素。

↑扫码看视频

2.3.1　养成良好的编程风格

在编写 C++程序时，需要养成如下所示的编程风格。

- 程序块缩进，要使用 Tab 键缩进，不能和空格键混合使用。
- 函数不要太长，如果太长，建议拆分处理。
- 不要使用太深的 if 嵌套语句，可以使用函数来代替。
- 双目操作符号前后加空格，更加醒目。
- 单目操作符前后不加空格。
- 不要使用太长的语句，如果太长，可以分行处理。
- 每个模板中只有一个类。
- if、while、for、case、default、do 等语句要独占一行。
- 一行不能写多条语句。
- 如果表达式中有多个运算符，要用括号标出优先级。

2.3.2　必须使用的注释

使用注释可以帮助阅读程序，通常用于概括算法、确认变量的用途或者阐明难以理解的代码段。注释并不会增加可执行程序的大小，编译器会忽略所有注释。

在 C++中有两种类型的注释：单行注释和成对注释。

1)　单行注释

单行注释以双斜线(//)开头，行中处于双斜线右边的内容是注释，会被编译器忽略。例如：

```
//计算 m 和 n 的和
z=add(m,n);
```

2)　成对注释

成对注释也叫注释对(/**/)，是从 C 语言继承过来的。这种注释以“/*”开头，以“*/”结尾，编译器把注释对“/**/”之间的内容作为注释。任何允许有制表符、空格或换行符的地方都允许放注释对。注释对可跨越程序的多行，但不是一定要如此。当注释跨越多行时，最好能直观地指明每一行都是注释的一部分。我们的风格是在注释的每一行以星号开始，指明整个范围是多行注释的一部分。例如：

```
/*计算 m 和 n 的和
z 只是一个简单函数而已
*/
z=add(m,n);
```

在 C++程序中通常混用上述两种注释形式，具体说明如下。

- 注释对：一般用于多行解释。
- 双斜线注释：常用于半行或单行的标记。

太多的注释混入程序代码可能会使代码难以理解，最好是将一个注释块放在所解释代码的上方。当改变代码时，注释应与代码保持一致。程序员即使知道系统其他形式的文档已经过期，还是会信任注释，认为它会是正确的。错误的注释比没有注释更糟，因为它会误导后来者。

在使用注释时必须遵循如下原则。

- 禁止乱用注释。
- 注释必须和被注释内容一致，不能描述与其无关的内容。
- 注释要放在被注释内容的上方或被注释语句的后面。
- 函数头部需要注释，主要包含文件名、作者信息、功能信息和版本信息。
- 注释对不可嵌套：注释对总是以“/*”开始并以“*/”结束。这意味着，一个注释对不能出现在另一个注释对中。由注释对嵌套导致的编译器错误信息容易使人迷惑。

2.3.3 获取 3 个输入数字中的最大数值

化妆可以使美女帅哥们变得更加光彩夺目，对于 C++程序代码来说，化妆也同样重要。通过对代码进行化妆处理后，可以大大提高代码的可视性，能够充分显示出一个程序员的良好素养和编程风格。下面通过一个简单示例的代码，体会一下代码的缩进和注释的艺术，本实例的功能是获取 3 个输入值中的最大数值。

实例 2-1：获取 3 个输入数字中的最大数值

源文件路径：daima\2\2-1

实例文件 second.cpp 的主要实现代码如下。

```
#include "stdafx.h"                           //这是必须设置的头文件
int MaxIn3(int x,int y,int z);                //定义函数 MaxIn3
int main(int argc, char* argv[]){
    int x,y,z;                                //定义 3 个变量

    cout<<"请输入 3 个得分数字";                 //显示一段文本
    cin>>x>>y>>z;                             //获取输入的 3 个数字
    cout<<MaxIn3(x,y,z)<<endl;                //调用函数 MaxIn3 处理 3 个数字
    return 0;
}
/*
* 函数名称：MaxIn3
* 参    数：接收三个整型参数
* 返回值  ：无
* 函数功能：找出三个整型数中较大的数
* 作    者：XXX

* 版本号  ：0.0.1
* 修改日期：XXXX.XX.XX
*/
int MaxIn3(int x,int y,int z)  {              //函数 MaxIn3 的具体实现
    int num=0;                                //存放最大数
    //选择最大数
    if (x>y){                             //如果 x 大于 y
        if (x>z)                          //如果 x 大于 z
```

```
            num=x;                          //x 是最大数
        else                                //如果 x 不大于 z
            num=z;                          //则 z 是最大数
    }
    else{                                   //如果 x 不大于 y
        if (y>z)                            //如果 y 大于 z
            num=y;                          //则 y 是最大数
        else                                //如果 y 不大于 z
            num=z;                          //则 z 是最大数
    }
    return num;                             //返回最大数
}
```

在上述代码中，变量、函数、if 语句等内容都是 C++语言语法中的重要知识点，这些知识点将在本书后面的章节中进行详细讲解。通过讲解上述实例，目的不是说明代码的语法或功能实现等知识，而是让读者仔细观察这段代码，分析其中的代码缩进和注释的书写格式。

通过 Visual C++ 6.0 或 Visual Studio 2017 进行调试，运行后将首先提示输入 3 个得分数字，如图 2-4 所示；输入 3 个得分数字并按 Enter 键后，将输出其中最大的得分数字，如图 2-5 所示。在此按 Enter 键退出当前程序。

C:\WINDOWS\syst

请输入3个得分数字

图 2-4　提示输入 3 个数字

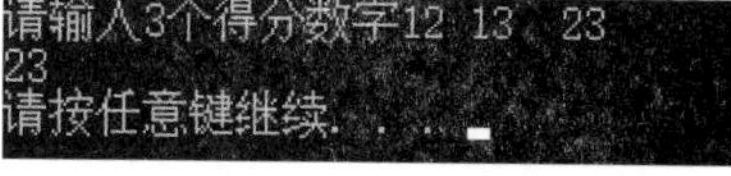

图 2-5　输出其中最大的数字

2.4　输入和输出

在 C++语言程序中，必须通过输入和输出才能实现用户和计算机的交互，实现软件程序的具体功能。其实 C++并没有直接定义进行输入或输出(I/O)的任何语句，而是由标准库(Standard Library)提供，标准库为程序员提供了大量的工具。

↑扫码看视频

2.4.1　标准输入与输出对象

在 C++标准库中定义了四个 I/O 对象，在处理输入功能时使用命名为 cin(读作 see-in)的 istream 类型对象，这个对象也叫作标准输入(standard input)。在处理输出功能时使用命名为 cout(读作 see-out)的 ostream 类型对象，这个对象也称为标准输出(standard output)。在标准库中还定义了另外两个 ostream 对象，分别命名为 cerr 和 clog(分别读作 see-err 和 see-log)。

对象 cerr 又叫作标准错误(standard error)，通常用来输出警告和错误信息给程序的使用者。而 clog 对象用于产生程序执行的一般信息。在一般情况下，系统将这些对象与执行程序的窗口联系起来。这样，当我们从 cin 读入时，数据从执行程序的窗口读入，当写到 cout、cerr 或 clog 时，输出写至同一窗口。运行程序时，大部分操作系统都提供了重定向输入或输出流的方法。利用重定向可以将这些流与所选择的文件联系起来。

2.4.2 一个使用 I/O 库的程序

接下来将通过一个例子助读者深入理解 I/O 库，这是一段实现把两个数字相加的处理代码。我们可以使用 I/O 库来扩充 main 程序，实现由用户给出两个数，然后输出它们的和的功能，主要实现代码如下。

```
#include <iostream>
int main(){
    std::cout << " Enter two numbers: " << std::endl;
    int v1, v2;
    std::cin >> v1 >> v2;
    std::cout << " The sum of " << v1 << " and " << v2
              << " is " << v1 + v2 << std::endl;
    return 0;
}
```

上述代码非常简单，首先在用户屏幕上显示提示语“输入两个数字：”，输入后按 Enter 键，将输出两个数字的和。

1) 第一行

程序的第一行是一个预处理命令，功能是告诉编译器要使用 iostream 库。

```
#include <iostream>
```

尖括号里的名字是一个头文件，这是 C++标准库中的一个内置文件。当程序使用库工具时必须包含相关的头文件。#include 指令必须单独写成一行：头文件名和#include 必须在同一行。通常，#include 指令应出现在任何函数的外部。而且习惯上，程序的所有#include 指示都在文件开头部分出现。

2) 写入到流

main 函数体中第一条语句执行了一个表达式(expression)。在 C++中，一个表达式通常由一个或几个操作数和一个操作符组成。该语句的表达式使用输出操作符(<<)，在标准输出上输出如下所示的提示语。

```
std::cout << "Enter two numbers:" << std::endl;
```

上述代码用了两次输出操作符，每个输出操作符实例都接受两个操作数：左操作数必须是 ostream 对象，右操作数是要输出的值。操作符将其右操作数写到作为其左操作数的 ostream 对象。

在 C++中，每个表达式产生一个结果，通常是将运算符作用到其操作数所产生的值。当操作符是输出操作符时，结果是左操作数的值。也就是说，输出操作返回的值是输出流本身。既然输出操作符返回的是其左操作数，那么我们就可以将输出请求链接在一起。输出提示语的那条语句等价于：

```
(std::cout << "Enter two numbers:") << std::endl;
```

因为(std::cout << "Enter two numbers:")返回其左操作数 std::cout，这条语句等价于下面的代码。

```
std::cout << "Enter two numbers:";
std::cout << std::endl;
```

在上述代码中，endl 是一个特殊值，称为操纵符(manipulator)，当将它写入输出流时，具有输出换行的效果，并刷新与设备相关联的缓冲区(buffer)。通过刷新缓冲区，保证用户立即看到写入到流中的输出。

智慧锦囊

程序员经常在调试过程中插入输出语句，这些语句都应该刷新输出流。忘记刷新输出流可能会造成输出停留在缓冲区中，如果程序崩溃，将会导致程序错误推断崩溃位置。

3)　使用标准库中的名字

细心的读者会注意到，在上述程序中使用的是 std::cout 和 std::endl，而不是 cout 和 endl。前缀 std::表明 cout 和 endl 是定义在命名空间(namespace)std 中的。命名空间使程序员可以避免与库中定义的名字相同引起的命名冲突。因为标准库定义的名字是定义在命名空间中，所以我们可以按自己的意图使用相同的名字。

在标准库中使用命名空间的副作用是，当我们使用标准库中的名字时，必须显式地表达出使用的是命名空间 std 下的名字。std::cout 的写法使用了作用域操作符(scope operator，::操作符)，表示使用的是定义在命名空间 std 中的 cout。

4)　读入流

在输出提示语后会读入用户输入的数据，先定义两个名为 v1 和 v2 的变量(variable)来保存输入：

```
int v1, v2;
```

将这些变量定义为 int 类型，int 类型是一种代表整数值的内置类型。这些变量未初始化(uninitialized)，表示没有赋给它们初始值。这些变量在首次使用时会读入一个值，因此可以没有初始值。下一条语句读取输入：

```
std::cin >> v1 >> v2;
```

输入操作符(>>)行为与输出操作符相似，功能是接受一个 istream 对象作为其左操作数，接受一个对象作为其右操作数，它从 istream 操作数读取数据并保存到右操作数中。像输出操作符一样，输入操作符返回其左操作数作为结果。由于输入操作符返回其左操作数，我们可以将输入请求序列合并成单个语句。换句话说，这个输入操作等价于下面的代码。

```
std::cin >> v1;
std::cin >> v2;
```

输入操作的效果是从标准输入读取两个值，将第一个存放在 v1 中，第二个存放在

v2 中。

5) 完成程序

剩余代码的功能是打印输出结果：

```
std::cout << "The sum of " << v1 << " and " << v2
      << " is " << v1 + v2 << std::endl;
```

上述代码虽然比输出提示语的语句长，但是在概念上没什么区别，功能是将每个操作数输出到标准输出。有趣的是操作数并不都是同一类型的值，有些操作数是字符串字面值。例如下面的代码：

```
"The sum of "
```

其他是不同的 int 值，如 v1、v2 以及对算术表达式 v1 + v2 求值的结果。iostream 库定义了接受全部内置类型的输入输出操作符版本。

知识精讲

在写 C++程序时，大部分出现空格符的地方，可用换行符代替。这条规则的一个例外是字符串字面值中的空格符不能用换行符代替。另一个例外是换行符不允许出现在预处理指示中。

2.4.3 使用 using 声明命名空间

在 C++中提供了简洁的方式来使用命名空间成员，在此介绍一种最安全的声明机制——using 声明。通过使用 using 声明，允许程序员访问命名空间中的名字，而不需要加前缀 namespace_name::。使用 using 声明的语法格式如下：

```
using namespace::name;
```

在使用了 using 声明后，程序员就可以直接引用后面的名字 name，而不需要引用该名字的命名空间。例如在下面的演示代码中，如果没有 using 声明，而直接使用命名空间中的名字的无限定符版本是错误的，尽管有些编译器也许无法检测出这种错误。

```
#include <string>
#include <iostream>
using std::cin;
using std::string;
int main(){
   string s;            //正确：string 现在是一个 std::string
   cin >> s;            //正确：cin 现在是一个 std::cin
   cout << s;           //错误：不使用声明；必须使用全名
   std::cout << s;      //正确：明确使用来自 std 命名空间
}
```

在使用 using 声明命名空间时需要注意，一个 using 声明一次只能作用于一个命名空间成员。using 声明允许程序员在程序中明确指定用到的命名空间中的名字，如果程序员希望使用 std(或其他命名空间)中的几个名字，则必须给出将要用到的每个名字的 using 声明。例如下面是一个利用 using 声明实现加法功能的演示程序。

```
#include <iostream>
using std::cin;
using std::cout;
using std::endl;
int main(){
    cout << "Enter two numbers:" << endl;
    int v1, v2;
    cin >> v1 >> v2;
    cout << "The sum of " << v1
        << " and " << v2
        << " is " << v1 + v2 << endl;
    return 0;
}
```

在上述代码中，对 cin、cout 和 endl 进行 using 声明，就意味着程序员可以省去前缀 std::，直接使用命名空间中的名字，且使得编写的程序更易读。

知识精讲

使用标准库类型的类定义

在有一种情况下，程序员必须总是使用完全限定的标准库名字：在头文件中。理由是头文件的内容会被预处理器复制到程序员编制的程序中。当我们用#include 包含文件时，就好像把头文件中的文本当作我们编写的文件的一部分了。如果在头文件中放置了 using 声明，就相当于在包含该头文件的每个程序中都放置了同一 using 声明，不论该程序是否需要 using 声明。通常，头文件中只定义确实必要的东西，请养成这个好习惯。

2.5　实践案例与上机指导

通过本章的学习，读者基本可以掌握 C++程序基本结构的知识。其实 C++程序基本结构的知识还有很多，这需要读者通过课外渠道来加深学习。下面通过练习操作，以达到巩固学习、拓展提高的目的。

↑扫码看视频

实例 2-2：使用 I/O 库输出文本信息
源文件路径：daima\2\2-2

实例文件 main.cpp 的主要实现代码如下。

```
#include <iostream.h>                    //引入标准库文件
void main(){                             //主函数
int i=0;                                 //定义变量 i
cout << i<< endl;                        //输出 i 的值
cout << "C++语言是一门面向对象的编程语言。" <<endl;
}
```

执行后的效果如图 2-6 所示。

图 2-6　执行效果

2.6　思考与练习

本章详细讲解了 C++程序基本结构的知识，循序渐进地讲解了什么是面向对象、分析 C++的程序结构、必须遵循的编码规范、输入和输出等知识。在讲解过程中，通过具体实例介绍了 C++程序基本结构的用法。通过本章的学习，读者应能熟悉 C++程序基本结构的知识，并掌握它们的使用方法和技巧。

1. 选择题

(1) int 是定义(　　)的。

A. 变量　　B. 函数　　C. 类　　D. 注释

(2) 下面是合法注释的是(　　)。

A. /*注释*/　　B. /*注释　　C. 注释*/

2. 判断对错

(1) 太多的注释混入程序代码可能会使代码难以理解，最好是将一个注释块放在所解释代码的上方。当改变代码时，注释应与代码保持一致。　　(　　)

(2) 在 C++语言程序中，必须通过输入和输出才能实现用户和计算机的交互，实现软件程序的具体功能。　　(　　)

3. 上机练习

(1) 使用标准输入输出。

(2) 使用标准输出流(cout)。

第 3 章

C++语言的基础语法

本章要点

- 标识符
- 数据类型
- 标准类型库基础

本章主要内容

语法是任何一门编程语言的基础，开发者只有在掌握了语法知识后，才能够根据语法规则编写出满足项目需要的程序。从本章开始，将详细讲解 C++语言的基础语法知识，首先讲解标识符和数据类型的知识，为读者步入本书后面知识的学习打下基础。

3.1 标　识　符

在 C++语言中，标识符是为变量、函数和类以及其他对象所起的名称。这些名称不能随意命名，因为在 C++系统中，已经预定义了很多标识符，这些预定义的标识符不能被用来定义为其他内容，包括不能被定义为标识符、变量和函数。

↑扫码看视频

3.1.1　C++中的保留字

C++中的保留字即前面提到的已经预定义了的标识符，常见的 C++保留字如表 3-1 所示。

表 3-1　C++预定义标识符

asm	default	float	operator	static_cast	union
auto	delete	for	private	struct	unsigned
bool	do	friend	protected	switch	using
break	double	goto	public	template	virtual
case	dynamic_cast	if	register	this	void
catch	else	inline	reinterpret_cast	throw	volatile
char	enum	int	return	true	wchar_t
class	explicit	long	short	try	while
const	export	mutable	signed	typedef	.
const_cast	extern	namespace	sizeof	typeid	. .
continue	false	new	static	typename	..

表 3-1 中的预留关键字已经被赋予了特殊的含义，不能再被命名为其他对象。例如 int 表示整型数据类型，float 表示浮点型数据。C++语言的标识符经常用在以下情况中。

- 标识对象或变量的名字。
- 类、结构和联合的成员。
- 函数或类的成员函数。
- 自定义类型名。
- 标识宏的名字。
- 宏的参数。

3.1.2 标识符的命名规则

在 C++语言中，标识符需要遵循如下命名规则。

- 所有标识符必须由一个字母(a～z 或 A～Z)或下划线(_)开头。
- 标识符的其他部分可以用字母、下划线或数字(0～9)组成。
- 大小写字母表示不同意义，即代表不同的标识符，如前面的 cout 和 Cout。
- 在定义标识符时，虽然语法上允许用下划线开头，但是，我们最好避免定义用下划线开头的标识符，因为编译器常常定义一些下划线开头的标识符。
- C++没有限制一个标识符中字符的个数，但是，大多数的编译器都会有限制。不过，我们在定义标识符时，通常并不用担心标识符中字符数会超过编译器的限制，因为编译器限制的字符数很大(例如 255)。
- 标识符应当直观且可以拼读，可望文知意，不必进行“解码”。标识符最好采用英文单词或其组合，便于记忆和阅读。切忌使用汉语拼音来命名。程序中的英文单词一般不会太复杂，用词应当准确。例如不要把 CurrentValue 写成 NowValue。

知识精讲

命名规则尽量与所采用的操作系统或开发工具的风格保持一致。例如 Windows 应用程序的标识符通常采用“大小写”混排的方式，如 AddChild。而 UNIX 应用程序的标识符通常采用“小写加下划线”的方式，如 add_child。不要把这两类风格混在一起用。

3.2 基本数据类型

数据类型是指被计算机存储的对象，我们编写的一系列操作都是基于数据的。不同的项目、不同的处理功能会需要不同的数据，为此，C++推出了数据类型这一概念。数据类型规定了数据的组织和操作方式，它能说明数据是怎么存储的以及怎么对数据进行操作。

↑扫码看视频

C++中的数据类型可以分为如下 4 大类。

- 数字运算型。
- 逻辑运算型。
- 字符型和字符串。
- 复合类型。

在下面的内容中，将详细讲解数字运算型、逻辑运算型以及字符型和字符串数据类型的基本知识。

3.2.1 数字运算型

数据是人们记录概念和事物的符号表示，例如记录人的姓名用汉字，记录人的年龄用十进制数字，记录人的体重用十进制数字和小数点等，由此得到的姓名、年龄和体重都叫数据。根据数据的性质不同，可以把数据分为不同的类型。在日常开发应用中，数据主要被分为数值和文字(即非数值)两大类，数值又细分为整数和小数两类。

这里的数字型是指能够进行数学运算的数据类型，可以分为整型、浮点型和双精度型。整型数字可以用十进制、八进制、十六进制 3 种进制表示。根据整型字长的不同，又可以分为短整型、整型和长整型。

表 3-2 列出了 32 位编译器中的基本数据类型所占空间的大小和值域范围。

表 3-2 数据类型说明

基本数据类型	存储空间/字节	数值范围
short int	2	−32 768～32 767
signed short int	2	−32 768～32 767
unsigned short int	2	0～65 535
int	4	−2 147 483 648～2 147 483 647
signed int	4	−2 147 483 648～2 147 483 647
unsigned int	4	0～4 294 967 295
long int	4	−2 147 483 648～2 147 483 647
signed long int	4	−2 147 483 648～2 147 483 647
unsigned long int	4	0～4 294 967 295
char	1	−128～127
signed char	1	−128～127
unsigned char	1	0～255
float	4	$3.4E+10^{-38}$～$3.4E+10^{38}$
double	8	1.7×10^{-308}～1.7×10^{308}
long double	10	-1.2×10^{-4932}～1.2×10^{4932}

1. 整型

整型用 int 表示，短整型只需在前面加上 short，长整型只需在前面加上 long 即可。根据有无符号，还可以分为有符号型和无符号型，分别用 signed 和 unsigned 来修饰。具体信息如表 3-3 所示。

表 3-3　整型类型说明

类　型	取值范围	类　型	取值范围
signed short int	−32 767～32 768	unsigned int	0～65 535
unsigned short int	0～65 535	unsigned long int	-2 147 483 647～2 147 483 648
signed int	−32 767～32 768	long int	0～4 294 967 295

知识精讲

在通常情况下，signed 可以省略不写，系统会默认为有符号型。但是如果是无符号型时，不写 signed，有的编译器就会报错，有的则不会。例如数字 1，如果被定义为 int，系统会用 16 位来存储，如果定义为 long，则将用 32 位来存储。

为了提高系统的可移植性，在实际的编程过程中，一般不会直接使用表 3-2 中的范围值。因为这些值都是在头文件 limits.h 中以宏定义的形式给出的。具体说明如表 3-4 所示。

表 3-4　整型宏定义

类型/符号	有符号型		无符号型	
	最 大 值	最 小 值	最 大 值	最 小 值
short int	SHORT_MAX	SHORT_MIN	USHORT_MAX	
int	INT_MAX	INT_MIN	UINT_MAX	
long int	LONG_MAX	LONG_MIN	ULONG_MAX	

对于无符号型的最小值，在文件 limits.h 中没有说明，但是很明显应该是 0。为了防止溢出，建议读者细心测试计算得到的数据是否在允许的范围内。

2. 实型

实型即实数类型。我们日常用到的数可以分为整数和实数，整数可以在计算机上表示，实数则不能直接表示。为解决实数的表示和存储问题，计算机中采用了“浮点”化的方法。在 C++中没有直接使用实型来命名实数类型，而是将其命名为浮点型。所以在计算机领域中将实数称为浮点数，例如基数是 3，则浮点数的表示方式为：

$$a=b\times 3^{e}$$

在此，b 代表尾数，e 代表阶码。在计算机中，只需保存尾数和阶码即可，具体数据结构格式如下。

阶码	尾数符号	尾数

此处数的精度是由尾数决定的，数的范围由阶码决定，数的符号由尾数符号决定。如果按照精度来分，可以分为单精度型和双精度型。

例如，实数 13.75 可以转换为二进制表示：

$(13.75)_{10}=(1101.11)_2$

然后规格化处理：

$(13.75)_{10}=(1101.11)_2=(0.110111\times2^{100})_2$

浮点数就可以表示为：

100	0	110111

智慧锦囊

将实数转换为二进制的具体转换过程是比较复杂的，因为不是本书的重点，读者请参阅相关的资料来了解。

3. 浮点型

浮点是单精度实数，表示的是实数的子集。在 C++程序中，浮点型常量包括单精度(float)数、双精度(double)数、长双精度(long double)数 3 种。

浮点型有两种表示方式：小数表示法和指数表示法，具体说明如下。

1) 小数表示法

浮点数据的小数表示法，由整数和小数两部分组成，中间用十进制的小数点隔开。字符 f 或 F 作为后缀表示单精度数，例如：

```
2.71988f                    //单精度数
7.86                        //双精度数，系统默认类型
5.69L                       //长双精度数
```

2) 指数表示法(科学记数法)

浮点数据的指数表示法，由尾数和指数两部分组成，中间用 E 或 e 隔开，例如：

```
3.6E2                       //表示 3.6×10^2
1E-10                       //表示 10^-10
```

指数表示法必须有尾数和指数两部分，并且指数只能是整数。

4. 双精度型

双精度型即双精度浮点数，其表示的范围比单精度浮点数的要大很多。在 C++中用 double 来修饰双精度浮点型，共 64 位字长。双精度浮点数和单精度浮点数的区别只在所表示的范围上，两者的表示方式是一样的。

实例 3-1：演示整型数据的 3 种表示方法

源文件路径：daima\3\3-1

本实例的功能是用 3 种方法表示整型数据，实现文件 1.cpp 的具体代码如下。

```
int main(int argc, char* argv[])
{
  //    printf("Hello World!\n");
cout<<"整型数据的十进制表示方法，以非 0 开头，后跟 0～9 范围内的数"<<endl;
```

```
cout<<"128="<<128<<endl;                    //十进制整数
cout<<"50000L="<<50000L<<endl;              //十进制长整数
cout<<"2002u="<<2002u<<endl;                //无符号十进制整数
cout<<"123ul="<<123ul<<endl;                //无符号十进制长整数

cout<<endl<<"整型数据的八进制表示方法，以非 0 开头，后跟 0～7 范围内的数"<<endl;
cout<<"0126="<<0126<<endl;                  //八进制整数
cout<<"050000L="<<050000L<<endl;            //八进制长整数
cout<<"060002u="<<060002u<<endl;            //无符号八进制整数

cout<<endl<<"整型数据的十六进制表示方法，以 0X 或 0x 开头，
    后跟 0～9 范围内的数以及 A～F 或 a～f 范围内的字母"<<endl;
cout<<"0x12A="<<0x12A<<endl;                //十六进制整数
cout<<"0x5a000L="<<0x5a000L<<endl;          //十六进制长整数
cout<<"0xF0002u="<<0xF0002u<<endl;          //无符号十六进制整数
return 0;
}
```

编译并运行程序，执行效果如图 3-1 所示。

```
C:\WINDOWS\system32\cmd.exe
整型数据的十进制表示方法，以非0开头，后跟0～9范围内的数
128=128
50000L=50000
2002u=2002
123ul=123

整型数据的八进制表示方法，以非0开头，后跟0～7范围内的数
0126=86
050000L=20480
060002u=24578

整型数据的十六进制表示方法，以0X或0x开头，后跟0～9范围内的数以及A～F或a～f范围内的字母
0x12A=298
0x5a000L=368640
0xF0002u=983042
请按任意键继续. . .
```

图 3-1　整型数据的 3 种表示方法

智慧锦囊

float 比 double 占用的字节小，但是没有 double 精确，双精度指的是相对于 float 这样的类型更精确，所以叫“双”精度。double 和 float 的区别是 double 精度高，有效数字 16 位，float 精度 7 位。但 double 消耗内存是 float 的两倍，double 的运算速度比 float 慢得多，C 语言中数学函数名称 double 和 float 不同，不要写错，能用单精度时不要用双精度(以省内存，加快运算速度)。

3.2.2　逻辑运算型

逻辑运算型是用来定义逻辑型数据的类型，用关键字 bool 来说明。在 C++中没有提供专门的逻辑类型，而是借用了其他类型来表示，如整型和浮点型。在 C++中用 0 来表示逻辑假，1 表示逻辑真，并分别定义了宏 true 表示真，false 表示假。C++提供了 3 种逻辑运算

符，具体如表 3-5 所示。

表 3-5　C++逻辑运算符

运 算 符	名　字	实　例
!	逻辑非	!(5 = = 5) //结果得出 0
&&	逻辑与	5 < 6 && 6 < 6 //结果得出 0
||	逻辑或	5 < 6 || 6 < 5 //结果得出 1

逻辑非(!)是单目运算符，它将操作数的逻辑值取反。即：如果操作数是非零，它使表达式的值为 0；如果操作数是 0，它使表达式的值为 1。

逻辑与(&&)与逻辑或(||)的运算参见表 3-6。

表 3-6　逻辑与(&&)和逻辑或(||)运算

运 算 符	操作数 1	操作数 2	表达式的值
逻辑与(&&)	true	true	true
	false	true	false
	true	false	false
	false	false	false
逻辑或(||)	true	true	true
	false	true	true
	true	false	true
	false	false	false

例如下面是一些有效的逻辑表达式。

```
!20                    //结果得出 0
10 && 5                //结果得出 1
10 || 5.5              //结果得出 1
10 && 0                //结果得出 0
```

3.2.3　字符型和字符串

字符型包括普通字符和转义字符。

1. 普通字符

普通字符常量是由一对单引号括起来的单个字符，例如：

```
'a'                    //字符常量
'A'                    //字符常量
```

在此，a 和 A 是两个不同的常量。

字符型表示单个字符，用 char 来修饰，通常是 8 位字长，具体格式如下。

```
char var;
```

其中，char 是说明符，var 是变量名，每个变量只能容纳一个字符，每个字符用一对单引号包含进来。

2. 转义字符

转义字符常量是一种特殊表示形式的字符常量，是以'\'开头，后跟一些字符组成的字符序列，表示一些特殊的含义。在 C++语言中，有如下常用字符。

- \"：指双引号。
- \'：指单引号。
- \\：指反斜杠。
- \0：指空字符。
- \a：指响铃。
- \b：指后退。
- \n：指换行。
- \r：指回车。
- \t：指水平制表符。
- \v：指垂直制表符。
- \xnnn：指表示十六进制数(nnn)。

例如下面的代码。

```
printf( "This\nis\na\ntest\n\nShe said, \"How are you?\"\n" );
```

执行上述代码后将输出如下结果。

```
This
is
a
test
She said, "How are you?"
```

3. 字符串

字符串与字符数组都是描述由多个字符构成的数据，字符串借用字符数组来完成处理。在使用字符串时需要注意如下 4 点。

- 字符串数据用双引号表示，而字符数据用单引号表示。
- 字符串的长度可以根据串中字符个数临时确定，而字符数组的长度必须事先规定。
- 对字符串，系统在串尾加“\0”作为字符串的结束标志，而字符数组并不要求最后一个字符为“\0”。
- 用字符数组来处理字符串时，字符数组的长度应比要处理的字符串长度大 1，以存放串尾结束符“\0”，例如：

```
static char city[9]= {'c','h','a','n','g','s','h','a','\0'};
```

可用字符串描述为：

```
static char city[9]={\"changsha\"}
```

或

```
\"changsha\";
```

上述两条语句可分别理解为用字符数组来处理字符串，用字符串对字符数组初始化。千万注意不能在程序中给字符数组赋值，例如：

```
city一\"changsha\"; /*是绝对错误的*/
```

3.3 标准类型库基础

除了前面介绍的基本数据类型外，C++还定义了一个内容丰富的抽象数据类型标准库。其中最重要的标准库类型是string和vector，它们分别定义大小可变的字符串和集合。string和vector往往将迭代器当作伙伴类型(companion type)，用于访问string中的字符，或者vector中的元素。

↑扫码看视频

3.3.1 标准库的string类

string类型支持长度可变的字符串，C++标准库负责管理存储字符的相关内存，以及提供各种有用的操作。标准库string类型的目的就是满足对字符串的一般应用。

与其他标准库类型一样，用户程序要使用string类型对象，必须包含相关头文件。如果程序员提供合适的using声明，那么编写出来的程序将会变得简短一些。

```
#include <string>
using std::string;
```

在具体应用时，可以用iostream和string标准库，使用标准输入输出操作符来读写string对象。例如：

```
int main(){
  string s;
  cin >> s;                    //从标准输入读取string，并将读入的串存储在s中
  cout << s << endl;
  return 0;
}
```

输入和输出操作的行为与内置类型操作符基本类似。尤其是，这些操作符返回左操作数作为运算结果。因此可以把多个读操作或多个写操作放在一起。例如：

```
string s1, s2;
cin >> s1 >> s2;
cout << s1 << s2 << endl;
```

3.3.2 vector类型简介

vector是同一种类型的对象的集合，每个对象都有一个对应的整数索引值。和string对

象一样，标准库负责管理存储元素的相关内存。我们把 vector 称为容器，是因为它可以包含其他对象。一个容器中的所有对象都必须是同一种类型的。我们将在本书后面的内容中更详细地介绍容器。

在使用 vector 之前，必须包含相应的头文件。本书给出的例子，都是假设已做了相应的 using 声明。例如：

```
#include <vector>
using std::vector;
```

vector 是一个类模板(class template)。模板允许程序员编写单个类或函数定义，这个类和函数定义可用于不同的数据类型上。因此，我们可以定义保存 string 对象的 vector，或保存 int 值的 vector，又或是保存自定义的类类型对象(如 Sales_item 对象)的 vector。将在第 16 章介绍如何定义程序员自己的类模板。幸运的是，使用类模板时只需要简单了解类模板是如何定义的就可以了。

智慧锦囊

如果没有给出元素的初始化式，那么标准库将提供一个值初始化的(value initialized)元素初始化式。这个由库生成的初始值用于初始化容器中的每个元素。而元素初始化式的值取决于存储在 vector 中元素的数据类型。

3.3.3　迭代器简介

除了使用下标来访问 vector 对象的元素外，标准库还提供了另一种检测元素的方法——使用迭代器(iterator)。迭代器是一种允许程序员检查容器内元素，并实现元素遍历的数据类型。

标准库为每一种标准容器(包括 vector)定义了一种迭代器类型。迭代器类型提供了比下标操作更一般化的方法：所有的标准库容器都定义了相应的迭代器类型，而只有少数的容器支持下标操作。因为迭代器对所有的容器都适用，现代 C++程序更倾向于使用迭代器而不是下标操作访问容器元素，即使对支持下标操作的 vector 类型也这样。

3.3.4　bitset 类型初步

有些程序要处理二进制位的有序集，每个位可能包含的是 0(关)或 1(开)的值。在现实应用中，通常使用位表示“是/否”。标准库提供了 bitset 类使得处理位集合更容易一些。要使用 bitset 类就必须要包含相关的头文件。在本书提供的例子中，假设都使用了 std::bitset 的 using 声明，代码如下。

```
#include <bitset>
using std::bitset;
```

知识精讲

bitset 类也支持内置的位操作符。C++定义的这些操作符都只适用于整型操作数，它们所提供的操作类似于本节所介绍的 bitset 操作。

3.4 实践案例与上机指导

通过本章的学习，读者基本可以掌握 C++基础语法的知识。其实 C++基础语法的知识还有很多，这需要读者通过课外渠道来加深学习。下面通过练习操作，以达到巩固学习、拓展提高的目的。

↑扫码看视频

3.4.1 测试整个 bitset 对象

在 C++程序中，如果 bitset 对象中有一个或多个二进制位置为 1，则 any 操作返回 true，也就是说，其返回值等于 1；相反，如果 bitset 对象中的二进制位全为 0，则 none 操作返回 true。

```
bitset<32> bitvec;
bool is_set = bitvec.any();
bool is_not_set = bitvec.none();
```

如果需要知道置为 1 的二进制位的个数，可以使用 count 操作，该操作可以返回值为 1 的二进制位的个数。

```
size_t bits_set = bitvec.count();
```

count 操作的返回类型是标准库中命名为 size_t 的类型。size_t 类型定义在 cstddef 头文件中，该文件是 C 标准库的头文件 stddef.h 的 C++版本。这是一个与机器相关的 unsigned 类型，大小可以保证存储内存中的对象。与 vector 和 string 中的 size 操作一样，bitset 的 size 操作返回 bitset 对象中二进制位的个数，返回值的类型是 size_t。

```
size_t sz = bitvec.size();
```

3.4.2 访问 bitset 对象中的位

在 C++程序中，可以用下标操作符来读或写某个索引位置的二进制位，同样地，也可以用下标操作符测试给定二进制位的值或设置某个二进制位的值。例如：

```
for (int index = 0; index != 32; index += 2)
      bitvec[index] = 1;
```

上面的循环把 bitvec 中的偶数下标的位都置为 1。

除了用下标操作符，还可以用 set、test 和 reset 操作来测试或设置给定二进制位的值。例如：

```
for (int index = 0; index != 32; index += 2)
    bitvec.set(index);
```

为了测试某个二进制位是否为 1，可以用 test 操作或者测试下标操作符的返回值。例如：

```
if (bitvec.test(i))
if (bitvec[i])
```

如果下标操作符测试的二进制位为 1，则返回的测试值的结果为 true，否则返回 false。

3.5　思考与练习

本章首先介绍了什么是标识符，然后详细阐述了 C++语言中各种常用数据类型的知识，最后简要介绍了标准类型库的知识，并且通过具体实例介绍了各种运算符的使用方法。通过本章的学习，读者应该熟悉使用标识符和数据类型的知识，掌握它们的使用方法和技巧。

1. 选择题

(1) 如果 bitset 对象中有一个或多个二进制位置为 1，则 any 操作返回(　　)。

A. true　　B. false　　C. 1　　D. 0

(2) 字符型表示单个字符，用 char 来修饰，通常是(　　)位字长。

A. 8　　B. 6　　C. 4　　D. 32

2. 判断对错

(1) 除了使用下标操作符，还可以用 set、test 和 reset 操作来测试或设置给定二进制位的值。(　　)

(2) 如果下标操作符测试的二进制位为 1，则返回的测试值的结果为 true，否则返回 false。(　　)

(3) 当用 string 对象初始化 bitset 对象时，string 对象直接表示为位模式。(　　)

3. 上机练习

(1) 演示浮点型数据的转换过程。

(2) 使用科学记数法来表示三个数。

第 4 章

变量和常量详解

本章要点

- 变量
- 变量的作用域
- 常量

本章主要内容

在 C++语言中，变量和常量用于表示和保存程序中用到的数据，如果保存的变量可变就被称为变量，反之就被称为常量。变量和常量是 C++程序访问数据的手段，是数据的载体。在本章的内容中，将详细介绍 C++语言变量和常量的基本知识，为读者步入本书后面知识的学习打下坚实的基础。

4.1 变　量

变量是指内容可以变化的量，它是访问和保存数据的媒介。在C++程序中的变量是可变的，有时值是A，有时值是B。在本节的内容中，将详细讲解C++变量的知识。

↑扫码看视频

4.1.1 定义变量

变量提供了程序可以操作的有名字的存储区。C++中的每一个变量都有特定的类型，该类型决定了变量的内存大小和布局、能够存储于该内存中的值的取值范围以及可应用在该变量上的操作集。C++程序员常常把变量称为“变量”或“对象”(object)。变量向编译器声明变量的存在，并同时为其分配所需的空间。具体格式如下。

```
type varl[=value1], var2[=value2],…
```

其中，type是变量类型名，可以是int、char等任何数据类型的说明符；varl和var2是变量的名字，可以是任何合法的非保留字标识符，value1 和 value2 是常量值。如果同时定义多个变量，则变量之间必须用逗号“,”隔开，在最后一个变量后加分号“;”。

智慧锦囊

变量类型决定了怎样去理解和操作该变量所对应的数据，变量名为程序提供了内存块的首地址和操作它的媒介。

实例4-1：定义变量并分别初始化赋值

源文件路径：daima\4\4-1

本实例的实现文件是bian.cpp，主要实现代码如下。

```
int main(void) {
    int a=20;              //定义整型变量 a
    char ch='a';           //定义字符型变量 ch
    double d1,d2;          //定义双精度型变量 d1 和 d2
    double d3;             //定义双精度型变量 d3
    /*使用定义的 5 个变量*/

    d1=25.5;
    d2=35;
    d3=27.5;
```

```
    d3=d1+d3;
    cout<<a<<endl;
    cout<<d2<<endl;
    cout<<d3<<endl;
    return 0;
}
```

在上述代码中，分别定义了 5 个变量 a、ch、d1、d2、d3，并分别为这 5 个变量进行了赋值处理。编译执行后将输出对应的结果，具体如图 4-1 所示。

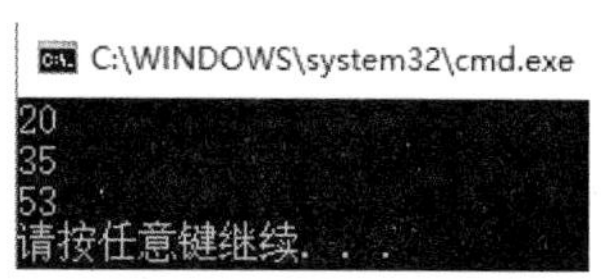

图 4-1　执行效果

4.1.2　声明变量

在 C++程序中，如果只需向编译器说明一个变量的存在，而不为其分配所需的存储空间，就叫变量的声明。变量声明仅仅是起到了占位符的作用，具体声明格式如下。

```
extern type var1,var2,…
```

其中，extern 是关键字，表示定义的外部变量；type 是变量的类型，var1 和 var2 是变量的名称。所谓外部变量，是指变量在当前程序的外部，要么是在另外一个文件中，要么是在本文件的后面。

实例 4-2：使用 extern 声明两个变量 a 和 b

源文件路径：daima\4\4-2

本实例的功能是使用 extern 声明两个变量 a 和 b，实例文件 wai.cpp 的具体实现代码如下。

```
#include "stdafx.h"
#include "iostream.h"
#include "a_wai.h"      //变量 a 所在的头文件
extern int a;           //从外部引入变量 a
extern int b;           //从外部引入变量 b
int main(void){
    int c=10;           //定义变量 c
    cout<<"a 在另一个文件内，a="<<a<<endl;

    cout<<"b 是声明的，但在本文件内，b="<<b<<endl;
    cout<<"c 是定义的，c="<<c<<endl;
    return 0;
}
int b = 1;          //定义变量 b
```

执行后的效果如图 4-2 所示。

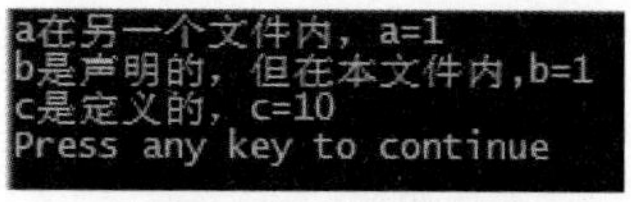

```
a在另一个文件内，a=1
b是声明的，但在本文件内,b=1
c是定义的，c=10
Press any key to continue
```

图 4-2　执行效果

在上述代码中，extern 声明一个来自其他文件的变量 a，然后声明一个在主函数后才被定义的变量 b。变量 a 是直接调用的，它在外部文件 a_wai.h 中被定义，具体代码如下。

```
extern int a=1;
```

这样，虽然 a 和 b 都被声明为外部变量，但是 a 是在文件 a_wai.h 中定义的，b 则是在函数 main 的末尾定义的，c 则只是一个定义。

知识精讲

在上述代码中，变量的声明并没有给变量分配存储空间，所以在声明时不能给其赋值，因为它在实际上是不存在的。例如，将变量 a 的声明写为如下格式：

```
extern int a=1;      //从外部引入变量 a
```

上述写法是错误的，因为此时的 a 还没有存储空间，数值 1 将无处可放。

4.2 变量的作用域

变量的作用域是指变量可以被引用的区域，变量的生存期是指变量的生命周期，变量的作用域与生存期是密切相关的。通俗来说，就是变量可以起作用的范围和前提。

↑扫码看视频

4.2.1 作用域和生存期

变量的作用域决定了变量的可见性和有效性，说明变量在程序哪个区域可用，即程序中哪些语句可以使用变量。作用域有三种：局部、全局和文件作用域。具有局部作用域的变量称为局部变量，具有全局作用域和文件作用域的变量称为全局变量。大部分变量都具有局部作用域，它们声明在函数内部。局部的作用域开始于变量被声明的位置，并在标志该函数或块结束的右括号处结束。下面的例子列出了几种不同的局部变量。

(1) 局部变量和函数形参具有局部作用域，例如下面代码中的 y 就是一个局部变量。

```
void Myprogram(int x)
{                                  //形参的作用域开始于此
int y=3;                           //局部变量的作用域开始于此
{
int z=x+y;                         //块内部变量 z 的作用域开始于此，x 和 y 在该语句内可用
}                                  //z 的作用域结束
}                                  //变量 y、x 作用域结束
```

全局变量声明在函数的外部，其作用域一般从变量声明的位置开始，在程序源文件结束处结束。全局作用域范围最广，甚至可以作用于组成该程序的所有源文件。当将多个独立编译的源文件链接成一个程序时，在某个文件中声明的全局变量或函数，在其他相链接的文件中也可以使用它们，但使用前必须进行 extern 外部声明。

(2) 具有全局作用域的变量，作用范围广泛，例如下面代码中的 x 就是一个全局变量。

```
int x=1;                    //全局变量 x 的作用域开始于此，结束于整个程序源文件
void Myprogram(int x){
        …
}
…
```

全局作用域是指在函数外部声明的变量只在当前文件范围内可用，但不能被其他文件中的函数访问。要使变量或函数具有文件作用域，必须在它们的声明前加上 static 修饰符。当将多个独立编译的源文件链接成一个程序时，可以利用 static 修饰符避免一个文件中的外部变量由于与其他文件中的变量同名而发生冲突。例如下面的代码演示了具有文件作用域的全局变量。

```
static x=1;                 //全局变量 x 的作用域开始于此，结束于当前文件
void Myprogram(int x){
…
}
```

在同一作用域内声明的变量不可以同名，但是不同作用域声明的变量可以同名。变量的生存期是指在程序执行的过程中，一个变量从创建到被撤销的一段时间，它确定了变量是否存在。变量的生存期与作用域密切相关，一般变量只有在生存后才能可见。但作用域与生存期还是有一些区别：作用域是指变量在源程序中的一段静态区域，而生存期是指变量在程序执行过程中存在的一段动态时间。有些变量(函数参数)没有生存期，但是有作用域；有些变量虽然在生存期，但却不在作用域。例如在下面的实例中，演示说明了同名变量的屏蔽问题。

实例 4-3：同名变量的屏蔽问题

源文件路径：daima\4\4-3

本实例的核心文件是 yu.cpp，主要实现代码如下。

```
#include "stdafx.h"
#include "iostream.h"
int i_sum=100;      //定义全局变量 i_sum
void main(){

    int i_sum=47;   //定义同名局部变量 i_sum
    cout<<i_sum<<endl;
};
```

执行后的效果如图 4-3 所示。

图 4-3　执行效果

知识精讲

在同一作用域内变量同名，在编译阶段编译器会报语法错误，我们可以方便地定位和调试。而对于不同作用域的变量同名，则不会出现语法错误，但是会出现实例所演示的同名变量屏蔽问题。通过以上步骤，我们演示了不同作用域的同名变量的屏蔽问题，如何才能够输出正确结果呢？需要借助下一节所要学习的作用域限定符。

4.2.2 作用域限定符

从实例 4-3 可以看出，如果局部变量和全局变量同名，则在局部作用域内只有局部变量才起作用，C 语言没有提供这种情况下访问全局变量的途径。在 C++中，可以通过作用域限定符“: :”来标识同名的全局变量，例如下面的实例演示了使用作用域限定符“: :”的过程。

实例 4-4：使用作用域限定符“: :”
源文件路径：daima\4\4-4

实例文件 xian.cpp 的主要实现代码如下。

```
int i_sum=39;                   //定义全局变量 i_sum
void main(){
    int i_sum=46;               //定义局部变量 i_sum
    cout<<::i_sum<<endl;        //使用作用域限定符“::”
};
```

程序运行后的效果如图 4-4 所示。

```
C:\WINDOWS\system32\cmd.exe
39
请按任意键继续. . .
```

图 4-4　执行效果

智慧锦囊

通过以上步骤，演示了使用作用域限定符来解决不同作用域的同名变量屏蔽问题的方法。在此需要说明的是，作用域限定符“::”只能用来访问全局变量，而不能用来访问在语句块外声明的同名局部变量。例如下面的代码是错误的。

```
int main(){
    cout<<" 这是一个 C++程序！"<<endl;
    int i_sum=123;{
        int i_sum=456;
        ::i_sum=789;
    }
};
```

编译程序就会弹出以下错误提示信息：

```
error C2039: 'i_sum' : is not a member of "global namespace"
```

4.2.3　存储类型

在执行 C++程序时，系统除了为程序可执行代码分配内存，还为不同存储属性的变量分配不同类型的内存空间，系统为变量分配内存的方式决定了变量的作用域和生存期。C++程序中的变量有三种内存分配方式：静态分配、自动分配和动态分配。

计算机系统可以为每个程序分配一个固定的静态存储区，静态分配是指在这个固定区域内为变量分配的内存空间。对于静态分配内存空间的变量，在编译时就分配了内存空间，在程序开始执行时变量就占用内存，直到程序结束时，变量释放。在运行程序后，系统将为程序开辟一块称为栈的活动存储区，栈按照“后进先出”的方式使用存储空间。

自动分配是指在栈中为变量临时分配内存空间。对于自动分配内存空间的变量，程序运行后，在变量作用域开始时由系统自动为变量分配内存，在作用域结束后即释放内存。

动态分配是指利用一个被称为堆的内存块为变量分配内存空间，堆使用静态存储区和栈之外的部分内存。动态分配是一种完全由程序本身控制内存使用的分配方式。对于动态分配内存空间的变量，程序运行后，利用 new 运算符自动分配内存，利用 delete 运算符或程序结束运行释放内存。

new 与 delete 是 C++语言特有的运算符，用于动态分配和释放内存。new 用于为各种数据类型分配内存，并把分配到的内存首地址赋给相应的指针。new 的功能类似于 malloc()函数。

在 C++程序中，有如下 4 种使用 new 运算符的形式。

1)　给单个对象申请分配内存

```
int *ip;
ip=new int;                         //ip 指向 1 个未初始化的 int 型对象
```

该代码段首先定义了一个指向整型对象的指针，然后为该对象申请内存空间，如果申请成功，则 ip 指向一个 int 型对象的首地址。

2)　给单个对象申请分配内存的同时初始化该对象

```
int *ip;
ip=new int(68);                     //ip 指向 1 个表示为 68 的 int 型对象
```

该代码段首先定义了一个指向整型对象的指针，然后为该对象申请内存空间，如果申请成功，则 ip 指向一个 int 型对象的首地址，并将该地址的内容初始化为 68。

3)　同时给多个对象申请分配内存

```
int *ip;
ip=new int [5];                     //ip 指向 5 个未初始化的 int 型对象的首地址
for(int i=0;i<5;i++)
ip[i]=5*i+1;                        //给 ip 指向的 5 个对象赋值
```

该代码段首先定义了一个指向整型对象的指针，然后为 5 个 int 型对象申请内存空间，如果申请成功，则 ip 指向一个 int 型对象的首地址。

用 new 申请分配内存时，不一定能申请成功。若申请失败，则返回 NULL，即空指针。因此，在程序中可以通过判断 new 的返回值是否为 NULL 来获知系统中是否有足够的空间供用户使用。

4) 释放内存空间

当程序不再需要由 new 分配的内存空间时，可以用 delete 释放这些空间。使用 delete 的格式为：

```
Delete <指针变量>;
```

或

```
delete [ ] <指针变量>;
```

其中，<指针变量>保存着用 new 申请分配的内存地址。中括号[ ]表示用 delete 释放为多个对象分配的地址，[]中不需要加对象的个数。

智慧锦囊

在使用 new 和 delete 时应注意如下 4 点。

(1) 用 new 运算符申请分配的内存空间，必须用 delete 释放。

(2) 对于一个已分配内存的指针，只能用 delete 释放一次。

(3) delete 作用的指针对象必须是由 new 分配内存空间的首地址。

(4) 用 new 运算符为多个对象申请分配内存空间时，不能提供初始化。

下面通过一个具体实例来说明变量内存空间的动态分配与释放方法。

实例 4-5：动态分配与释放变量的内存空间

源文件路径：daima\4\4-5

本实例的实现文件为 fenpei.cpp，主要实现代码如下。

```
#include "stdafx.h"
#include <iostream.h>
void main(){
    int * p1=new int(34);   //p1 指向 34
    int* p2=new int[6];     //p2 指向 6
    for (int i=0;i<6;i++){  //使用 for 循环
        p2[i]=i*60;         //设置 p2 的值
    }
    delete p1;
    delete p2;
};
```

通过以上步骤，演示了变量内存空间的动态分配与释放方法。注意，必须养成释放内存的编程习惯，否则会造成内存泄漏而引起不必要的意外。特别是在实际应用程序开发过程中，对一些要经常改变存储内容的内存空间，在每次使用前最好先释放原有的内存空间，然后重新申请新的内存空间。

4.2.4 C++变量初始化

所谓变量初始化，就是对变量进行初始的赋值，此操作可以在变量定义时进行，也可以在定义后进行。在前面的实例中，我们多次实现了变量初始化处理。当定义一个变量时，我们应给它进行初始化的动作。当然除了系统会帮我们初始化的变量外(如全局变量、静态变量或外部变量，系统会帮我们初始化成 0 或 null)，对于局部变量，如果在一个堆或栈中不给它进行初始化，那我们使用它时就会很难确定它的当前状态。

未初始化的变量是 C++程序中错误的常见来源。养成在使用内存之前先清除的习惯，在定义变量的时候就将其初始化，可以避免这种错误。使用过程式语言(如 Pascal、C、Fortran 或 Cobol)的人，可能有这样的习惯：独立于使用它们的代码来定义变量，然后在使用的时候再赋值。这种方式已经过时了，是不可取的。

关于未初始化变量，其实有一个常见的误解是它们会使程序崩溃，因此通过简单的测试就能很快地发现分布在各处的那些未初始化变量。但事实恰恰相反，如果内存布局碰巧满足了程序需求，带有未初始化变量的程序能够毫无问题地运行上数年。在此之后，如果从不同环境中调用，或者重新编译，或者程序的另一个部分被修改，都可能导致各种故障发生，轻则出现难以琢磨的运行结果，重则发生间歇性的崩溃。建议在定义变量时就进行初始化操作，或在距离定义最近的地方，或在第一次作为右键值使用前。

实例 4-6：初始化 a、b、c、d、e 共 5 个变量

源文件路径：daima\4\4-6

本实例的实现文件为 chushi.cpp，主要实现代码如下。

```
int main(void) {
    int a;                  //定义整型变量 a
    float b=1.1;            //定义浮点型变量 b

    char c=' ';             //定义字符型变量 c 是空格
    bool d;                 //定义逻辑型变量 d
    d=true;
    int e=100;              //定义整型变量 e
    char f='x';             //定义字符型变量 f
    cout << "a、b、c、d、e 共 5 个变量的值是多少？" << endl;
    cout<<b<<endl;          //输出 b 的值
    cout<<c<<endl;          //输出 c 的值
    cout<<d<<endl;          //输出 d 的值
    cout<<e<<endl;          //输出 e 的值
    cout<<f<<endl;          //输出 f 的值
    a=0;                    //重新设置 a 的值
    cin>>a;
    cout<<a<<endl;          //输出 a 的值
    return 0;
}
```

在上述初始化过程中，a 在需要时才初始化，b、c 和 e 在定义时就初始化，d 是在定义后初始化的。执行后的效果如图 4-5 所示。

图 4-5　执行效果

4.3 常　　量

在 C++语言中，常量是指内容固定不变的量，无论程序怎样变化执行，它的值永远不会变。在编程过程中，常量常用于保存像圆周率之类的常数。在本节的内容中，将详细讲解 C++常量的基本知识和用法。

↑扫码看视频

4.3.1 什么是常量

常量是指在程序执行中不变的量，它分为字面常量和符号常量(又称标识符常量)两种表示方法。如 25、-3.26、'a'、"constant"等都是字面常量，即字面本身就是它的值。符号常量是一个标识符，对应着一个存储空间，该空间中保存的数据就是该符号常量的值，这个数据是在定义符号常量时赋予的，是以后不能改变的。例如 C++保留字中的 true 和 false 就是系统预先定义的两个符号常量，它们的值分别为数值 0 和 1。再例如，cout 语句可以输出字符串，这些带着双引号的字符串的全称是字符串常量，它也是一种文字常量。而带着单引号的常量称为字符常量，它与字符串常量是不同的。字符常量只能是一个字符，而字符串常量可以是一个字符，也可以由若干字符组成。

知识精讲

我们可以认为，声明一个常量与声明一个变量的区别是在语句前加上了 const。但是，声明常量的时候必须对其进行初始化，并且在除声明语句以外的任何地方不允许再对该常量赋值。如果对一个实型文字常量没有作任何说明，那么默认为双精度型数据。若要表示浮点型数据，则在该文字常量之后加上 F(大小写不限)；若要表示长双精度型数据，则要加上 L(大小写不限)。事实上，只要在不改变变量值的情况下，常量可以由一个变量来代替。但是从程序的安全和严谨角度考虑，我们并不推荐这样做。

4.3.2 使用常量

在下面的实例中，演示了用常量来保存圆周率 PI 的值的过程。

实例 4-7：使用常量保存圆周率 PI 的值
源文件路径：daima\4\4-7

本实例的实现文件为 changliang.cpp，主要实现代码如下。

```
#include "stdafx.h"
#include "iostream.h"
int main(void) {
       //常量 double _PI 表示圆周率
    const double _PI_=3.14159;
    double r=0.0;              //变量 r 表示半径
    cout<<"请输入一个圆的半径"<<endl;
    cin>>r;                    //从命令行读入半径的值
    double area;               //变量 area 表示面积
    area=_PI_*r*r;             //计算面积
    cout<<"这个圆的面积是"<<area<<endl;
    return 0;
}
```

在上述代码中，用常量 PI 保存了圆周率 3.14159 的值，编译执行后将首先要求输入一个圆的半径，如图 4-6 所示。

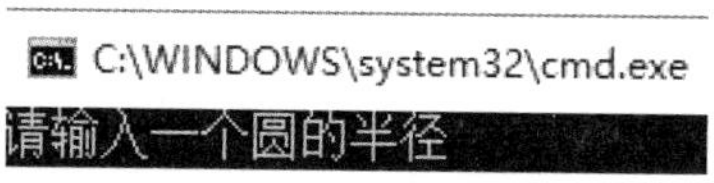

C:\WINDOWS\system32\cmd.exe

请输入一个圆的半径

图 4-6　输入半径

按 Enter 键后计算并输出这个圆的面积，如图 4-7 所示。

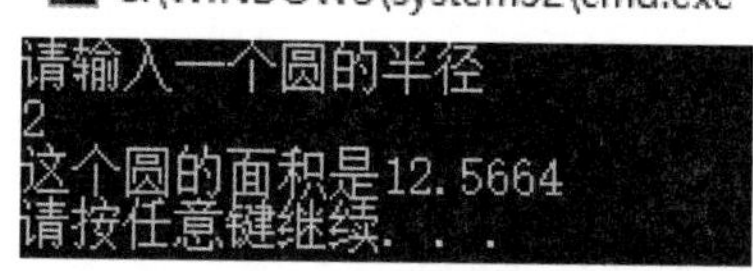

图 4-7　输出面积

再看下面的实例，功能是分别定义常量并在控制台中显示常量的值。

实例 4-8：分别定义常量并在控制台中显示常量的值

源文件路径：daima\4\4-8

本实例的实现文件为 zonghe.cpp，主要实现代码如下。

```
#include "stdafx.h"
#include <iostream.h>
#define YEARS 365                     //一年的天数
#define HOURS 24                      //一天的小时数
#define MONTHS  12                    //一年的月份数
int main()
{
    const float pi=3.14159;           //圆周率
    const float max=100;              //最大值
    cout<<" 圆周率是: "<<pi<<endl;
    cout<<"一年的天数为: "<<YEARS<<endl;
    cout<<"一天中时间数为: "<<HOURS<<endl;

    cout<<"一年的月数为: "<<MONTHS<<endl;
```

```
    cout<<"人民币的最大面额是："<<max<<endl;
    return 0;
}
```

执行后分别输出各个常量的值，如图 4-8 所示。

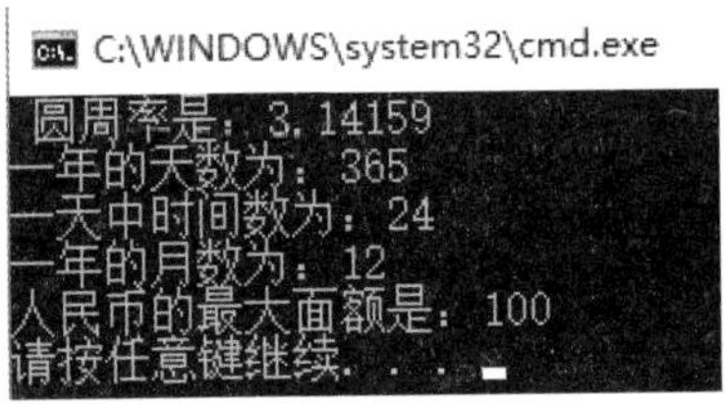

```
C:\WINDOWS\system32\cmd.exe
圆周率是：3.14159
一年的天数为：365
一天中时间数为：24
一年的月数为：12
人民币的最大面额是：100
请按任意键继续. . .
```

图 4-8　执行效果

4.4　实践案例与上机指导

通过本章的学习，读者基本可以掌握 C++语言变量和常量的知识。其实 C++语言变量和常量的知识还有很多，这需要读者通过课外渠道来加深学习。下面通过练习操作，以达到巩固学习、拓展提高的目的。

↑扫码看视频

在 C++程序中，经常需要把表达式的值赋给变量，这就要求在声明变量的时候清楚地知道表达式的类型。然而要做到这一点并非那么容易，有时甚至根本做不到。为了解决上述问题，在 C++11 标准引入了 auto 类型说明符，其功能是让编译器替我们去分析表达式所属的类型。这和原来那些只对应一种特定类型的说明符(比如 double)不同，auto 能够让编译器通过初始值来推算变量的类型。在 C++程序中，当使用 auto 定义一个变量时必须有对应的初始值。例如下面的代码。

```
auto i = 0, *p = &i;            //这行正确：i 是整数，p 是整型指针
auto sz = 0, pi = 3.14;         //这行错误：因为 sz 和 pi 的类型不一致
```

实例 4-9：使用 auto 类型

源文件路径：daima\4\4-9

本实例的实现文件为 AUTOO.cpp，主要实现代码如下。

```
int main() {
    auto name = "这就是我独创的大圈战术！\n";//使用 auto 定义 name
    cout << "范加尔说：" << name;           //输出 name 的值
}
```

执行后的效果如图 4-9 所示。

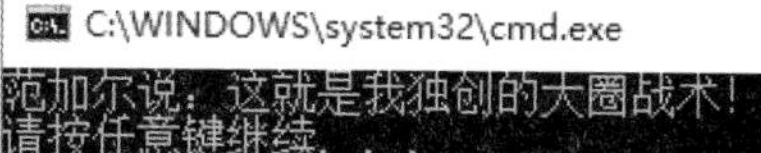

图 4-9　执行效果

4.5　思考与练习

本章详细讲解了 C++语言变量和常量的知识，循序渐进地讲解了变量、变量的作用域和常量等知识。在讲解过程中，通过具体实例介绍了 C++语言定义及使用变量和常量的方法。通过本章的学习，读者应该熟悉使用 C++变量和常量的知识，掌握它们的使用方法和技巧。

1. 选择题

(1) C++语言使用关键字(　　)定义整型变量。

A. int　　B. double　　C. char　　D. float

(2) 在 C++中，可以通过作用域限定符(　　)来标识同名的全局变量。

A. : :　　B. :　　C. .　　D. ?

2. 判断对错

(1) 动态分配是指利用一个被称为堆的内存块为变量分配内存空间，堆使用静态存储区和栈之外的部分内存。动态分配是一种完全由程序本身控制内存使用的分配方式。(　　)

(2) 在传统的 C++语言中，可以使用关键字 typedef 自定义一个数据类型。在 C++11 标准中，新推出了“别名声明”方法来定义类型别名。(　　)

3. 上机练习

(1) 计算某年某月某日是第几天。

(2) 编程实现猴子吃桃的问题。

第 5 章

运算符和表达式

本章要点

- 运算符和表达式详解
- 类型转换

本章主要内容

在 C++语言中，运算符是指能够运算某个事物的符号，指定了对操作数所进行的运算类别。而由合法的变量、常量和运算符组成的式子被称为表达式。在本章的内容中，将详细介绍 C++运算符和表达式的基本知识，为读者步入本书后面知识的学习打下坚实的基础。

5.1 运算符和表达式详解

在 C++语言中，将具有运算功能的符号称为运算符。而表达式则是由运算符构成的包含常量和变量的式子。表达式的作用就是将运算符的运算作用表现出来。在 C++中有很多运算符：算术运算符、关系运算符、逻辑运算符、条件运算符等。其种类之多、功能之丰富，令人叹为观止。下面将详细讲解各个运算符的知识。

↑扫码看视频

5.1.1 赋值运算符和赋值表达式

C++语言提供了两类赋值运算符，分别是基本赋值运算符和复合赋值运算符，具体说明如下。

- 基本赋值运算符：=。
- 复合赋值运算符：+=、-=、*=、/=、%=、<<=、>>=、&=、^=、|=。

上述各个运算符的具体说明如表 5-1 所示。

表 5-1 赋值运算符说明

运 算 符	实 例	等 价 于
=	n = 25	n 等于 25
+=	n += 25	n = n + 25
-=	n -= 25	n = n - 25
*=	n *= 25	n = n * 25
/=	n /= 25	n = n / 25
%=	n %= 25	n = n % 25
&=	n &= 0xF2F2	n = n & 0xF2F2
|=	n |= 0xF2F2	n = n | 0xF2F2
^=	n ^= 0xF2F2	n = n ^ 0xF2F2
<<=	n <<= 4	n = n << 4
>>=	n >>= 4	n = n >> 4

在 C++程序中，赋值运算符的左侧运算对象必须是一个可修改的左值。例如下面的演示代码只是实现初始化功能而已：

```
int i = 0, j = 0, k = 0;          //初始化而非赋值
const int ci = i;                 //初始化而非赋值
```

而下面的赋值语句代码都是非法的：

```
1024 = k;                    //错误：字面值是右值
i + j = k;                   //错误：算术表达式是右值
ci = k;                      //错误：ci 是常量(不可修改的)左值
```

在 C++程序中，赋值运算的结果是它的左侧运算对象，并且是一个左值。相应地，结果的类型就是左侧运算对象的类型。如果赋值运算符的左右两个运算对象类型不同，则右侧运算对象将转换成左侧运算对象的类型。例如：

```
k = 0;                       //结果：类型是 int，值是 0
k = 3.14159;                 //结果：类型是 int，值是 3
```

在下面的实例中，分别定义变量 x 和 y，然后分别对其赋值，最后通过赋值表达式将其值输出。

实例 5-1：输入两个正整数
源文件路径：daima\5\5-1

本实例的实现文件是 fuzhi.cpp，具体实现代码如下。

```
int main(void){
    int x=1;                    //赋值变量 x 的值为 1
    int y=2;                    //赋值变量 y 的值为 2
    cout << "请您输入两个正整数："<< endl;
    cin>>x;                     //获取输入的 x 的值
    cin>>y;                     //获取输入的 y 的值

    cout<<(x+=y)<<endl;         // x+=y 表示 x=x+y
    cout<<(x*=y)<<endl;         // x*=y 表示 x=x*y
    cout<<(x%=y)<<endl;         // x%=y 表示 x=x%y
    cout<<(x<<=y)<<endl;        // x<<=y 表示 x=x<<=y
    cout<<(x=y=100)<<endl;  // x=y=100 表示 x=100，y=100
    return 0;
}
```

在上述代码中，定义了变量 x 和 y，然后分别进行了赋值处理。执行后我们先输入两个正整数，如图 5-1 所示；按 Enter 键后将分别输出各个赋值处理后的值，如图 5-2 所示。

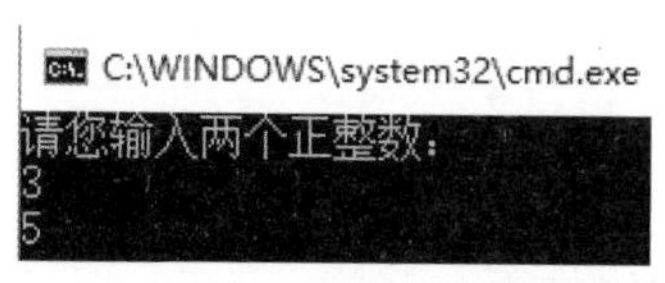

图 5-1　输入数字

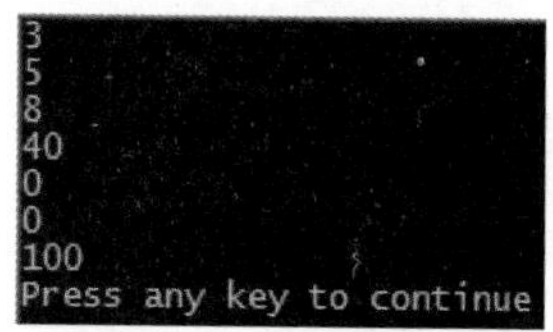

图 5-2　输出效果

5.1.2　算术运算符和算术表达式

C++语言提供了 7 个算术运算符，分别是“+(正)”“-(负)”“+”“-”“*”“/”和“%”。具体说明如下。

(1)　加法“+”、减法“-”和乘法“*”运算符：功能分别与数学中的加法、减法和乘法的功能相同，分别计算两个操作数的和、差、积。

(2) 除法运算符“/”：要求运算符右边的操作数不能为 0，其功能是计算两个操作数的商。当“/”运算符作用于两个整数时，进行整除运算。

知识精讲

在 C++程序中进行除法运算时，如果两个运算对象的符号相同则商为正(如果不为 0 的话)，否则商为负。C++语言的早期版本允许结果为负值的商向上或向下取整，而在 C++11 新标准中规定：商一律向 0 取整(即直接切除小数部分)。

(3) “%”取余运算符：要求两个操作数必须是整数，其功能是求余。例如：

```
16/3              //整除运算，结果为 5
15.3/3            //普通除法运算，结果为 5.1
13%5              //取余运算，结果为 3
```

智慧锦囊

根据取余运算的规则，如果 m 和 n 是整数且 n 非 0，则表达式(m/n)*n+m%n 的求值结果与 m 相等。在背后隐含的意思是，如果 m%n 不等于 0，则它的符号和 m 相同。C++语言的早期版本允许 m%n 的符号匹配 n 的符号，而且商向负无穷一侧取整，这一方式在 C++11 标准中已经被禁止使用了。除了 m 导致溢出的特殊情况，其他时候(-m)/n 和 m/(-n)都等于-(m/n)，m%(-n)等于 m%n，(-m)%n 等于-(m%n)。例如：

```
21 % 6;         /* 结果是 3 */
21 / 6;         /* 结果是 3 */
21 % 7;         /* 结果是 0 */
21 / 7;         /* 结果是 3 */
-21 % -8;       /* 结果是-5 */
-21 / -8;       /* 结果是 2 */
21 % -5;        /* 结果是 1 */
21 / -5;        /* 结果是-4 */
```

实例 5-2：使用算术运算符

源文件路径：daima\5\5-2

本实例的实现文件为 suanshu.cpp，具体实现代码如下。

```
int main(){
    //结果保存在浮点变量中
    float f;            //用浮点型变量保存计算结果
    f=16/8;             //省略小数部分的除法运算
    cout<<"f=16/8="<<f<<endl;
    f=15.0/8;           //除数省略小数部分的除法运算
    cout<<" f=15.0/8="<<f<<endl;
    f=16/8.0;           //被除数省略小数部分的除法运算
```

```
    cout<<" f=16/8.0="<<f<<endl;
    f=15.0/8.0;       //不省略小数部分的除法运算
    cout<<" f=15.0/8.0="<<f<<endl;
    //结果保存在整型变量中
    int i;            //用整型变量保存计算结果，将会导致计算结果被截断
    i=16/8;
    cout<<"i=16/8="<<i<<endl;
    i=15.0/8;
    cout<<" i=15.0/8="<<i<<endl;
    i=16/8.0;
    cout<<" i=16/8.0="<<i<<endl;
    i=15.0/8.0;
    cout<<" i=15.0/8.0="<<i<<endl;
    //直接输出计算结果
    cout<<"16/8="<<4/8<<endl;
    cout<<" 15.0/8="<<15.0/8<<endl;
    cout<<" 16/8.0="<<16/8.0<<endl;
    cout<<" 15.0/8.0="<<15.0/8.0<<endl;
    return 0;
}
```

执行后分别输出各个运算结果的值，如图 5-3 所示。

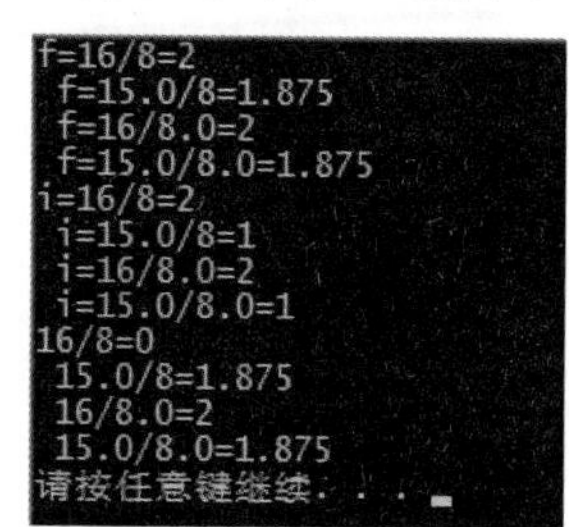

图 5-3　执行效果

知识精讲

除法的运算比较复杂，假如存在 M=a/b，则有以下两个类型。

(1)　M 是整型：无论 a 和 b 为何种类型，结果都是整除运算。

(2)　M 是浮点型：只要 a 和 b 中存在一个浮点型，结果就是非整除。

5.1.3　比较运算符和比较表达式

比较运算符的功能是对程序内的数据进行比较，并返回一个比较结果。在 C++中有多个比较运算符，具体说明如表 5-2 所示。

表 5-2　C++比较运算符

运 算 符	说　明
mm==nn	如果 mm 等于 nn 则返回 true，反之则返回 false
mm!=nn	如果 mm 不等于 nn 则返回 true，反之则返回 false

续表

运 算 符	说 明
mm<nn	如果 mm 小于 nn 则返回 true，反之则返回 false
mm> nn	如果 mm 大于 nn 则返回 true，反之则返回 false
mm<= nn	如果 mm 小于等于 nn 则返回 true，反之则返回 false
mm >= nn	如果 mm 大于等于 nn 则返回 true，反之则返回 false

例如在下面的实例中，定义了 6 个变量来演示 3 个比较运算符的使用方法。

实例 5-3：使用 3 个比较运算符

源文件路径：daima\5\5-3

本实例的实现文件为 bijiao.cpp，具体实现代码如下。

```
#include <math.h>                    //在此需要调用数学函数库
#define MIN 0.0001                   //定义最小数
int main(void){
    int a=97;                        //定义变量 a 的初始值是 97
    int b=98;                        //定义变量 b 的初始值是 98
    char ch1='a';                    //定义变量 ch1 的初始值是字符“a”
    char ch2='b';                    //定义变量 ch2 的初始值是字符“b”
    float f1=3.14159;                //定义变量 f1 的初始值是 3.14159
    float f2=3.14160;                //定义变量 f2 的初始值是 3.14160
    cout<<(a>b)<<endl;               //输出运算符“a>b”的结果
    cout<<(ch1==a)<<endl;            //相等比较
    cout<<(fabs(f1-f2)<MIN)<<endl;   //浮点数相等比较的方法，内置库函数 fabs 能够
                                     //计算绝对值

    return 0;
}
```

执行后分别输出各个运算结果的值，如图 5-4 所示。

图 5-4　执行效果

5.1.4　逻辑运算符和逻辑表达式

逻辑运算符的功能是表示操作数之间的逻辑关系，C++语言提供了三个逻辑运算符，分别是“!”“&&”和“||”。

- 逻辑非(!)：是单目运算符，其功能是对操作数进行取反运算。当操作数为逻辑真时，！运算后结果为逻辑假(0)，反之，若操作数为逻辑假，!运算后结果为逻辑真(1)。
- 逻辑与(&&)和逻辑或(||)：是双目运算符。当两个操作数都是逻辑真(非 0)时，&& 运算后的结果为逻辑真(1)，否则为 0；当两个操作数都是逻辑假(0)时，|| 运算后的结果为逻辑假(0)，否则为逻辑真(1)。

实例 5-4：演示逻辑运算符的使用方法
源文件路径：daima\5\5-4

本实例的实现文件为 luoji.cpp，具体实现代码如下。

```
void main(){
    int iNum1;           //定义变量 iNum1
    cout<<"请输入一个整数！"<<endl;
    cin>>iNum1;          //获取输入的 iNum1 值
    cout<<endl;
    if (iNum1>0&&iNum1<100){//如果输入值在 0 和 100 之间
        cout<<"您输入的是一个 0 到 100 之间的数！"<<endl;
    }
    else                     //如果输入值不在 0 和 100 之间
        cout<<"您输入的不是一个 0 到 100 之间的数！"<<endl;
};
```

编译并运行程序，执行效果如图 5-5 所示。

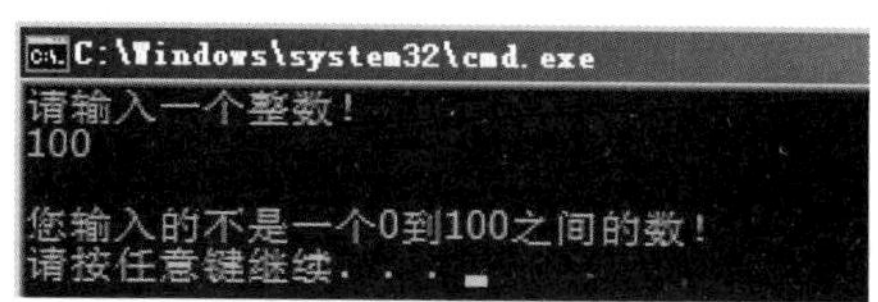

图 5-5　执行后效果

5.1.5　++/--运算符和表达式

自增(++)、自减(--)运算符是 C++语言中十分重要的运算符，它们属于单目运算符。运算符“++”和“--”是一个整体，中间不能用空格隔开。“++”能够使操作数按其类型增加 1 个单位，“--”能够使操作数按其类型减少 1 个单位。

在 C++语言中，自增、自减运算符既可以放在操作数的左边，也可以放在操作数的右边。放在操作数左边的称为前缀增量或减量运算符，放在操作数右边的称为后缀增量或减量运算符。前缀增量或减量运算符与后缀增量或减量运算符的关键差别在于：表达式在求值过程中增量或减量发生的时间。前缀增量或减量运算符是先使操作数自增或自减 1 个单位，然后使之作为表达式的值；后缀增量或减量运算符是先将操作数的值作为表达式的值，然后再使操作数自增或自减 1 个单位。下面通过一个实例来演示使用自增、自减运算符的方法。

实例 5-5：演示自增、自减运算符的使用方法
源文件路径：daima\5\5-5

本实例的实现文件为 jiajian.cpp，具体实现代码如下。

```
void main(){
//分别声明 4 个 int 类型的变量，这是在同一行中同时声明的写法
int count=15,digit=16,number=9,amount=12;
//先使 count 的值增加 1，然后将其加 1 后的值 16 作为表达式的值
cout<<++count<<endl;
//表达式的值为没有修改前 digit 的值 16，然后使 digit 的值增加 1
cout<<digit++<<endl;
```

```
//先使 number 的值减 1，然后将其减 1 后的值 8 作为表达式的值
cout<<--number<<endl;
//表达式的值为没有修改前 amount 的值 12，然后使 amount 的值减 1
cout<<amount--<<endl;
};
```

编译运行后的执行效果如图 5-6 所示。

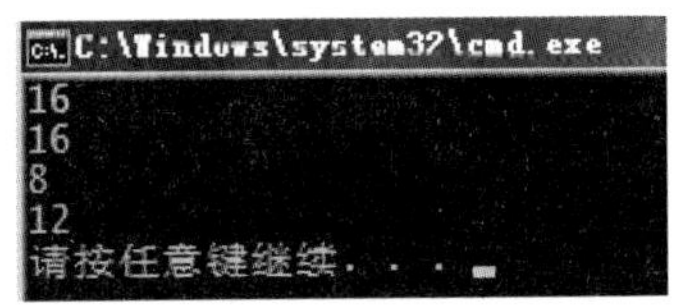

图 5-6　加减运行结果

5.1.6　位运算符和位表达式

在 C++语言中提供了 6 种位运算符，功能是进行二进制位的操作运算，具体说明如表 5-3 所示。

表 5-3　C++位运算符

运 算 符	名　字	实　例
~	取反	~'\011' //得出 '\366'
&	逐位与	'\011' & '\027' //得出'\001'
|	逐位或	'\011' | '\027' //得出'\037'
^	逐位异或	'\011' ^ '\027' //得出'\036'
<<	逐位左移	'\011' << 2 //得出'\044'
>>	逐位右移	'\011' >> 2 //得出'\002'

智慧锦囊

在使用位运算符时需要注意：逐位左移运算符(<<)和逐位右移运算符(>>)均有一个正整数 n 作为右操作数，将左操作数的每一个二进制位左移或右移 n 位，空缺的位设置为 0 或 1。对于无符号整数或有符号整数，如果符号位为 0(即为正数)，空缺位设置为 0；如果符号位为 1(即为负数)，空缺位是设置为 0 还是设置为 1，要取决于所用的计算机系统。

位操作运算符是用来进行二进制位运算的运算符，分为逻辑位运算符和移位运算符两类，具体说明如下。

1. 逻辑位运算符

按位逻辑运算符包括：~、&、^、|，具体说明如下。

(1)　单目逻辑位运算符：~(按位求反)。

作用是将各个二进制位由 1 变 0，由 0 变 1。

(2) 双目逻辑运算符：&(按位与)、|(按位或)、^(按位异或)。

其中优先级为&高于^，而^高于|。

- 按位逻辑非(~)：是对一个整数进行逐位取反运算，若二进制位为 0，则取反后为 1；反之，若二进制位为 1，则取反后为 0。
- 按位逻辑与(&)：是对两个整数逐位进行比较，若对应位都为 1，则与运算后为 1，否则为 0。
- 按位逻辑或(|)：是对两个整数逐位进行比较，若对应位都为 0，则或运算后为 0，否则为 1。
- 按位逻辑异或(^)：是对两个整数逐位进行比较，若对应位不相同，则异或运算后为 1，否则为 0。

例如下面的运算过程：

```
short int a=0xc3 & 0x6e                    //结果为 0x42
short int b=0x12 | 0x3d                    //结果为 0x3f
short int m=~0xc3                          //结果为 0xff3c
short int c=0x5a ^ 0x26                    //结果为 0x7c
```

2. 移位运算符

移位运算符包括<<、>>，是双目运算符，使用的格式为：

```
operation1<<
```

或

```
>>m
```

运算符“<<”的功能是将操作数 operation1 向左移动 n 个二进制位；>>运算符是将操作数 operation2 向右移动 m 个二进制位。移位运算符并不改变 operation1 和 operation2 本身的值。例如：

```
Short int operation1=0x8,n=3;
Short int a= operation1<<n    //操作数左移 n 个二进制位后，右边移出的空位用 0 补齐
Short int operation2=0xa5,m=3;
Short int b= operation2>>m;   //结果为 14H
```

操作数右移 m 个二进制位后，左边移出的空位用 0 或符号位补齐，这与机器系统有关。位运算符的运算优先级为(括弧中运算符的优先级相同)：

~高于(<<、>>)高于&高于^高于|。

在下面的实例中，以数字 41 为例实现位运算符的运算。

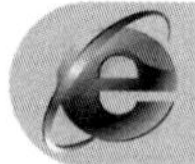

实例 5-6：演示位运算符的使用方法

源文件路径：daima\5\5-6

本实例的实现文件为 yiwei.cpp，具体实现代码如下。

```
int main(void){
    int x=41;                  //二进制为 0010 1001
    int mask=0;                //掩码
    //清除 x 的最低位
```

```
    mask=254;                  //二进制为1111 1110

    cout<<(x&mask)<<endl;      //期望为0010 1000
    //取最低位
    mask=1;                    //二进制为0000 0001
    cout<<(x&mask)<<endl;      //期望为1
    //置右边第二位为1
    mask=2;                    //二进制为0000 0010
    cout<<(x|mask)<<endl;      //期望为0010 1011
    //求反
    cout<<(~x)<<endl;          //期望为1101 0110(补码), 1010 1010(原码)
    //反转最后一位
    mask=1;                    //二进制为0000 0001
    cout<<(x^mask)<<endl;      //期望为0010 1000
    //左移3位
    cout<<(x<<3)<<endl;        //期望为0001 0100 1000
    //右移3位
    cout<<(x>>3)<<endl;        //期望为0000 0101
   return 0;
}
```

在上述代码中，以数字 41 为例讲解了位运算符的运算。编译执行后的效果如图 5-7 所示。

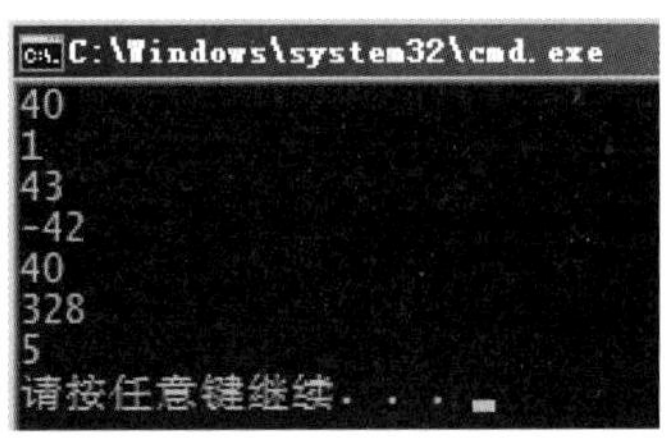

图 5-7　执行效果

5.1.7　求字节数运算符和求字节表达式

在 C++中提供了一个十分有用的运算符“sizeof”，这是一个单目运算符，用于计算表达式或数据类型的字节数，其运算结果与不同的编译器和机器相关。当编写用于进行文件输入/输出操作或给动态列表分配内存的程序时，如能知道程序给这些特定变量所分配内存的大小将会方便程序开发工作。

在 C++程序中，使用运算符 sizeof 的语法格式为：

```
sizeof(类型声明符/表达式)
```

例如：

```
Size of(int)                        //结果为4
Size of(3+3.6)                      //结果为8
```

运算符 sizeof 的功能是，测试某种数据类型或表达式的类型在内存中所占的字节数。当进行算术运算时，如果运算结果超出变量所能表达的数值范围时，就会发生溢出。而利用 sizeof 运算符计算变量所占的字节数，可以算出变量的数值范围，从而避免可能出现的错误。

表 5-4 给出了常用数据类型的字节数。

表 5-4　常用数据类型的字节数

数据类型	占用字节数
char	1
char *	4
short	2
int	4(VC 5.0)，2(VC 1.5x)
long	4
float	4
double	8

例如在下面的实例中，演示了使用求字节数运算符的方法。

实例 5-7：使用求字节数运算符

源文件路径：daima\5\5-7

本实例的实现文件为 zijie.cpp，具体实现代码如下。

```
int main(int argc, char* argv[]){
    cout <<"整型的字节数是多少？"<< endl;
    cout << "是" <<sizeof(int) << "个" << endl;

}
```

在上述代码中，获取了 int 类型的字节数为 4。编译执行后的效果如图 5-8 所示。

```
C:\WINDOWS\system32\cmd.exe
整型的字节数是多少？
是4个
请按任意键继续. . .
```

图 5-8　执行效果

在 C++程序中，有如下两种使用 sizeof 运算符的形式：

```
sizeof(type)
sizeof expr
```

其中第二种格式中，sizeof 返回的是表达式结果类型的大小，但是 sizeof 并不实际计算其运算对象的值，例如下面的演示代码：

```
Sales_data data, *p;
sizeof(Sales_data);          //存储 Sales_data 类型的对象所占的空间大小
sizeof data;                 //data 类型的大小，即 sizeof(Sales_data)
sizeof p;                    //指针所占的空间大小
sizeof *p;                   //p 所指类型的空间大小，即 sizeof(Sales_data)
sizeof data.revenue;         //Sales_data 的 revenue 成员对应类型的大小
sizeof Sales_data::revenue;//另一种获取 revenue 大小的方式
```

重点分析上述代码中的“sizeof *p”，因为 sizeof 满足右结合律并且与*运算符的优先级一样，所以表达式按照从右向左的顺序组合。也就是说，它等价于 sizeof(*p)。因为 sizeof

不会实际求运算对象的值，所以即使 p 是一个无效(即未初始化)的指针也不会有什么影响。在 sizeof 的运算对象中解引用一个无效指针仍然是一种安全的行为，因为指针实际上并没有被真正使用。sizeof 不需要真的解引用指针也能知道它所指对象的类型。

只要确定了数据类型，运算符 sizeof 的计算结果就是固定的。在 C++程序中，sizeof 运算符的结果部分依赖于其作用的类型，具体说明如下。

- 对 char 或者类型为 char 的表达式执行 sizeof 运算，结果得 1。
- 对引用类型执行 sizeof 运算得到被引用对象所占空间的大小。
- 对指针执行 sizeof 运算得到指针本身所占空间的大小。
- 对解引用指针执行 sizeof 运算得到指针指向的对象所占空间的大小，指针不需有效。
- 对数组执行 sizeof 运算得到整个数组所占空间的大小，等价于对数组中所有的元素各执行一次 sizeof 运算并将所得结果求和。注意，sizeof 运算不会把数组转换成指针来处理。
- 对 string 对象或 vector 对象执行 sizeof 运算只返回该类型固定部分的大小，不会计算对象中的元素占用了多少空间。

因为执行 sizeof 运算能得到整个数组的大小，所以可以用数组的大小除以单个元素的大小得到数组中元素的个数，例如：

```
//sizeof(ia)/sizeof(*ia)返回 ia 的元素数量
constexpr size_t sz = sizeof(ia)/sizeof(*ia);
int arr2[sz];   //正确：sizeof 返回一个常量表达式
```

因为 sizeof 的返回值是一个常量表达式，所以可以使用 sizeof 的结果声明数组的维度。

5.1.8 条件运算符和条件表达式

条件运算符又称为“?”号运算符，是 C++中唯一的一个三目运算符，也被称为三元运算符，它有三个操作数。使用条件表达式的具体格式如下。

```
操作数 1 ? 操作数 2 : 操作数 3
```

在上述格式中，“操作数 1”一般是条件表达式，若表达式成立，即为真，则整个表达式的值为“操作数 2”，否则为“操作数 3”。例如下面的代码执行后会输出一个小写字母。

```
cout <<('A'<=ch && ch<='Z')? ('a'+ch-'A'): ch
```

如果第一个操作数非零，表达式的值是操作数 2，否则表达式的值取操作数 3。例如：

```
int m = 1, n = 2;
int min = (m < n ? m : n);                //min 取 1
```

由于条件运算本身是一个表达式，即条件表达式，它可以作为另一个条件表达式的操作数。也就是说，条件表达式是可以嵌套的。例如：

```
int m = 1, n = 2, p =3;
int min - (m < n ? (m < p ? m : p): (n < p ? n : p));
```

在下面的例子，min 取值为 20。

```
int a=10,b=20;
int min = (a>=b? a: b);
```

例如下面也是一个条件表达式的嵌套用法：

```
int a=10,b=20,c=30;
int min=(a>=b ?) (b<=c ? b: c): (a<=c ? a : c) // 结果为10
```

在下面的实例中，执行后输入一个字符，判断它是否为大写字母，如果是，则将它转换成小写字母；如果不是，则不转换。然后输出最后得到的字符。

实例 5-8：使用条件运算符

源文件路径：daima\5\5-8

实例文件的具体实现代码如下。

```
int main( ){
 char ch;                          //定义变量ch
 cin>>ch;                          //输入ch的值
 ch=(ch>='A' && ch<='Z')?(ch+32):ch;                //判别ch是否为大写字母，是则转换
 cout<<ch<<endl;                   //输出ch的值
 return 0;
}
```

编译执行后的效果如图 5-9 所示。

图 5-9　执行效果

5.1.9　逗号运算符和逗号表达式

在 C++程序中，逗号“,”也是一个运算符。在多个表达式之间可以用逗号组合成一个大的表达式，这个表达式被称为逗号表达式。使用逗号表达式的语法格式如下。

```
"表达式1,表达式2,…,表达式n"
```

逗号表达式的值是取表达式 n 的值，例如下面代码的运算结果是 a=12。

```
a=10,11,12
```

在 C++程序中，逗号运算符的用途仅在于解决只能出现一个表达式的地方却要出现多个表达式的问题。例如在下面的代码中，d1、d2、d3、d4 都是一个表达式。整个表达式的值由最后一个表达式的值决定。计算顺序是从左至右依次计算各个表达式的值，最后计算的表达式的值和类型便是整个表达式的值和类型。

```
d1,d2,d3,d4
```

例如在下面的代码中，当 m 小于 n 时，计算 mCount++，m 存储在 min 中；否则，计算 nCount++，n 存储在 min 中。

```
int m, n, min;
int mCount = 0, nCount = 0;
min = (m < n ? mCount++, m : nCount++, n);
```

实例 5-9：使用逗号运算符
源文件路径：daima\5\5-9

本实例的具体实现代码如下。

```
void main(){
    int a=4,b=6,c=8,res1,res2;      //定义 5 个 int 类型的变量
    res1=a,res2=b+c;                //给变量 res1 和 res2 赋值
    for(int i=0,j=0;i<2;i++){
        printf("y=%d,x=%d\n",res1,res2);
    }
}
```

编译执行后的效果如图 5-10 所示。

图 5-10　执行效果

除了本章介绍的一些常用的基本运算符之外，C++中还有一些比较特殊的运算符，具体如表 5-5 所示。

表 5-5　其他运算符

类　型	运 算 符	例　子
全局变量或全局函数	: :(全局)	: : GetSystemDirectory
类中的域变量或函数	: :(类域)	CWnd::FromHandle
括号及函数调用	( )	(a+b)*(a-b)
指针指向的结构或类中的域变量	- >	(CWnd *wnd)-> FromHandle
结构或类中的域变量	.	(CWnd wnd). FromHandle
数组下标运算符	[]	nYearsMonthsDays[10][12][366]
内存分配运算符	new	new CWnd
内存释放运算符	delete	delete (CWnd *wnd)

5.2 类 型 转 换

在通常情况下，我们会设定一个具体类型来定义某个变量的数据类型。在 C++程序中，我们不能随意把不同数据类型的变量或常量赋值。但是在很多情况下有特殊需要，我们必须把数据转换为需要的数据类型。C++中的数据类型转换主要有隐式转换和显式转换两种。

↑扫码看视频

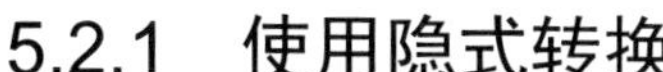

5.2.1　使用隐式转换

隐式是指隐藏的、看不到的，这种转换经常发生在把小东西放到大箱子里的时候。这里小和大的主要判别依据是数据类型的表示范围和精度，比如 short 比 long 小，float 比 double 小等。当一个变量的表示范围和精度都大于另一个变量定义时的类型，将后者赋值给前者就会发生隐式转换。显然，这种转换不会造成数据的丢失。

在 C++中定义了一组内置的类型对象之间的标准转换，在必要时它们被编译器隐式地应用到对象上。在算式转换时保证了二元操作符两边数据的统一性，例如将加法或乘法的两个操作数提升为一样的类型，然后用这个一样的类型表示结果。两个通用的指导原则如下。

(1) 为防止精度损失，如果必要的话，类型总是被提升为较宽的类型。

(2) 所有取值范围含有小于整型的算术表达式，在计算之前其类型都会被转换成整型。

智慧锦囊

尽管算术转换的这些规则带给你的困惑可能多于启发，但是一般的思想是尽可能地保留类型表达式中涉及的值的精度，这些是通过把不同的类型提升到当前出现的最宽的类型实现的。

实例 5-10：使用 C++的隐式转换

源文件路径：daima\5\5-10

本实例的实现文件为 yinshi.cpp，具体实现代码如下。

```
int main(void) {
    bool bval=false;              //定义 bool 类型变量 bval
    char cval='a';                //定义 char 类型变量 cval
    short sval=90;                //短整型
    unsigned short usval=100;     //无符号短整型

    int ival=3;                   //整型
    float fval=3.14;              //浮点型
    double dval=3.1415;           //双精度型
    long double ldval=3.1415927;//长双精度型
    cout<<bval+dval<<endl;        //bval 提升为 int，然后转换为 double
    cout<<ldval+ival<<endl;       //ival 转换为 long double
    cout<<cval+sval<<endl;        //提升到 int
    cout<<fval+ival<<endl;        //转换为 float
    cout<<ival+usval<<endl;       //依 unsigned short 和 int 的长度决定提升到哪种类型
    return 0;
}
```

- bval+dval：bval 是 bool 类型，首先将其处理为 int 类型；因为 dval 是 double 类型，所以 bval 还需要处理为 double 类型。
- ldval+ival：ldval 是 long double 类型，所以 ival 需要转换为 long double 类型。

- cval+sval：变量类型都小于 int，所以均可处理为 int 类型。
- fval+ival：fval 是 float 类型，所以 ival 可以处理为 float 类型。
- ival+usval：此语句转换依赖于特定机型上 unsigned short 和 int 的长度来决定。

编译执行后的效果如图 5-11 所示。

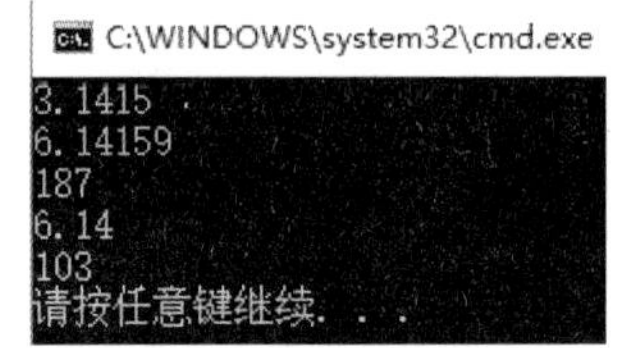

图 5-11　执行效果

5.2.2　使用显式转换

在 C++程序中，与隐式转换相反，显式转换会在程序中明显地体现出来。有如下三种实现显式转换的基本方法。

```
(类型)表达式;
类型(表达式);
(类型)(表达式);
```

根据上述三种转换格式，如下 3 种形式都是合法的。

第一种：

```
s2 = (short)100000;
```

第二种：

```
s2 = short(100000);
```

第三种：

```
s2 = (short)(100000);
```

上述强制转换经常发生在把大东西放到小箱子里的时候，多出来的部分就不得不丢掉。若一个变量的表示范围或精度无法满足另一个变量定义的类型，将后者赋值给前者就需要进行显式转换。显式转换可能会导致部分数据(如小数)丢失。

上面演示的三种转换表达方式非常简洁，但是 C++并不推荐使用该方式，而推荐使用强制类型转换操作符(包括 static_cast、dynamic_cast、reinterpret_cast 和 const_cast)来完成显式转换，它们的具体含义如表 5-6 所示。

表 5-6　强制类型转换操作符

操 作 符	中文名称	含　义
dynamic_cast	动态类型转换符	支持多态而存在，它主要用于类之间的转换
static_cast	静态类型转换符	仅仅完成编译时期的转换检查
reinterpret_cast	再解释类型转换符	完成不同类型指针之间的相互转换
const_cast	常类型转换符	用来修改类型的 const 或 volatile 属性

在下面的例子中演示了 reinterpret_cast 函数的使用方法。

实例 5-11：使用 reinterpret_cast 实现强制转换
源文件路径：daima\5\5-11

本实例的实现文件为 reinterpret_cast.cpp，具体实现代码如下。

```
#include "iostream.h"
int main(void){
    char cval[]="mnz";                  //定义字符数组变量
    char *p1=cval;                      //定义指针变量
    //强制类型转换
    short int *p2= reinterpret_cast<short int*>(p1);
    cout<<cval[0]<<cval[1]<<endl;       //输出字符数组的原值
    cout<<p1<<endl;                     //用指针输出字符数组的内容
    cout<<*p2<<endl;                    //用指针输出强制转换后的内容
    return 0;
}
```

编译执行后将分别输出结果，如图 5-12 所示。

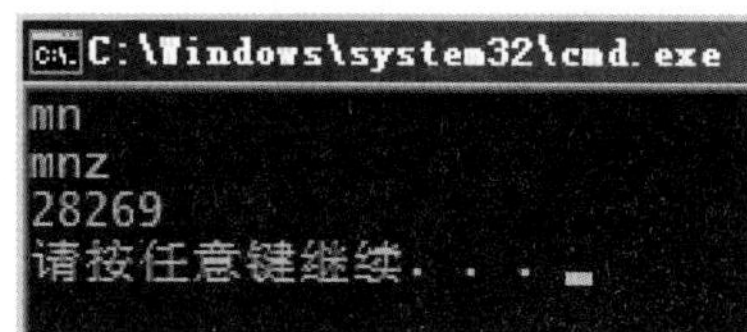

图 5-12　执行效果

5.3　实践案例与上机指导

通过本章的学习，读者基本可以掌握 C++运算符、表达式和类型转换的知识。其实 C++运算符、表达式和类型转换的知识还有很多，这需要读者通过课外渠道来加深学习。下面通过练习操作，以达到巩固学习、拓展提高的目的。

↑扫码看视频

在 C++程序中，当多个不同的运算符进行混合运算时，运算顺序是根据运算符的优先级而定的。优先级高的运算符先运算，优先级低的运算符后运算。在同一个表达式中，如果各运算符有相同的优先级，运算顺序是从左向右，还是从右向左，是由运算符的结合性确定的。所谓结合性是指运算符可以和左边的表达式结合，也可以与右边的表达式结合。C++运算符的优先级和结合性如表 5-7 所示。

表 5-7　C++运算符的优先级和结合性

优先级	运算符	描　述	示　例	结合性
1	()	小括号，分组，调用	(a + b) / 4;	从左至右
	[]	中括号，下标运算	array[4] = 2;	
	->	指针，成员选择	ptr->age = 34;	
	.	点，成员选择	obj.age = 34;	
	::	作用域	Class::age = 2;	
	++	后缀自增	for(i = 0; i < 10; i++) ...	
	--	后缀自减	for(i = 10; i > 0; i--) ...	
2	!	逻辑非	if(!done) ...	从右至左
	~	按位异或	flags = ~flags;	
	++	前缀自增	for(i = 0; i < 10; ++i) ...	
	--	前缀自减	for(i = 10; i > 0; --i) ...	
	-	负号	int i = -1;	
	+	正号	int i = +1;	
	*	解引用	data = *ptr;	
	&	取地址	address = &obj;	
	(type)	强制类型转换	int i = (int) floatNum;	
	sizeof	对象/类型长度	int size = sizeof(floatNum);	
3	->*	指向成员指针	ptr->*var = 24;	从左至右
	*	取成员指针	obj.*var = 24;	
4	*	乘法	int i = 2 * 4;	
	/	除法	float f = 10 / 3;	
	%	模/求余	int rem = 4 % 3;	
5	+	加法	int i = 2 + 3;	
	-	减法	int i = 5 - 1;	
6	<<	位左移	int flags = 33 << 1;	
	>>	位右移	int flags = 33 >> 1;	
7	<	小于比较	if(i < 42) ...	
	<=	小于等于比较	if(i <= 42) ...	
	>	大于比较	if(i > 42) ...	
	>=	大于等于比较	if(i >= 42) ...	
8	==	相等比较	if(i == 42) ...	
	!=	不等比较	if(i != 42) ...	
9	&	位与	flags = flags & 42;	
10	^	位异或	flags = flags ^ 42;	
11	|	位或	flags = flags | 42;	

续表

优先级	运算符	描　述	示　例	结合性
12	&&	逻辑与	if(conditionA && conditionB) ...	
13	||	逻辑或	if(conditionA || conditionB) ...	
14	? :	条件操作符	int i = (a > b) ? a : b;	从右至左
15	=	简单赋值	int a = b;	
	+=	先加后赋值	a += 3;	
	-=	先减后赋值	b −= 4;	
	*=	先乘后赋值	a *= 5;	
	/=	先除后赋值	a /= 2;	
	%=	先按位与后赋值	a %= 3;	
	&=	先按位与后赋值	flags &= new_flags;	
	^=	先按位异或后赋值	flags ^= new_flags;	
	|=	先按位或后赋值	flags |= new_flags;	
	<<=	先按位左移后赋值	flags <<= 2;	
	>>=	先按位右移后赋值	flags >>= 2;	
16	,	逗号运算符	for(i = 0, j = 0; i < 10; i++, j++) ...	从左到右

在下面的实例中，演示了运算符优先级的使用过程。

实例 5-12：演示运算符优先级的使用过程

源文件路径：daima\5\5-12

本实例的实现文件为 youxian.cpp，具体实现代码如下。

```
int main(void) {
    int i=-22;                    //定义整型变量
    int k=1;                      //定义整型变量
    k=(k+=-++i/3*2>>1)*3+21;      //复杂表达式
    cout <<"最后结果是" << k << "分" << endl;         //输出计算结果
    return 0;
}
```

在上述代码中，计算了表达式(k+=−++i/3*2>>1)*3+21 的值，具体计算过程如下。

(1) 计算括号内的值。

括号内++和−的级别最高，从结合性可知++高于−，所以先计算++，然后计算-。即

```
(k+=-(-21)/3*2>>1)*3+21
```

(2) 因为−高于+=和/，所以在此计算−，即

```
(k+=21)/3*2>>1)*3+21
```

(3) /和*高于+=和>>，同级的/高于*，即

```
(k+=7*2>>1)*3+21
```

(4) 计算括号内的*，即

```
(k+=14>>1)*3+21
```

(5) 因为>>高于+=，所以在此计算：

```
(k+=7)*3+21
```

(6) 先计算括号内，即

```
8*3+21
```

(7) 最后得出结果：

```
8*3+21=45
```

编译执行后的运行效果如图 5-13 所示。

图 5-13 执行效果

5.4 思考与练习

本章详细讲解了 C++运算符、表达式和类型转换的知识，在讲解过程中，通过具体实例介绍了使用 C++运算符、表达式和类型转换的方法。通过本章的学习，读者应该熟悉使用 C++运算符、表达式和类型转换的知识，掌握它们的使用方法和技巧。

1. 选择题

(1) 取余运算 21/6 的结果是(　　)。

A. 3　　B. 3.0　　C. 3.3　　D. 3.3333333

(2) 下面不是单目运算符的是(　　)。

A. !　　B. ++　　C. --　　D. +

2. 判断对错

(1) 在 C++语言中，自增、自减运算符只能放在操作数的左边。　　(　　)

(2) 在 C++中提供了一个十分有用的运算符“sizeof”，这是一个单目运算符，用于计算表达式或数据类型的字节数，其运算结果与不同的编译器和机器相关。　　(　　)

3. 上机练习

(1) 比较运算符演练。

(2) 运算符的优先级。

第 6 章

流程控制语句

本章要点

- 语句和语句块
- 顺序结构
- 选择结构
- 循环结构

本章主要内容

C++程序是由很多个基本结构组成的，每个基本结构又可以包含一条或若干条程序语句。程序中语句的执行顺序被称为程序结构，如果程序语句是按照程序的书写顺序执行的，则称之为顺序结构；如果是按照某个条件来决定是否执行，则称之为选择结构；如果某些语句要反复执行多次，则称之为循环结构。在本章的内容中，将详细讲解 C++语言中流程控制语句的基本知识。

6.1　语句和语句块

在 C++程序中，语句的功能是指定程序应该做什么，是一个程序所处理的数据元素的基本单元。在本节的内容中，将详细讲解 C++语句和语句块的知识和具体用法。

↑扫码看视频

6.1.1　语句

在 C++程序中，大多数语句以分号结尾。C++中的语句种类有多种，其中最基本的语句是把一个名称引入到程序源文件中的语句。最简单的语句只有一条语句，只有一个结束标志，但是可能会有一个或一个以上的表达式。它可能只完成一种运算，也可能完成多种运算。例如下面的实例演示了最简单语句的执行过程。

实例 6-1：演示最简单语句的执行过程

源文件路径：daima\6\6-1

本实例的实现文件为 easy.cpp，具体实现代码如下。

```
#include "stdafx.h"
#include "iostream"

int main(int argc, char* argv[]){
    cout << "演示最简单语句的执行过程" << endl;     //打印输出
    return 0;
}
```

上述代码是一个最简单的控制台输出程序，只由两行代码组成。编译执行后的效果如图 6-1 所示。

C:\WINDOWS\system32\cmd.exe

演示最简单语句的执行过程
请按任意键继续. . .

图 6-1　执行效果

6.1.2　语句块

在 C++程序中，可以把几个语句放在一对大括号中，此时这些语句被称为语句块。函数体就是一个语句块，例如本书前面实例中的主函数 mian()就是一个语句块。语句块也可以被称为复合语句，在许多情况下，可以将语句块看作一个语句。其实在 C++程序中，无论把一个语句放在什么地方，都等效于给语句块加上花括号对。因此，语句块可以放在其他语句块内部，这被称为嵌套。C++语言规定：语句块可以用大括号“{}”作为标志，括号内所包含的是构成该语句块的多条语句。例如下面的实例演示了语句块的执行过程。

实例 6-2：使用语句块

源文件路径：daima\6\6-2

本实例的实现文件为 kuai.cpp，具体实现代码如下。

```
int main(int argc, char* argv[]){
cout << "使用语句块" << endl;
    int i=11;                    //定义变量 i
    if (i>10)                    //语句块 1
    {
        for (int j=1;j<10;j++)  //语句块 2
        {
            cout<<j<<endl;  //输出 j 的值
        }
    }
    return 0;
}
```

在上述代码中，大括号中的语句就构成了一个语句块。编译执行后的效果如图 6-2 所示。

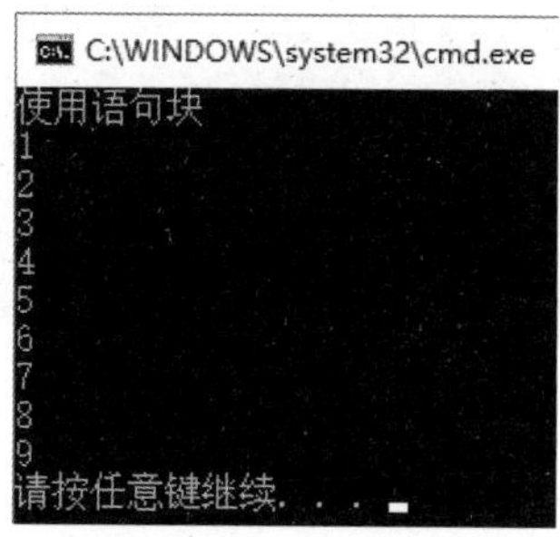

图 6-2　执行效果

在 C++程序中，大括号内的语句没有多和少之分，有时可能只包含一条语句。例如下面的简单代码也是一个语句块。

```
{
    return 0;
}
```

当语句块内只包含一条语句时可以省略大括号，例如可以省略代码中的大括号，写为下面的形式。

```
if (i>10){
cout<<i<<endl;
}
cout<<"这是例子"<<endl;
```

但是如果大括号内含有多条语句，则大括号必须保留，否则将会运行错误。例如

```
    if (i>10)
        cout<<i<<endl;
        cout<<"this is a example"<<endl;
```

例如在下面的例子中，演示了创建大括号语句块的过程。

实例 6-3：创建大括号语句块
源文件路径：daima\6\6-3

本实例的实现文件为 dakuai.cpp，具体实现代码如下。

```
int main(int argc, char* argv[]){
    int i = 17;                                //定义变量 i 并赋值
    if (i>10)                                  //语句块 1
    {
        for (int j = 1; j<10; j++){            //语句块 2
            cout << j << endl;                 //输出 j 的值
        }
    }
    return 0;
}
```

在上述代码中，for (int j=1;j<10;j++)后的大括号可以省略，但是 if (i>10)后的大括号不可以省略。编译执行后的效果如图 6-3 所示。

图 6-3　执行效果

6.2　顺序结构

C++语言是一种结构化和模块化通用程序设计语言，结构化程序设计方法可以使程序结构更加清晰，提高程序的设计质量和效率。在 C++流程控制结构中，顺序结构是最简单、最容易理解的一种结构。

↑扫码看视频

顺序结构在程序中的特点是：按照程序的书写顺序自上而下地顺序执行，每条语句都必须执行，并且只能执行一次。具体流程如图 6-4 所示。

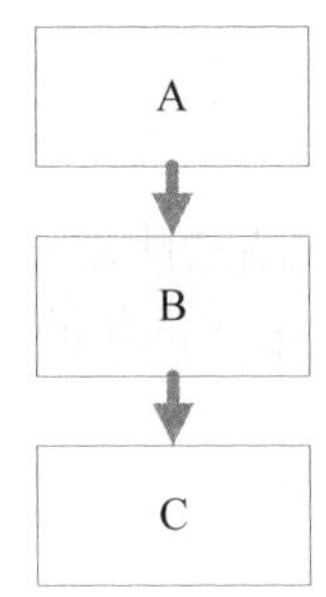

图 6-4　顺序执行

在图 6-4 所示流程中，只能先执行 A，再执行 B，最后执行 C。顺序结构是 C++语言程序中最简单的结构方式，在前面的内容中，也已经使用了多次。例如下面实例的功能是顺序输出数字和文本。

实例 6-4：顺序输出数字和文本
源文件路径：daima\6\6-4

本实例的具体实现代码如下。

```
void main(){
int i=0;                    //程序执行第 1 步：定义变量 i
cout << i << endl;          //程序执行第 2 步：输出 i 的值
cout << "顺序输出数字和文本" <<endl;        //程序执行第 3 步：输出字符串
}
```

编译执行后的效果如图 6-5 所示。

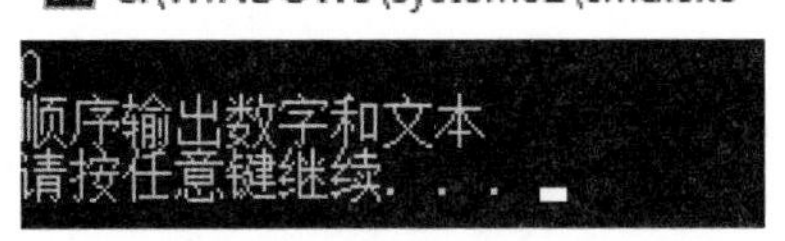

图 6-5　执行效果

6.3　选 择 结 构

在 C++程序中，可以根据项目需要而选择要执行的语句。大多数稍微复杂的程序都会使用选择结构，其功能是根据所指定的条件，决定从预设的操作中选择一条操作语句。

↑扫码看视频

6.3.1 单分支结构语句

在 C++程序中，单分支结构 if 语句的功能是对一个表达式进行计算，并根据计算的结果决定是否执行后面的语句。使用单分支 if 语句的语法格式如下。

```
if(表达式)
语句
```

或

```
if(表达式) {
语句
}
```

上述格式的含义是，如果表达式的值为真，则执行其后的语句，否则不执行该语句。上述过程可表示为图 6-6。

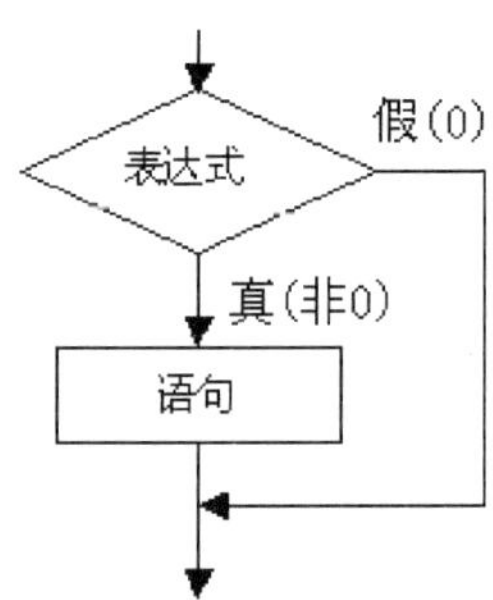

图 6-6 单分支 if 语句

例如下面的代码就应用了单分支 if 语句。

```
if (i>10){                  //如果 i 大于 10 则通过下一行代码输出 i 的值
cout<<i<<endl;
}
cout<<"这是例子"<<endl;   //如果 i 不大于 10 则输出文本“这是例子”
```

6.3.2 双分支结构语句

在 C++语言中，可以使用 if-else 语句实现双分支结构。双分支结构语句的功能是对一个表达式进行计算，并根据得出的结果来执行其中的操作语句。使用双分支 if 语句的语法格式如下。

```
if(表达式)
  语句 1;
else
  语句 2;
```

上述格式的含义是：如果表达式的值为真，则执行语句 1，否则将执行语句 2，语句 1 和语句 2 只能被执行一个。上述过程可以直观地表示为图 6-7。

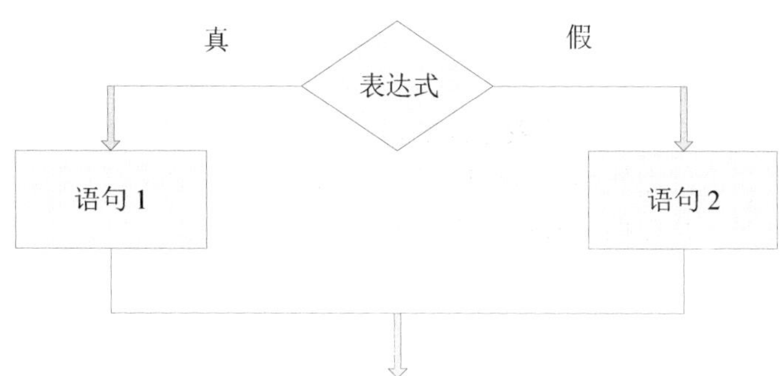

图 6-7　双分支 if 语句

例如下面的实例演示了使用 if-else 语句的过程。

实例 6-5：判断成绩是否及格

源文件路径：daima\6\6-5

本实例的实现文件为 else.cpp，具体实现代码如下。

```
#include "iostream.h"
int main(int argc, char* argv[]){
    int grade=50;             //定义变量 grade 的初始值是 50
    if (grade>=60)        //判断分数是否及格
        cout << "及格了！" << endl;  //语句 1，输出通过的信息
    else
        cout << "没有及格！" << endl;//语句 2，输出不通过的信息
    return 0;
}
```

编译执行后的效果如图 6-8 所示。

图 6-8　执行效果

为了解决比较复杂的问题，有时需要对 if 语句进行嵌套。下面详细介绍两种嵌套 if 语句的用法。

1)　第一种嵌套格式

嵌套的位置可以固定在 else 分支下，在每一层的 else 分支下嵌套另外一个 if-else 语句。具体格式如下。

```
if(表达式 1)
       语句 1;
   else  if(表达式 2)
       语句 2;
   else  if(表达式 3)
       语句 3;
       …
   else  if(表达式 m)
       语句 m;
```

```
else
    语句 n;
```

上述格式的含义是：依次判断表达式的值，当出现某个值为真时，则执行其对应的语句。然后跳到整个 if 语句之外继续执行程序。如果所有的表达式均为假，则执行语句 n。然后继续执行后续程序。其过程可表示为图 6-9。

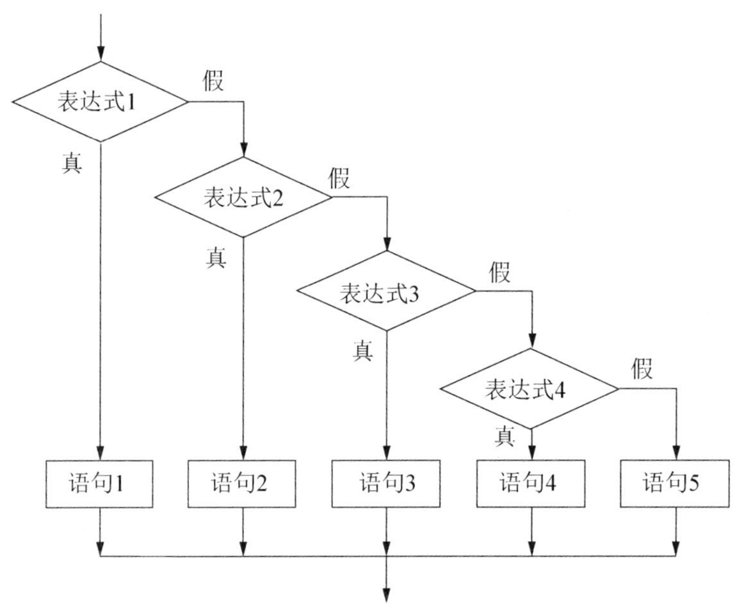

图 6-9　嵌套的 if-else 语句

例如在下面的实例中，演示了使用嵌套 if-else 语句的过程。

实例 6-6：使用嵌套 if-else 语句

源文件路径：daima\6\6-6

本实例的实现文件为 qiantao.cpp，具体实现代码如下。

```
int main(void){
    int  score;       //存储成绩
    score = 0;        //初始化成绩变量
    cout << "请输入成绩:";
    cin >> score;
    if (score >= 80)                              //第一个判断条件
        cout << "你很优秀！！" << endl;           //语句 1
    else if (score >= 60)                         //第二个判断条件
        cout << "你及格了！" << endl;             //语句 2
    else
        cout << "不及格！！" << endl;             //语句 3
    return 1;
}
```

编译执行后提示用户输入成绩， 输入成绩并按 Enter 键后，系统自动输出判断结果(及格、没及格、优秀)。例如输入“80”后的执行效果如图 6-10 所示。

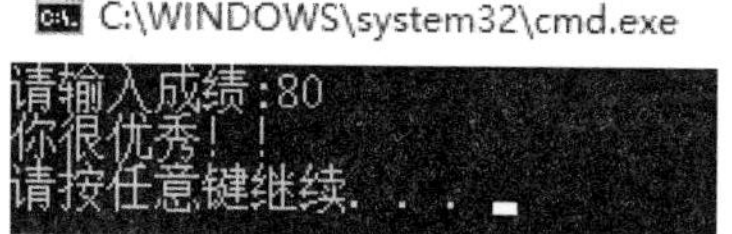

图 6-10　执行效果

2)　第二种嵌套格式

除了上面介绍的嵌套格式外，if 语句还有另外一种嵌套格式：

```
if(表达式 1)
  语句 1;{
if(表达式 2)  {
        ...
     }
}
```

在上述格式中，“表达式 1”和“表达式 2”是任意的关系表达式。上述格式的功能是：如果条件 1 成立，则继续判断条件 2 是否成立，依此类推。

实例 6-7：密码登录验证系统

源文件路径：daima\6\6-7

本实例的实现文件为 new.cpp，具体实现代码如下。

```
#include "iostream.h"
int main(int argc, char* argv[]){
    char *id="mmm";                        //设置用户名为"mmm"
    char *psw="888888";                    //设置密码为"888888"
    if (id="mmm")                          //如果用户名正确
    {
        if (psw="888888")                  //如果密码正确
        {
            cout<<"欢迎光临!"<<endl; //输出显示“欢迎光临!”
        }
    }
    return 0;
}
```

在上述代码中，设置了用户名和口令，只有分别输入“mmm”和“888888”后才会输出“欢迎光临!”，并进入系统。编译执行后的效果如图 6-11 所示。

图 6-11　执行效果

6.3.3　多分支结构语句

C++程序经常会选择执行多个分支语句，多分支选择结构有 n 个操作，实际上前面介绍的嵌套双分支语句可以实现多分支结构。在 C++语言中，专门提供了一种实现多分支结构的 switch 语句。使用 switch 语句的语法格式如下。

```
switch(表达式){
        case 常量表达式 1:
语句 1;
break;
        case 常量表达式 2:
语句 2;
        break;
…
        case 常量表达式 n:
语句 n;
break;
         default:  语句 n+1;
 }
```

上述格式的含义是计算表达式的值，并逐个与其后的常量表达式值相比较，当表达式的值与某个常量表达式的值相等时，即执行其后的语句，然后不再进行判断，继续执行所有 case 后的语句；如表达式的值与所有 case 后的常量表达式均不相同时，则执行 default 后的语句；break 语句指终止该语句的执行，跳出 switch 语句到 switch 语句后的第一条语句上。

在 C++程序中经常面临多项选择的情形，在这种情况下，需要根据整型变量或表达式的值，从许多选项(多于两个)中确定执行哪个语句集。例如抽奖，顾客购买了一张有号码的彩票，如果运气好，就会赢得大奖。如果彩票的号码是 147，就会赢得头等奖。如果彩票的号码是 387，就会赢得二等奖。如果彩票的号码是 29，就会赢得三等奖。其他号码则不能获奖。处理这类情形的语句称为 switch 语句。在 C++程序中，switch 语句允许根据给定表达式的一组固定值，从多个选项中选择，这些选项称为 case。在彩票例子中，有 4 个 case，每个 case 对应于一个获奖号码，再加上一个默认的 case，用于所有未获奖的号码。

知识精讲

在 C++程序中，switch 语句描述起来比其使用难一些。在许多 case 中选择取决于关键字 switch 后面括号中整数表达式的值。选择表达式的结果也可以是已枚举的数据类型，因为这种类型的值可以自动转换为整数。开发者可以根据需要，使用多个 case 值定义 switch 语句中的可能选项。case 值显示在 case 标签中，其形式如下:

```
case 标签:
```

如果选择表达式的值等于 case 值，就执行该 case 标签后面的语句。每个 case 值都必须是唯一的，但不必按一定的顺序。

C++规定 case 的值必须是整型常量表达式，即编译器可以计算的表达式，所以它只能使用字面量、const 变量或枚举成员。而且，所包含的所有字面量都必须是整数类型或可以强制转换为整数类型。在上述使用格式中的 default 标签标识默认的 case，它是一个否则模式。如果选择表达式不对应于任何一个 case 值，就执行该默认 default 后面的语句。但是，不一定要指定默认 default，如果没有指定它，且没有选中任何 case 值，switch 语句就什么也不做。

智慧锦囊

从逻辑上看，每一个 case 语句后面的 break 语句是绝对必需的，它在 case 语句执行后跳出 switch 语句，使程序继续执行 switch 右花括号后面的语句。如果省略了 case 后面的 break 语句，就将执行该 case 后面的所有语句。注意在最后一个 case 后面(通常是默认 case)不需要 break 语句，因为此时程序将退出 switch 语句，但加上 break 是一个很好的编程习惯，因为这可以避免以后添加另一个 case 而导致的问题。每组 case 语句后面的 break 语句把执行权传送给 switch 后面的语句。break 语句不是强制的，但如果不加上它，就会执行所选 case 之后的所有语句，这通常不是我们希望的操作。

实例 6-8：使用 switch 语句

源文件路径：daima\6\6-8

本实例的实现文件为 switch.cpp，具体实现代码如下。

```
int main(void){
    int which;
    which=0;
    cout<<"1--new"<<endl;        //菜单 1
    cout<<"2--open"<<endl;       //菜单 2

    cout<<"0--quit"<<endl;       //菜单 3
    cout<<"your choice:"<<endl; //提示
    cin>>which;              //输入选择的菜单项
    /*用 switch 语句根据 which 值执行不同的动作*/
    switch(which){
    case 1:                  //选择了菜单 1
        cout<<"新建"<<endl;
        break;
    case 2:                  //选择了菜单 2
        cout<<"打开"<<endl;
        break;
    case 0:                  //选择了菜单 0
        cout<<"关闭"<<endl;
        break;
    default:                     //输入的选项不在菜单项中时
        cout<<"出错"<<endl;
    }
    return 1;
}
```

编译执行后将提示用户选择一个选项，选择并按 Enter 键后，将输出对应的选项提示。例如输入“1”后执行的效果如图 6-12 所示。

如果上述代码中的 which 值不对应于所指定的所有 case 值，就执行 default 标签后面的语句。如果没有包括 default case，且 which 的值不等于所有的 case 值，则 switch 语句就什么也不做，程序继续执行 switch 后面的下一条语句，即 return 语句。

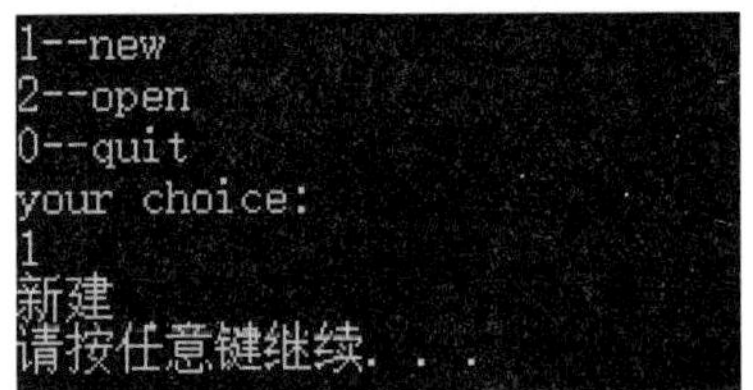

图 6-12　执行效果

6.4　循环结构

在 C++程序中，循环结构是程序中一种很重要的结构。其特点是当给定条件成立时，反复执行某程序段，直到条件不成立为止。给定的条件称为循环条件，反复执行的程序段称为循环体。它犹如至高武学中的万流归宗心法，循环无止境，生生不息。循环是一种机制，它允许重复执行同一个系列的语句，直到满足指定的条件为止。循环中的语句有时称为迭代语句。对循环中的语句块或语句执行一次称为迭代。

↑扫码看视频

6.4.1　循环语句的形式

在循环语句中有如下两个基本元素。

- 组成循环体的、要重复执行的语句或语句块。
- 决定何时停止重复循环的循环条件。

循环条件有许多形式，提供了控制循环的不同方式。例如：

- 执行循环指定的次数。
- 循环一直执行到给定的值超过另一个值为止。
- 循环一直执行到从键盘上输入某个字符为止。

可以在 C++程序中设置循环条件，以适应使用循环的环境。但循环最终可以分为两种基本形式，如图 6-13 所示。

图 6-13 所示的两种结构的区别是很明显的，具体说明如下。

- 在左边的结构中：循环条件在执行循环语句之前测试，因此如果循环条件测试失败，则循环语句根本就不执行。
- 在右边的结构中：循环条件是在执行循环语句之后测试。其结果是在第一次测试循环条件之前，就执行了循环语句，所以这种循环至少要执行一次。在 C++中提供了多种循环语句，可以组成各种不同形式的循环结构。

在 C++程序中有三种常用的循环语句，分别是 for 语句、while 语句和 do-while 语句。

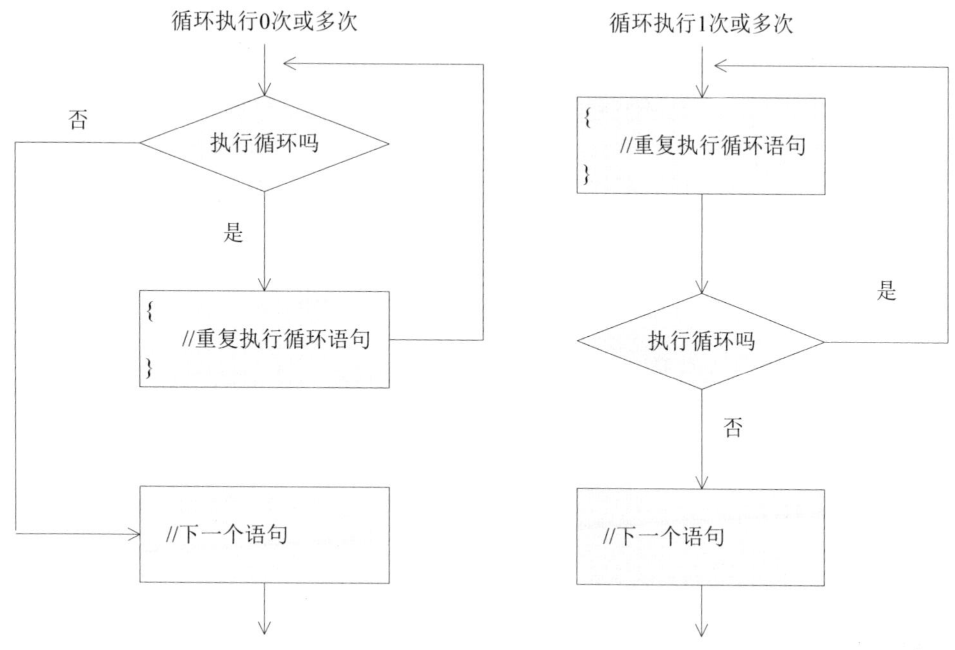

图 6-13　两种循环形式

6.4.2　for 语句循环

在 C++程序中，for 循环的功能是对语句或语句块执行预定的次数。可以使用以分号“;”分隔开的 3 个表达式来控制 for 循环，这 3 个表达式放在关键字 for 后面的括号中。在 C++程序中，for 语句也称 for 循环，因为程序通常会执行此语句多次。在 C++程序中，for 语句的使用方法最为灵活，可以将一个由多条语句组成的代码块执行特定的次数。使用 for 语句的语法格式如下。

```
for(初始化语句;条件表达式;表达式) {
语句块;
}
```

在上述格式中，“初始化语句”是初始化变量的语句，通常情况下是初始化循环变量，在首次进入循环时执行；“条件表达式”是任意合法的关系表达式；“表达式”是任意合法的表达式；“语句块”是要执行的语句。自始至终，条件表达式控制着循环的执行。

- 当条件表达式为真时，执行循环体。
- 当条件表达式不为真时，退出循环。
- 如果第一次测试条件表达式为假，则循环一次也不会执行。

“表达式”通常用于修改在“初始化语句”中初始化，并在条件表达式中测试循环的变量。每次执行完循环体后，都要执行“表达式”修订循环变量。

在 C++程序中，还可以按照下面的格式使用 for 循环语句。

```
for(循环变量赋初值;循环条件;循环变量增量)语句;
```

上述格式是 for 语句中最简单的应用形式，也是最容易理解的形式。“循环变量赋初值”总是一个赋值语句，它用来给循环控制变量赋初值；“循环条件”是一个关系表达式，它决定什么时候退出循环；“循环变量增量”定义循环控制变量每循环一次后按什么方式变化。这三个部分之间用分号“;”分开。例如在下面的代码中，先给 i 赋初值为 1，然后判断 i 是否小于等于 10，若是则执行语句，之后值增加 1。再重新判断，直到条件为假，即 i>10 时才结束循环。

```
for(i=1; i<=10; i++)
sum=sum+i;
```

使用 for 循环语句的一般形式如下。

```
表达式 1;
for(表达式 2){
语句
        表达式 3;
}
```

在使用上述格式的 for 循环语句时，应该注意以下 9 点。

(1) for 循环中的“表达式 1(循环变量赋初值)”、“表达式 2(循环条件)”和“表达式 3(循环变量增量)”都是可选项，可以省略，但是分号“;”不能省略。

(2) 如果省略了“表达式 1(循环变量赋初值)”，则表示不对循环控制变量赋初值。

(3) 如果省略了“表达式 2(循环条件)”，则不做其他处理时便形成死循环。例如：

```
for(i=1;;i++)sum=sum+i;
```

上述代码相当于：

```
i=1;
while(1){
sum=sum+i;
i++;
}
```

(4) 如果省略了“表达式 3(循环变量增量)”，则不对循环控制变量进行操作，这时可在语句体中加入修改循环控制变量的语句。例如：

```
for(i=1;i<=10;){
sum=sum+i;
   i++;
}
```

(5) 可以同时省略“表达式 1(循环变量赋初值)”和“表达式 3(循环变量增量)”，即只给循环条件，但是分号不能省略。

(6) 3 个表达式都可以省略，例如“for(;;)语句”，此时是一个无限循环语句，除非有 break 来终止，否则将一直循环下去而成为死循环。

(7) 表达式 1 可以是设置循环变量的初值的赋值表达式，也可以是其他表达式。例如：

```
for(sum=0;i<=100;i++)sum=sum+i;
```

同样，表达式 3 也可以是和循环无关的任意表达式。

(8) 表达式 1 和表达式 3 可以是一个简单表达式，也可以是逗号表达式。例如：

```
for(sum=0,i=1;i<=100;i++)sum=sum+i;
for(i=0,j=100;i<=100;i++,j--)k=i+j;
```

(9) 表达式 2 一般是关系表达式或逻辑表达式，也可是数值表达式或字符表达式，只要其值非零，就执行循环体。例如：

```
for(i=0;(c=getchar())!='\n';i+=c);
```

实例 6-9：使用 for 循环语句求和

源文件路径：daima\6\6-9

本实例的实现文件为 for.cpp，具体实现代码如下。

```
int main(int argc, char* argv[]){
    cout << "请输入 5 个整数：" << endl;
    int sum=0;            //定义变量 sum
    int score;            //定义变量 score
    for (int i=0;i<5;i++)   //循环控制，输入 5 个 score 值
    {
        cin>>score;       //输入 score 的值
        sum=sum+score;  //累计计算 score 的和
    }
    cout << "总计：" << sum <<"元"<< endl;   //输出 sum 的值
    return 0;
}
```

编译执行后先输入 5 个整数，系统将自动累计计算输入数字的和，如图 6-14 所示。

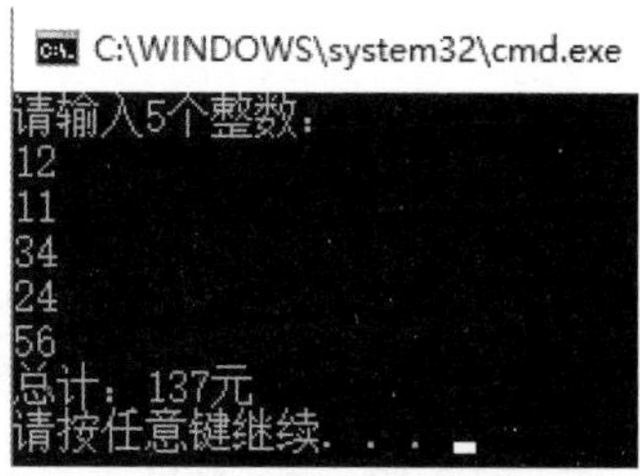

图 6-14　执行效果

6.4.3　使用 while 语句

在 C++程序中，while 语句也叫 while 循环，能够不断地执行一个语句块，直到条件为假时为止。使用 while 语句的语法格式如下。

```
while 表达式{
语句
}
```

在上述格式中，“表达式”是循环条件，“语句”是循环体。上述格式的含义是：计算表达式的值，当值为真(非 0)时执行循环体语句。其执行过程如图 6-15 所示。

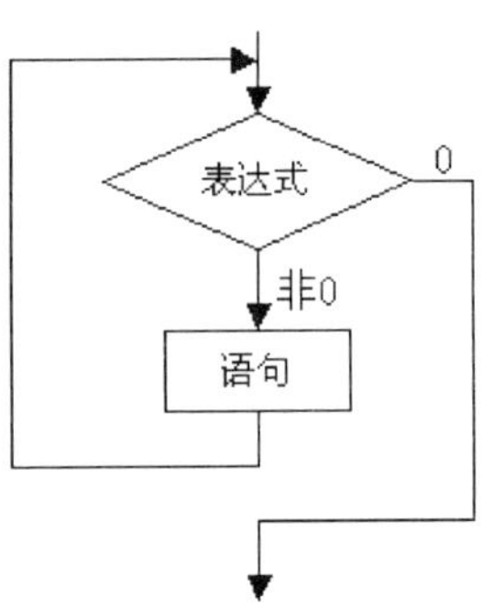

图 6-15　while 语句执行过程

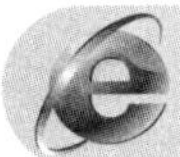

实例 6-10：使用 while 语句

源文件路径：daima\6\6-10

本实例的实现文件为 while.cpp，具体实现代码如下。

```
int main(int argc, char* argv[]){
    int i=0;                    //变量 i 初始值是 0
    int sum=0;                  //变量 sum 初始值是 0
    int score[5]={80,49,50,70,90}; //定义包含 5 个数据的数组 score
    while (i<5)                 //循环入口，终止条件：如果 i 小于 5 则执行循环
    {
        sum=sum+score[i];       //求成绩的和
        i=i+1;                  //修订循环变量
    }                           //循环出口
//输出 score 的和
    cout << "总计" << sum <<"分" << endl;   return 0;
}
```

编译执行后将计算并输出 5 个数据的和，执行效果如图 6-16 所示。

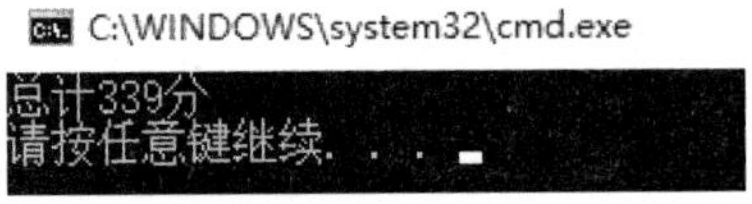

```
C:\WINDOWS\system32\cmd.exe
总计339分
请按任意键继续. . .
```

图 6-16　执行效果

6.4.4　使用 do-while 语句

在 C++程序中，do-while 语句可以在指定条件为真时不断执行一个语句块，会在每次循环结束后检测条件，而不像 for 语句或 while 语句那样在开始前进行检测。使用 do-while 语句的语法格式如下。

```
do{
语句
}
while(表达式);
```

上述格式与 while 循环的不同点在于，do-while 先执行循环中的语句，然后再判断表达式是否为真，如果为真则继续循环；如果为假，则终止循环。所以 do-while 循环至少要执

行一次循环语句。其执行过程如图 6-17 所示。

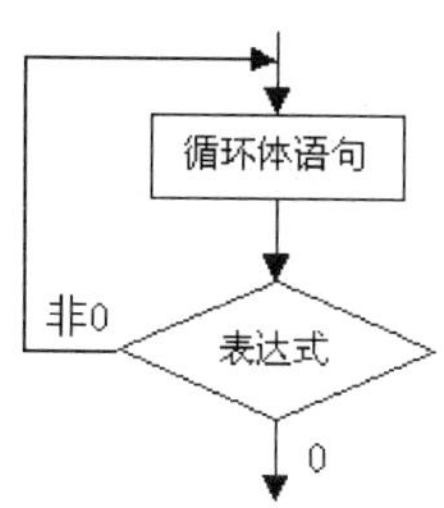

图 6-17　do-while 语句执行过程

实例 6-11：使用 do-while 语句
源文件路径：daima\6\6-11

本实例的实现文件为 dowhile.cpp，具体实现代码如下。

```
int main(int argc, char* argv[]){
    int i=0;                //变量 i 的初始值是 0
    int sum=0;              //变量 sum 的初始值是 0
//定义包含 5 个数据的数组 score
    int score[5]={70,30,50,80,90};
    do                      //循环入口
    {
        sum+=score[i];//求金额的和
        i=i+1;              //修订循环变量
    }while(i<5);            //循环出口，终止条件，如果 i 小于 5 则执行循环
    cout << "总计" << sum <<"元" << endl;    //输出 sum 的和
    return 0;
}
```

编译执行后将计算并输出 5 个数据的和，执行效果如图 6-18 所示。

图 6-18　执行效果

6.5　实践案例与上机指导

通过本章的学习，读者基本可以掌握 C++流程控制语句的知识。其实 C++流程控制语句的知识还有很多，这需要读者通过课外渠道来加深学习。下面通过练习操作，以达到巩固学习、拓展提高的目的。

↑扫码看视频

在 C++程序中，break 语句只能被用于 switch、while、do 或 for 语句中，其功能是退出其本身所在的处理语句。但是，break 语句只能退出直接包含它的语句，而不能退出包含它的多个嵌套语句。例如下面的实例演示了 break 语句的使用过程。

实例 6-12：使用 break 语句停止循环
源文件路径：daima\6\6-12

本实例的实现文件为 break.cpp，具体实现代码如下。

```
int main(int argc, char* argv[]){
    int sum=0;                  //变量 sum 的初始值是 0
    int d=0;                    //变量 d 的初始值是 0
    for (;;)                    //因为条件是空，所以 for 语句构成无限循环
    {
        cin>>d;                 //输入 d 的值
        sum=sum+d;              //累计求和
        if (sum>100)            //如果和大于 100

            break;              //跳出循环
    }
    cout<<sum<<endl;            //输出和
    return 0;
}
```

编译执行后可以输入 n 个数字，如果输入的数字和大于 100 则退出程序。执行效果如图 6-19 所示。

图 6-19　执行效果

6.6　思考与练习

本章详细讲解了 C++流程控制语句的知识，循序渐进地讲解了语句、语句块、顺序结构、选择结构和循环结构等知识。在讲解过程中，通过具体实例介绍了使用流程控制语句的方法。通过本章的学习，读者应该熟悉使用流程控制语句的知识，掌握它们的使用方法和技巧。

1. 选择题

(1) 在 C++程序中，continue 语句不能被用在(　　)语句中。

A. while　　B. do　　C. for　　D. if

(2) 下面不是 C++循环语句的是(　　)。

A. if　　　　B. while　　　　C. for

2. 判断对错

(1) 在 C++程序中经常面临多项选择的情形，在这种情况下，需要根据整型变量或表达式的值，从许多选项(多于两个)中确定执行哪个语句集。　(　　)

(2) C++规定 case 的值必须是整型常量表达式，即编译器可以计算的表达式，所以它只能使用字面量、const 变量或枚举成员。而且，所包含的所有字面量都必须是整数类型或可以强制转换为整数类型。　(　　)

3. 上机练习

(1) 计算 1 到 100 的和。

(2) 输出 12 到 19。

第 7 章

指　　针

本章要点

- 指针的基本概念
- 定义指针的几种方式
- 指针的初始化
- 指针运算
- 指针的指针

本章主要内容

指针是 C++程序中最为重要的一种数据类型，运用指针编程是 C++语言最主要的风格之一。指针的使用方式非常灵活，通过指针可以对各种类型的数据进行快速处理。有些数据结构通过指针可以很自然地实现，而用其他类型却很难实现。虽然指针的功能十分强大，但是对新手来说有些难以理解，被称为是学习 C++语言的最大障碍。在本章的内容中，将详细讲解 C++指针的基本知识。

7.1 指针的基本概念

在计算机中，所有的数据都是存放在存储器中的。一般把存储器中的一个字节称为一个内存单元，不同的数据类型所占用的内存单元数不等，如整型量占 2 个单元，字符量占 1 个单元等，在前面已有详细的介绍。为了正确地访问这些内存单元，必须为每个内存单元编上号。根据一个内存单元的编号即可准确地找到该内存单元。内存单元的编号也叫作地址。既然根据内存单元的编号或地址就可以找到所需的内存单元，所以通常也把这个地址称为指针。

↑扫码看视频

内存单元的指针和内存单元的内容是两个不同的概念，下面用一个通俗的例子来说明它们之间的关系。我们到银行去存取款时，银行工作人员将根据账号去查找我们的存款单，找到之后在存单上写入存款、取款的金额。在这里，账号就是存单的指针，存款数是存单的内容。对于一个内存单元来说，单元的地址即为指针，其中存放的数据才是该单元的内容。在 C ++语言中，允许用一个变量来存放指针，这种变量称为指针变量。因此，一个指针变量的值就是某个内存单元的地址或称为某内存单元的指针。如图 7-1 所示，设有字符变量 C，其内容为 K(ASCII 码为十进制数 75)，C 占用了 011A 号单元(地址用十六进制数表示)。设有指针变量 P，内容为 011A，这种情况我们称为 P 指向变量 C，或说 P 是指向变量 C 的指针。

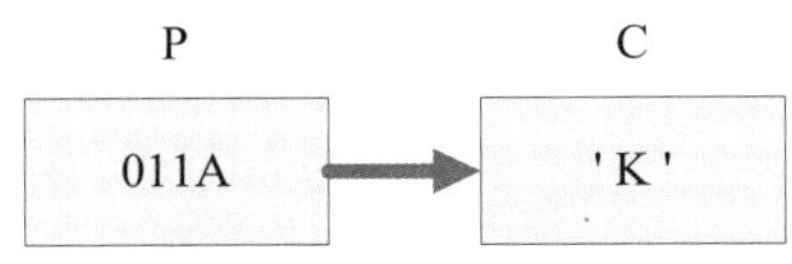

图 7-1 地址和指针

从严格意义上来说，一个指针是一个地址，是一个常量。而一个指针变量却可以被赋予不同的指针值，是变量。但常把指针变量简称为指针。为了避免混淆，我们约定：“指针”是指地址，是常量，“指针变量”是指取值为地址的变量。定义指针的目的是通过指针去访问内存单元。

既然指针变量的值是一个地址，那么这个地址不仅可以是变量的地址，也可以是其他数据结构的地址。在一个指针变量中存放一个数组或一个函数的首地址有重要的意义，这是因为数组或函数都是连续存放的。通过访问指针变量取得了数组或函数的首地址，也就找到了该数组或函数。这样一来，凡是出现数组、函数的地方都可以用一个指针变量来表示，只要该指针变量中赋予数组或函数的首地址即可。这样做，将会使程序的概念十分清楚，程序本身也精练、高效。在 C ++语言中，一种数据类型或数据结构往往都占有一组连

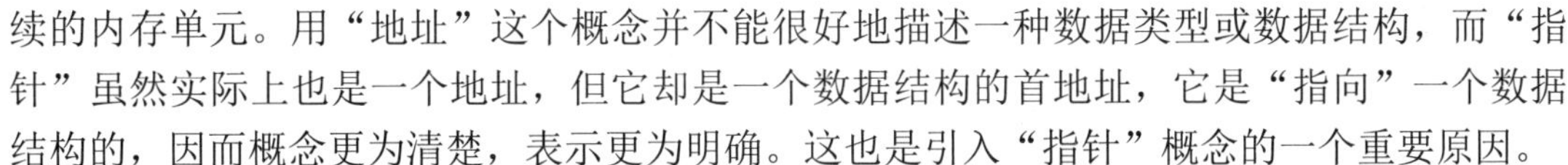

续的内存单元。用“地址”这个概念并不能很好地描述一种数据类型或数据结构，而“指针”虽然实际上也是一个地址，但它却是一个数据结构的首地址，它是“指向”一个数据结构的，因而概念更为清楚，表示更为明确。这也是引入“指针”概念的一个重要原因。

7.2　定义和识别指针

在了解了指针的基本知识后，在本节的内容中，将详细讲解定义指针的基本方式。希望读者认真、仔细地学习，充分认识 C++指针的强大功能。

↑扫码看视频

7.2.1　定义指针的基本方式

在 C++语言中，定义指针的语法格式如下。

```
<类型名> *<变量名>;
```

其中，<类型名>是指针变量所指向对象的类型，它可以是 C++语言预定义的类型，也可以是用户自定义类型。<变量名>是用户自定义的标识符。符号*表示<变量>是指针变量，而不是普通变量。例如：

```
int *ip1,ip2;              //声明了 1 个指针变量 ip1 和 1 个普通变量 ip2
float *fp;                 //声明了 1 个指针变量 fp
```

在 C++语言中，主要有两种指针运算符：“&”和“*”，其中“&”用于获取一个变量的地址，“*”用于以一个指针作为其操作数，其运算结果表示所指向的变量。由此可以看出，这两个运算符互为逆运算。例如在下面的代码中，第一个指针是整型；第二个指针是字符型；第三个指针是浮点型；第四个是无类型指针；第五个指针是短整型；第六个先定义了 bool 类型指针 mm，然后定义了 bool 类型变量 nn。

```
int *aa;
char *bb;
float *cc;
void *dd;
shortr *ee;
bool *mm,nn;
```

7.2.2　识别指针

在 C++程序中，指针和变量通常会混淆，在使用时我们可以通过 sizeof 运算符来判断。使用 sizeof 运算符的语法格式如下。

```
sizeof(object)
```

或

```
sizeof object
```

例如通过下面的演示代码测试了 int 类型的长度。

```
sizeof int
```

下面的实例演示了定义 C++指针的具体过程。

实例 7-1：定义 C++指针
源文件路径：daima\7\7-1

本实例的实现文件为 define.cpp，具体实现代码如下。

```
#include "iostream.h"
int main(void){
    char *pChar;                    //字符指针
    double *pDouble;                //双精度指针
    cout<<sizeof(pChar)<<endl;      //计算字符指针的长度
    cout<<sizeof(*pChar)<<endl;     //计算指针所指内容的长度
    cout<<sizeof(pDouble)<<endl;    //计算指针的长度
    cout<<sizeof(*pDouble)<<endl;   //计算指针所指内容的长度
    return 0;
}
```

执行后的效果如图 7-2 所示。从执行效果可以看出：第二条和第四条语句的输出结果不对，竟然分别是 1 和 8。这说明*pChar 和*pDouble 是指针。

图 7-2　执行效果

智慧锦囊

虽然不能完全用 sizeof 来确定是否为指针，但是它可以作为最有用的辅助手段之一。

7.2.3　指针的分类

在 C++语言中，指针的划分依据有多种。在下面的内容中，将讲解通过两种方式划分指针类型的方法。

1. 按指向对象划分

按照指向对象的不同可以划分为整型指针、结构体指针和函数指针。例如：

```
int *aa;
float * bb;
char * cc;
char (*dd)[2];
char *ee[2];
char (*ff)(int num);
```

在上述代码中定义了如下 6 个指针。

- 第 1 个：整型指针。
- 第 2 个：浮点指针。
- 第 3 个：字符指针。
- 第 4 个：数组指针。
- 第 5 个：本身是数组，叫指针数组。
- 第 6 个：形参是整型的函数指针。

2. 按级性划分

指针多级性是指指针所指数据是否仍然为指针。按照这个原则，C++指针可以分为单级间指针和多级间指针。单级间指针直接指向对象，多级间指针仍然指向指针。指针的级数由指针定义时的指针标识符表示，每出现一个*就增加一级。

一个星号“*”表示变量的内容是地址，该地址指向的内存单元是数据。当用 2 个星号“*”时，第 1 个星号“*”表示变量的内容是地址，第二个星号“*”表示该地址指向的内容仍然是地址，这个地址指向的才是数据。有几个星号“*”就可以理解为有几个地址变换。假如有 3 个星号“*”，则表示经过 3 次地址变换才能定位到真正的存储数据单元。上述描述的具体结构如图 7-3 所示。

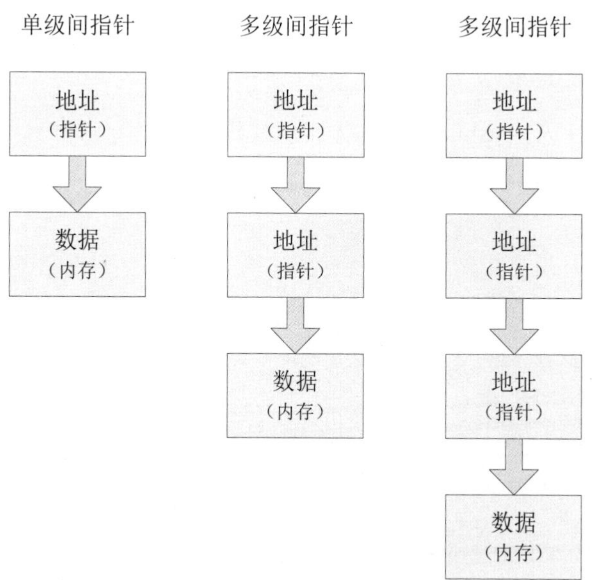

图 7-3　指针指向

7.3 指针的初始化

在 C++程序中，当指针被定义后，仅仅被分配了一个 32 位的内存单元，而并没有对指针进行初始化处理。如果没有对指针进行初始化处理，那么指针的指向是随机的、未知的，这通常被称为野指针。在现实中有些编译器会自动将指针初始化为空，但是编程人员不要存在这种侥幸心理。如果直接引用了野指针，可能会破坏程序的运行，甚至影响到操作系统的安全。所以在使用指针时，必须进行初始化处理。

↑扫码看视频

7.3.1 指针初始化时的类型

在 C++程序中，当对指针进行初始化处理时存在如下两种类型。

- 什么都不指：给指针赋予一个值，让其不指向任何地方，即空指针。具体来说可以赋予数值 0 或 NULL。NULL 是宏，和 0 的效果不一样。
- 内存地址：赋予一个值，指向某个特定的地址。

下面的例子演示了初始化 C++指针的具体过程。

实例 7-2：初始化 C++指针

源文件路径：daima\7\7-2

本实例的实现文件为 chushi.cpp，具体实现代码如下。

```
#include "iostream.h"
int main(int argc, char* argv[]){
    int *pInt1=0;           //赋空值
    int *pInt2=NULL;        //赋空值
    cout<<pInt1<<endl;      //输出地址

    cout<<pInt2<<endl;      //输出地址
    cout<<*pInt1<<endl;     //输出内容
    cout<<*pInt2<<endl;     //输出内容
    *pInt1=8;               //赋值为 8
    cout<<*pInt1<<endl;     //输出 pInt1
    return 0;
}
```

在上述代码中，*pInt1 和*pInt2 两个指针被定义为空指针。因为为空，所以指针的地址都为 0，输出地址为 0。因为地址为空，所以内容也为空，内容不能被输出。但是在输出内容时，虽然能够编译通过，但在执行时会导致程序出错。执行后的效果如图 7-4 所示。

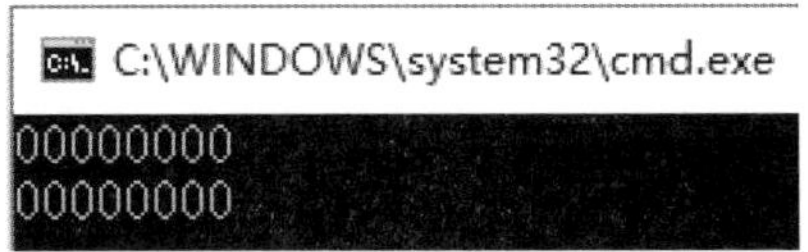

图 7-4　执行效果

知识精讲

上述代码中的“*pInt1=8”是给指针赋值，因为 pInt1 被初始化为空，即没有被分配用来存储数据的内存单元，所以对一个空指针赋值也是很危险的，同样会造成程序错误。

7.3.2　指针地址初始化

在 C++程序中，可以使用一个已经被初始化的指针地址来初始化一个指针，也就是说，这两个指针将会指向相同的单元。如果两个指针的类型相同，可以直接赋值，否则将被转换为与被初始化指针相同类型的指针。例如在下面的代码中，因为 aa 和 bb 的类型不同，所以需要强制转换类型。例如：

```
char *aa=mm;                         //用已有指针 mm 赋值给 aa
int *bb=(int*)mm;                    //类型转换
```

7.3.3　变量地址初始化

在 C++程序中，可以使用已经定义的变量来初始化指针，此时需要用到取地址运算符&。使用取地址运算符&的格式如下。

```
指针=&变量;
```

在上述格式中，指针和变量两者的类型必须相同，否则需要进行强制类型转换。例如：

```
char aa;
char *bb=&aa;                             //变量地址给指针 bb
```

7.3.4　使用 new 分配内存单元

在 C++程序中，定义指针不是为了指向已经定义好的其他变量，而是为了创建新的存储单元，此时需要动态申请内存单元。在 C++中采用 new 运算符来申请新的存储单元，具体语法格式如下。

```
指针 = new 类型名
```

或

```
指针 = new 类型名[<n>];
```

在上述格式中，[<n>]表示需要 n 个“类型名”长度的存储单元；new 返回新分配的内存单元地址。上述第一种格式表示申请一个“类型名”长度的存储单元；第二种格式表示申请 n 个“类型名”长度的存储单元。当申请完内存单元后，如果不再需要可以收回这个内存单元，此时需要使用 delete 运算符来完成。具体格式如下。

```
delete 指针;
```

或

```
delete []指针;
```

在上述格式中，[]表示要删除 new 分配的多个“类型名”长度的存储单元。例如：

```
char *p;
p=new char;                          //申请内存块，将地址赋予 p
*p='a';                              //修改 p 所指向的内容
delete p;                            //释放 p 所占用的内存
```

7.3.5 使用函数 malloc 分配内存单元

在 C++程序中，除了可以使用 new 或 delete 外，还保留了 C 语言分配动态内存的方法。在 C 语言中使用函数 malloc/free 对来分配和释放动态内存，这和 new/delete 比较类似。使用 malloc 的语法格式如下。

```
extern void *malloc(unsigned int num_bytes);
```

此函数在头文件 malloc.h 中，其功能是申请 num_bytes 字节的连续内存块。如果申请成功，则返回该块的首地址；否则返回空指针 NULL。请看下面的代码，p 是 type 型指针，sizeof(type)是计算一个 type 型数据需要的字节数，n 表示需要存储 n 个 type 型数据。(type*)是对 malloc 的返回值进行强制转换。

```
type *p;  p=(type*)malloc(sizeof(type)*n);
```

上述代码的含义是申请可以存储 n 个 type 型数据的内存块，并且将块的首地址转换为 type 型并赋给 p。

当不再使用 malloc()函数分配的内存时，应使用 free()函数将内存块释放。具体格式如下。

```
free p;
```

其中，p 是不再使用的指针变量。同 delete 一样，free 也没有破坏指针 p 的内容，只是告诉系统收回这片内存单元，可以重新利用。所以使用 free 后，最好将 p 设置为空指针。例如：

```
p=(char*)malloc(sizeof(char)*2);     //申请 2 个存放 char 类型数据的内存块
free p;                              //释放 p 指向的内存单元
```

malloc/free 与 new/delete 的主要区别如下。

- 前者是 C++/C 语言的标准库函数，后者是 C++的运算符，是保留字。malloc 返回的是无符号指针，需要强制转换才能赋给指针变量，而 new 可以返回正确的指针。

➢ malloc 只是分配要求的内存单元，而 new 则可以自动根据类型计算需要的内存空间。如果有构造函数，new 还会自动执行。

实例 7-3：演示定义 C++指针的综合使用过程
源文件路径：daima\7\7-3

本实例的实现文件为 example.cpp，具体实现代码如下。

```
#include "iostream.h"
#include <malloc.h>
int main(void){
    int *zhizhen1,*zhizhen2,*zhizhen3,*zhizhen4;//同时定义 4 个 int 类型的指针
    int iVal=100;                                  //定义变量 iVal 的初始值是 100
    zhizhen1=&iVal;                                //用变量地址来初始化
    zhizhen2=zhizhen1;                             //用另一个指针来初始化
    //输出地址
    cout<<"address of zhizhen1 "<<zhizhen1<<endl;
    cout<<"value of zhizhen1   "<<*zhizhen1<<endl;
    //输出数据
    cout<<"address of zhizhen2 "<<zhizhen2<<endl;      //输出地址
    cout<<"value of zhizhen2   "<<*zhizhen2<<endl;     //输出数据
    zhizhen3=new int;                                  //用 new 申请内存
    *zhizhen3=200;
    cout<<"address of zhizhen3 "<<zhizhen3<<endl;      //输出地址
    cout<<"value of zhizhen2   "<<*zhizhen3<<endl;     //输出数据
    zhizhen4=(int*)malloc(sizeof(int));                //用 malloc 申请内存
    *zhizhen4=300;
    cout<<"address of zhizhen4 "<<zhizhen4<<endl;      //输出地址
    cout<<"value of zhizhen4   "<<*zhizhen4<<endl;     //输出数据
    delete zhizhen3;    //释放用 new 申请的内存
    zhizhen3=0;         //释放指针
    free (zhizhen4);    //释放用 malloc 申请的内存
    zhizhen4=0;         //释放指针
    return 0;
}
```

在上述代码中定义了 4 个变量，分别采用 4 种不同的方法初始化。zhizhen1 被初始化为整型变量 iVal 的地址，因此 zhizhen1 的内容应该是 100。zhizhen2 被直接赋予指针 zhizhen1，两者将指向同一内存单元。zhizhen3 用 new 运算符申请，zhizhen4 用 malloc 申请。执行后的效果如图 7-5 所示。

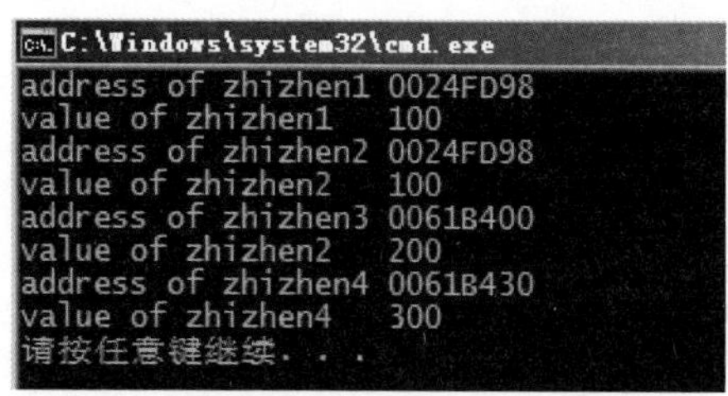

图 7-5　执行效果

7.4 指针运算

在 C++程序中，指针是一个变量，指针变量可以像 C++中的其他普通变量一样进行运算处理。但是 C++指针的运算种类很有限，而且变化规律要受其所指向类型的制约。C++中的指针一般会接受赋值运算、部分算术运算、部分关系运算。其中指针的赋值运算在上节已经进行了详细介绍，下面只讲解指针的算术运算和关系运算。

↑扫码看视频

7.4.1 算术运算

在 C++程序中，指针只能完成两种算术运算：加和减。指针的加减运算与普通变量的加减运算不一样，指针的加减变化规律要受所指向的类型约束，只能与以整型作为基类型的数据类型进行运算，或者用在指针变量之间。指针的运算都是以元素为单位，每次变化都是移动若干元素位。如果指针与 0 进行加减运算，可以保持原来的指向不变。

在 C++程序中，指针的加减运算不是单纯地在原地址基础上加减 1，而是加减一个数据类型的长度。所以，指针运算中“1”的意义随数据类型的不同而不同。例如指针是整型指针，那么每加减一个 1，就表示将指针的地址向前或向后移动一个整型类型数据的长度，即地址要变化 4 个字节，移动到下一个整型数据的首地址上。这时“1”就代表 4。如果是 double 型，那么“1”就代表 8。

指针的加减运算最好限定在事先申请的内存单元内，不要通过加减运算跨越到其他内存块内。虽然编译器不会对这个问题报错，但这么做是很危险的。有可能在无意识的情况下访问或破坏其他内存单元的数据。在 C++程序中，指针可以进行加减运算，但两指针之间只能进行减运算。两个指针的减法表示计算它们之间的元素个数。如果差为负数，表示地址高的指针需要后移几次才能到地址低的指针处。如果是正数，表示地址低的指针需要移动几次才能前进到地址高的指针处。这个值实际是指针地址的算术差除以类型宽度得到的。例如下面的实例演示了 C++指针算术运算的执行过程。

实例 7-4：实现 C++指针算术运算
源文件路径：daima\7\7-4

本实例的实现文件为 math.cpp，具体实现代码如下。

```
/*指针的算术运算*/
int main(){
    int *zhizhen1=0;            //定义 zhizhen1 的初始值是 0
    int *zhizhen2=0;            //定义 zhizhen2 的初始值是 0
    int k=0;                    //定义变量 k 的初始值是 0
```

```
    zhizhen1=new int[5];      //申请 5 个整型存储单元

    zhizhen2=zhizhen1;        //保留存储单元的首地址
    cout<<"step1:填充申请的存储单元"<<endl;
    for(int i=0;i<5;i++){
        cout<<k++<<" -- "<<zhizhen1<<endl;//输出指针的地址
        *zhizhen1=2*i;        //给 zhizhen1 重新赋值
        zhizhen1++;           //移动到下一个存储单元
    }

    //for 循环退出后，zhizhen1 移出了申请的存储单元一个整型长度的空间
    //为了避免指针指到非法区域，将指针移回申请的存储单元内
    cout<<"step3:移回到存储单元的最后一个元素上"<<endl;
    zhizhen1--;
    cout<<k++<<" -- "<<zhizhen1<<endl;
    cout<<"step2:倒序输出申请的存储单元内容"<<endl;
    for(int j=0;j<5;j++)
    {
        cout<<k++<<" -- "<<*zhizhen1<<endl;
        zhizhen1--;
        cout<<k++<<" -- "<<zhizhen1<<endl;
    }
    //for 循环退出后，zhizhen1 移出了申请的存储单元一个整型长度的空间
    //为了避免指针指到非法区域，将指针移回申请的存储单元内，zhizhen1 又回到了存储块的
    //首地址处
    cout<<"step4:移回到存储单元的第一个元素上"<<endl;
    zhizhen1++;
    cout<<k++<<" -- "<<zhizhen1<<endl;
    //将 zhizhen2 移动到第四个元素上
    cout<<"step5:将 zhizhen2 移动到第四个元素上"<<endl;
    cout<<" 移动前 "<<zhizhen2<<endl;
    zhizhen2=zhizhen2+3;
    cout<<" 移动后 "<<zhizhen2<<endl;
    cout<<k++<<" -- "<<*zhizhen2<<endl;
    //再移动一个元素
    cout<<"step6:将 zhizhen2 再移动一个元素"<<endl;
    zhizhen2++;
    cout<<" 移动后 "<<zhizhen2<<endl;
    //输出两指针的差
    cout<<"step7:zhizhen2 与 zhizhen1 之差"<<endl;
    cout<<k++<<" -- "<<(zhizhen2-zhizhen1)<<endl;
    delete[] zhizhen1;
    return 0;
}
```

首先定义了两个指针变量，用 new 运算符申请了 5 个单位的整型存储单元，分别考查了指针的加减运算和指针间的减运算。由于填充存储单元时，需要移动指针，所以将申请的存储单元的首地址保留下来，这由语句“zhizhen2=zhizhen1;”来完成。然后用 for 循环给每个存储单元赋值，用“zhizhen1++;”实现指针的移动，一次一个元素。在 for 语句内还依次输出了 5 个存储单元的首地址。从第 0～4 个单元的输出可以看出，指针的加法是以元素为单位，加 1 就表示地址要移动 sizeof(int)个字节。

然后，经过分析循环语句可知，从循环退出后指针将移出存储单元一个元素的长度，因此需要移回来。这用语句“zhizhen1--;”实现。接下来又按倒序输出了存储单元中的内容，

如输出中的第 6～15 行所示。注意到第 15 个输出的地址不在存储单元内，其原因是与前一个循环一样，同样需要移回。

最后将 zhizhen2 后移了四个元素。此时，zhizhen2 在第一个元素上。由于计算机中元素的计数是从 0 开始，所以移到第四个元素需对 zhizhen2 加 3，即移动 3 次。对照移动前后的地址和第 0～4 行的输出可看出，3 在这里代表了 3*sizeof(int)个字节。然后对 zhizhen2 又移动了一个元素，到了存储单元的末尾元素上。此时 zhizhen1 在首元素上，故两指针的差为 4，表示 zhizhen1 需要移动 4 次才能移到 zhizhen2 处。

编译执行后的效果如图 7-6 所示，005CB050 等数字是以十六进制表示的地址。

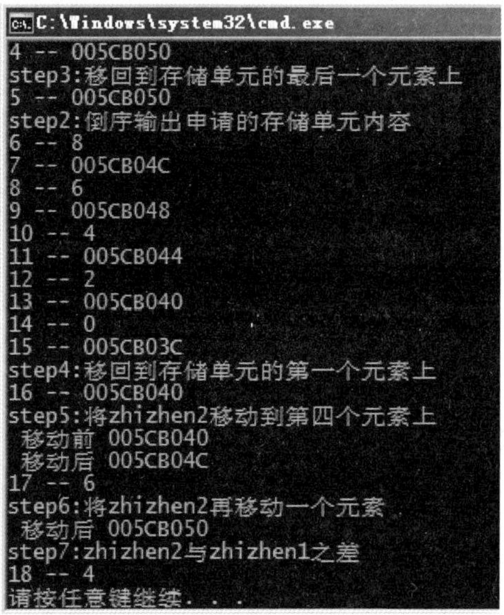

```
C:\Windows\system32\cmd.exe
4 -- 005CB050
step3:移回到存储单元的最后一个元素上
5 -- 005CB050
step2:倒序输出申请的存储单元内容
6 -- 8
7 -- 005CB04C
8 -- 6
9 -- 005CB048
10 -- 4
11 -- 005CB044
12 -- 2
13 -- 005CB040
14 -- 0
15 -- 005CB03C
step4:移回到存储单元的第一个元素上
16 -- 005CB040
step5:将zhizhen2移动到第四个元素上
 移动前 005CB040
 移动后 005CB04C
17 -- 6
step6:将zhizhen2再移动一个元素
 移动后 005CB050
step7:zhizhen2与zhizhen1之差
18 -- 4
请按任意键继续. . .
```

图 7-6　执行效果

7.4.2　关系运算

在 C++程序中，指针之间除了可以进行算术运算外，还可以进行关系运算。指针的关系运算是比较地址间的关系，这包括两方面：一方面是判断指针是否为空，另一方面是比较指针的相对位置。进行关系运算的两个指针必须具有相同的类型。有相同类型的两个指针 p1 和 p2，则 p1 和 p2 间的关系运算式如下。

- p1==p2：判断 p1 和 p2 是否指向同一个内存地址。
- p1>p2：判断 p1 是否处于比 p2 高的高地址内存位置。
- p1>=p2：判断 p1 是否处于不低于 p2 的内存位置。
- p1<p2：判断 p1 是否处于比 p2 低的低地址内存位置。
- p1<=p2：判断 p1 是否处于不高于 p2 的内存位置。

以上 5 种运算是判断两个指针之间的比较，下面 4 种运算是判断指针是否为空。

- p1==0：判断 p1 是否是空指针，即什么都不指。
- p1==NULL：含义同上。
- p1!=0：判断 p1 是否不是空指针，即指向某个特定地址。

➢　p1!=NULL：含义同上。

上述 4 种都是判断指针与空指针之间的关系，这在通过指针遍历链表、数组等连续内存单元时很有用，可以作为遍历终止的条件。

知识精讲

C++标准中并没有规定空指针必须指向内存中的什么地方，具体用什么地址值来表示空指针取决于系统的实现。因此，NULL 并不总等于 0。这就存在零空指针和非零空指针两种情况，但是 C++倾向于使用零空指针。

在下面的实例中，演示了 C++指针关系运算的过程。

实例 7-5：实现 C++指针关系运算

源文件路径：daima\7\7-5

本实例的实现文件为 guanxi.cpp，具体实现代码如下。

```
int main(){
    int *zhizhen1;                  //定义 zhizhen1
    int *zhizhen2;                  //定义 zhizhen2
    zhizhen1=new int[5];            //申请 5 个内存单元
    //输出首地址

    cout<<"zhizhen1 : "<<zhizhen1<<endl;
    zhizhen2=zhizhen1;              //给 zhizhen2 赋值
    cout<<"zhizhen2 : "<<zhizhen2<<endl; //输出首地址
    /*指针比较*/
    cout<<"zhizhen1==zhizhen2 : "<<(zhizhen2==zhizhen1)<<endl;
    cout<<"zhizhen1>zhizhen2 : "<<(zhizhen2>zhizhen1)<<endl;
    zhizhen2++;                     //下移指针
    cout<<"zhizhen2 : "<<zhizhen2<<endl;    //输出首地址
    /*指针比较*/
    cout<<"zhizhen1==zhizhen2 : "<<(zhizhen2==zhizhen1)<<endl;
    cout<<"zhizhen2>zhizhen1 : "<<(zhizhen2>zhizhen1)<<endl;
    cout<<"zhizhen2==NULL : "<<(zhizhen2==NULL)<<endl;
     /*释放*/
     delete[] zhizhen1;             //删除内存空间
     zhizhen1=0;                    /*置空处理*/
     zhizhen2=0;                    /*置空处理*/
    return 0;
}
```

首先定义了两个整型指针变量 zhizhen1 和 zhizhen2，用 new 运算符给 zhizhen1 分配了可存放 5 个整型数据的内存单元。C++默认使用循环来申请内存空间，循环的出口条件是"zhizhen1==0"。这表示通过判断 zhizhen1 是否为空，从而判断是否成功申请到内存空间。如果为空，表明申请失败，继续申请，直至申请成功为止。申请成功后，将 zhizhen1 的值赋给了 zhizhen2，从输出结果可看出，两者指向了同一个内存单元。因此，运算结果相等时输出为 1，如果 zhizhen1 的地址比 zhizhen2 的地址高则输出 0。

每当 zhizhen2 移动一个位置，对应的地址增加了 4 个字节，这可以从输出看出，增加的 4 个字节恰好是一个 int 型数据的长度。然后再次判断 zhizhen1 和 zhizhen2 是否相等，显然两者不等，故输出 0。但显然 zhizhen2 在比 zhizhen1 高的位置上，因此下一个比较语句会输出 1。最后判断 zhizhen1 是否为空指针，输出 0。

程序编译执行后的效果如图 7-7 所示。

```
C:\WINDOWS\system32\cmd.exe
zhizhen1 : 00D9C7C0
zhizhen2 : 00D9C7C0
zhizhen1==zhizhen2 : 1
zhizhen1>zhizhen2 : 0
zhizhen2 : 00D9C7C4
zhizhen1==zhizhen2 : 0
zhizhen2>zhizhen1 : 1
zhizhen2==NULL : 0
请按任意键继续. . .
```

图 7-7　执行效果

7.5　指针的指针

指针的指针意味着指针所指向的内容仍然是另一个指针变量的地址。在 C++程序中，声明指针的指针语法格式如下。

```
type **ptr;
```

在本节的内容中，将简要介绍 C++语言指针的指针的知识。

↑扫码看视频

为什么要推出指针的指针呢？这得从变量和指针的访问谈起。在 C++程序中，变量是直接访问内存单元，用指针访问内存单元则属于间接访问。如果指针直接指向数据单元，则称为单级间指。单级间指定义时使用一个*号。如果指针指向的内容依然是地址，该地址才指向真正的数据单元，那么这种指针就叫二级间指，在定义二级间指时使用两个“*”实现。假如存在一个字符变量 ch='a'，则让指针 ptr1 指向 ch，指针 ptr2 指向 ptr1 的代码如下。

```
char ch='a';
char ptr1=&ch;
char **ptr2;
*ptr2=&ptr1;
```

指针的指向关系如图 7-8 所示。

在图 7-8 中，ch 存放在 1004 单元中，字符变量占一个字节。ptr1 存放在 1000 开始的 4 字节内存单元中(指针是无符号整型数，占 4 字节)，它的内容是 ch 所在单元地址 1004。ptr2 放在 1006 开始的 4 字节中，其内容是 ptr1 所在的内存块的首地址。它们之间的指向关系如图 7-8 中的箭头所示。从图 7-8 可见，如果用 ptr1 去访问 ch，则只需要一次跳转就可寻径到 ch。而如果通过 ptr2 来访问 ch，则需要先跳转到 ptr1，再跳转到 ch。在具体 C++程序中，定义中存在几个*号就是几级间指，访问到最终数据单元时就需要几级跳转。例如在下面的代码中，aa 的内容是地址，*aa 是指针。继续向左，又是*，表明*aa 的内容是地址，**aa 是指针。再向左，还是*，表明**aa 内容依然是地址，***aa 是指针。最后再向左是 int，没有了*，表明***aa 的内容是整型数据。

```
int ***aa;                              //三级间指
int ****aa;                             //四级间指
```

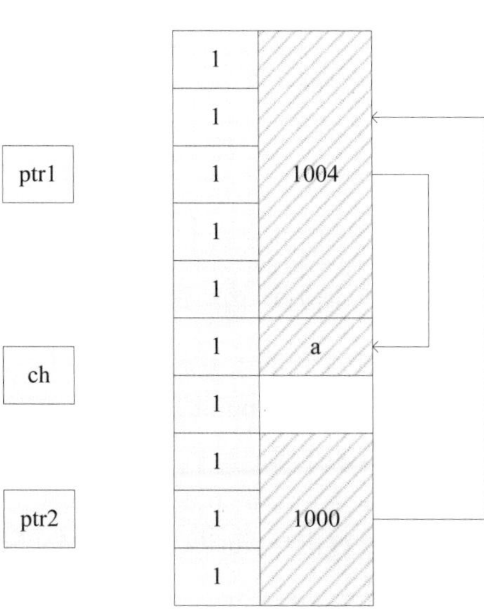

图 7-8　单级间指针与二级间指针

知识精讲

理解间指时要从右向左。对于“int ***p;”可按如下过程理解。从右向左，先看到 p，表明变量名为 p。再向左，遇到*，表明将指针的指针用于数组和函数传值中。指针的指针常常作为函数的参数，使函数能够修改局部指针变量，即在函数内修改局部指针的指向。在数组处理中，可以用指针的指针来代替多维数组。

实例 7-6：指向整型指针的指针

源文件路径：daima\7\7-6

本实例的具体实现代码如下。

```
int main(){
   int a[5] = {1, 2, 3, 4, 5};                  //定义包含 5 个整数元素的数组 a
   int *p = a;                                  //定义指针 p
   int **point = &p;                            //指向指针的指针 point
   cout << "a = " << a << endl                  //输出 a 的值
        << "p = " << p << endl                  //输出 p 的值
        << "&p = " << &p << endl                //输出&p 的值
        << "point = " << point << endl          //输出 point 的值
        << "&point = " << &point << endl;       //输出&point 的值
   for (int i = 0; i < 5; i++){                 //for 循环遍历
```

```
        cout << "&a[" << i << "] = " << &a[i] << endl;     //遍历输出a[i]的值
    }
    return 0;
}
```

上述代码内存分配的过程如图 7-9 所示。

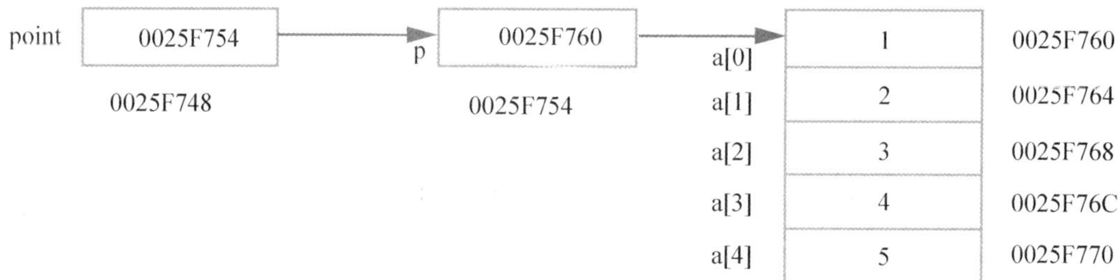

图 7-9 内存分配

从图 7-9 可以看出，point 指针中存放的是 p 指针的地址，而 p 指针中存放的是 a[0]的地址。所以*point 和 p 是一样的，前者是取 point 指针中存放的地址(0025F754)中的值，即取地址 0025F754 中存放的值(0025F760)，而后者就是 0025F760，所以两者是等价的。**point 和 a[0]是等价的，前者可以写成*p，*p 是取 p 中存放的地址(0025F760)中的值，即地址 0025F760 中存放的值为 1。由上可以得出*point 等于 p，**point 等于 a[0]。通过图 7-9 可以清晰地理解诸如*point++等问题。

7.6 实践案例与上机指导

通过本章的学习，读者基本可以掌握 C++指针的知识。其实 C++指针的知识还有很多，这需要读者通过课外渠道来加深学习。下面通过练习操作，以达到巩固学习、拓展提高的目的。

↑扫码看视频

7.6.1 指针赋值

在前面曾经讲解过指针的初始化知识，赋值与初始化基本类似，也曾经谈到过初始化方法都适用于赋值。虽然表面上来看赋值和初始化是一个意思，但是两者之间也有一些细微的差别。初始化多发生在定义时，而赋值则多在定义以后。初始化时如果不是字符串，则右值只能使用地址。因为，此时指针还没有指向特定的内存单元，所以不能给它赋数据。字符串实质是字符数组，字符数组是天生的指针。系统会自动为字符串分配存储单元，并且数组的名字就是字符串的首地址指针。此时实质还是地址。

实例 7-7：演示 C++指针赋值的具体过程
源文件路径：daima\7\7-7

本实例的实现文件为 fuzhii.cpp，具体实现代码如下。

```
#include "iostream.h"
int main(void){
    int zhizhen=5;          //变量 zhizhen 初始值为 5
    int *p1=&zhizhen;       //取变量地址
    int *p2=p1;             //用指针赋值
    int *p3=0;              //指针赋为空

    p3=new int;             //申请内存空间
    *p3=100;                //修改所指内容
    delete p3;              //释放
    p3=0;                   //置空
    return 0;
}
```

在上述代码中，指针变量 p1、p2 的初始化和赋值是一样的过程，而 p3 则是先初始化，再赋值。赋给 p1 的是变量 zhizhen 的地址，由取地址运算符取出。赋给 p2 的则是 p1 的指针，p2 和 p1 都指向变量 zhizhen。p3 则是先初始化为空指针，再用 new 申请存储单元，然后再赋值。通过间接访问，将 100 保存到 p3 中。执行后的效果如图 7-10 所示。

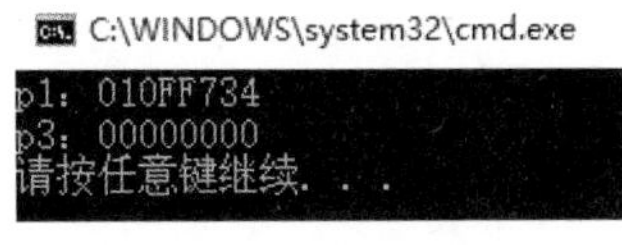

图 7-10　执行效果

智慧锦囊

在进行赋地址操作时，不要求左值原来必须指向某个内存单元。而赋数据则要求指针必须指向某个内存单元，给其赋值只是填充了该内存单元的内容。

7.6.2　使用“*”操作符

在 C++程序中，“*”操作符也叫间接访问运算符，用来表示指针所指的变量，结合性为从右到左，属于单目运算。“*”运算符后跟的必须是指针变量。如果作为左值，则是向指针所指单元中写入数据。如果作为右值，则是从指针所指单元中读数据。使用“*”操作符的语法格式如下。

```
*p=常量;
*p=var;
var=*p;
```

上述格式很容易理解，第 1 个式子能够直接将常量送入到 p 所指的单元；第 2 个式子是将变量 var 的值送入到 p 所指向的单元内；第 3 个式子是将指针 p 所指单元的数据读出并赋给 var。

在 C++程序中，“*”操作符还有如下一种常见的用法，其中，&是取地址操作符，*(&var)就是 var 本身。这种写法看起来很古怪，但确实是可以使用的。

```
*(&var)=常量;
*(&var1)=var2;
var2=*(&var1);
```

实例 7-8：使用“*”操作符

源文件路径：daima\7\7-8

本实例的实现文件为 caozuofu.cpp，具体实现代码如下。

```
#include "iostream.h"
int main(void){
    int *zhizhen;
    int iVal = 100;
    zhizhen = new int;              //申请内存空间
    *zhizhen = iVal;                //修改所指内容
    cout << "原来的值是: " << *zhizhen << endl;//输出所指内容
    *zhizhen = 50;
    iVal = *zhizhen;                //取所指内容
    cout << "后来的值是: " << iVal << endl;
    delete zhizhen;                 //释放
    zhizhen = 0;                    //置空
    return 0;
}
```

编译执行后的效果如图 7-11 所示。

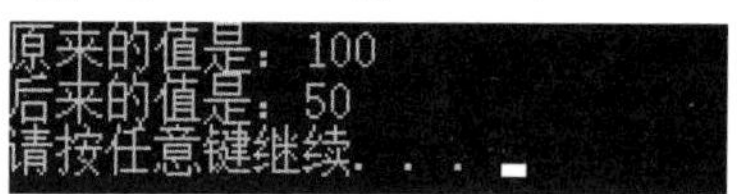

图 7-11　执行效果

智慧锦囊

在 C++程序中，指针运算符“*”和间接访问运算符“*”不同。前者是类型说明符，表示其后的变量是无符号整数，保存的是地址，一次访问 sizeof(type)长度。后者表示间接访问指针所指的单元，用于赋值或取内容。

7.7　思考与练习

本章详细讲解了 C++指针的知识，循序渐进地讲解了指针的基本概念、定义指针的几种方式、指针的初始化、指针运算、指针的指针等知识。在讲解过程中，通过具体实例介

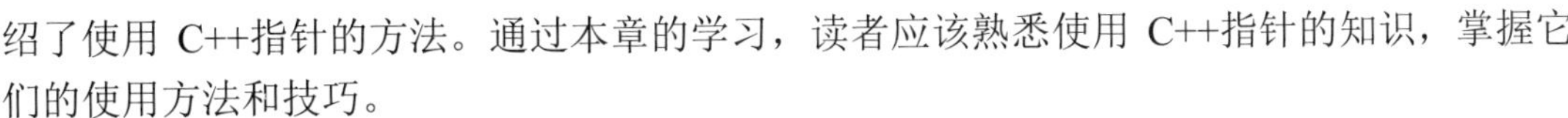

绍了使用 C++指针的方法。通过本章的学习，读者应该熟悉使用 C++指针的知识，掌握它们的使用方法和技巧。

1. 选择题

(1) 在 C++程序中，可以使用已经定义的变量来初始化指针，此时需要用到取地址运算符(　　)。

A. &　　B. .　　C. :?　　D. .?

(2) 在 C++程序中，“*”操作符也称为(　　)，用来表示指针所指的变量。

A. 直接访问运算符　　B. 间接访问运算符

C. 片面访问运算符　　D. 全局访问运算符

2. 判断对错

(1) 在 C++程序中，可以使用一个已经被初始化的指针地址来初始化一个指针，也就是说这两个指针将会指向相同的单元。　　(　　)

(2) 在 C++程序中，指针和变量通常会混淆，在使用时我们可以通过 sizeof 运算符来判断。　　(　　)

3. 上机练习

(1) 使用函数 malloc()分配内存。

(2) 使用函数 free()释放内存。

第 8 章

复合数据类型

本章要点

- 使用数组
- 动态数组
- 字符数组
- 数组初始化
- 指针和数组
- 枚举
- 结构体

本章主要内容

在 C++语言中，可以将基本数据类型进行组合，组合成为更加复杂的类型，这就是复合数据类型。在 C++程序中，常用复合类型有数组、枚举和结构体。在本章的内容中，将详细介绍 C++数组、枚举和结构体的知识，为读者步入本书后面知识的学习打下坚实的基础。

8.1 使用数组

在本书前面的内容中，处理的数据都属于“简单的”数据类型，这体现在整数、浮点数、字符等数据类型的每个变量只能存储一个标量值，即单个值。下面将要介绍的复杂数据类型的共同特点是，每个变量均可以存储多项信息。

↑扫码看视频

8.1.1 定义数组

数组是许多程序设计语言的重要组成部分，因为整数和浮点数之类的数据类型的每个变量只能存储一个值，使用数组的优点在于，一个数组可以把许多个值存储在同一个变量名下。数组仍需要被声明为某一种特定的类型：数组可以用来存储浮点数、字符或整数，但不能把不同类型的数据混杂着保存在同一个数组里。在 C++程序中，声明数组的语法格式如下。

```
type name[x];
```

其中，type 代表数组的类型，name 是数组变量的名字(仍须遵守与其他变量相同的命名规则)，x 是该数组所能容纳的数据项的个数(数组中的每一项数据称为一个元素)。例如下面的代码创建了一个能够容纳 10 个浮点数的数组：

```
float myArray[10];
```

因为在一个数组中可以包含多个值，所以对各元素进行赋值和访问时会稍微复杂一些，需要通过数组的下标来访问某给定数组里的各个元素。数组的下标是一组从 0(注意，不是 1)开始编号的整数，最大编号等于数组元素的总个数减去 1。从 0 开始编号的数组下标往往会给初学者带来许多麻烦，所以我们想再重复一遍：数组中的第一个元素的下标是 0；第二个元素的下标是 1，最后一个元素的下标是 x-1，其中 x 是数组元素的个数(也叫作数组的长度)。下面这段代码演示了如何把一个值赋值给数组中的某个元素以及如何输出它。

```
myArray[0] = 42.9;
  std::cout << myArray[0];
```

一般来说，只对数组中的个别元素进行处理的程序并不多见。绝大多数程序会利用一些循环语句来访问数组中的每一个元素，例如：

```
for (int i = 0; i < x; ++i) {
}
```

这个循环将遍历每一个数组元素，从 0 到 x-1。这里唯一需要注意的是，必须提前知道这个数组里有多少个元素(即 x 到底是多少)。在声明一个数组以及通过循环语句访问它时，最简单的办法是用一个常量来代表这个值。

实例 8-1：赋值一维数组
源文件路径：daima\8\8-1

实例文件的具体实现代码如下。

```
void main(){
    int i, a[10];
    //利用循环，分别为 10 个元素赋值
    for (i = 0; i<10; i++)
        a[i] = i;
    for (i = 0; i<10; i++)          //将数组中的 10 个元素输出到显示设备
        cout << a[i] << endl;
    cout << "一共有" << i << <<endl;
}
```

编译执行后的效果如图 8-1 所示。

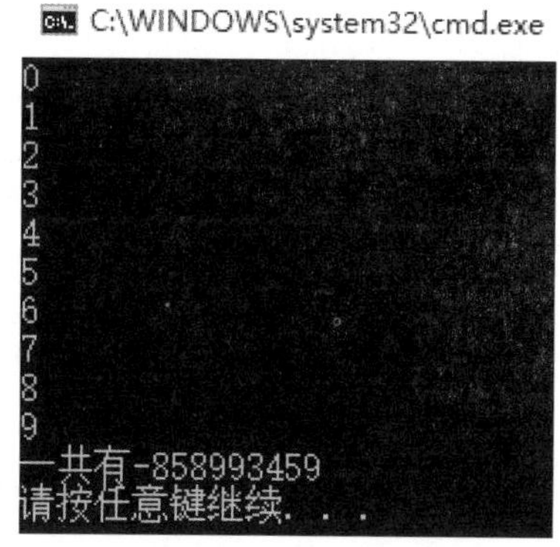

图 8-1　执行效果

8.1.2　高级数组

在 C++程序中，另一个更为高级的概念是多维数组，这类数组的元素还是数组。例如下面的代码语句声明了一个包含 5 个元素的数组，它的每个元素都包含 10 个整数。

```
int myArray[5][10];
```

其中在第 1 个中括号里的数字设置了主数组的元素个数，第 2 个中括号中的数字设置了每个子数组的元素个数。如果要指定某个特定的元素，比如第 1 个子数组里的第 3 个元素，需要使用如下语法。

```
myArray[0][2] = 8;
```

要想遍历这样一个数组的所有元素，需要使用两个循环，其中一个嵌套在另一个的内部。外层的循环用来访问每一个子数组(比如从 myArray[0]到 myArray[4])；内层的循环用来访问子数组里的每一个元素(比如从 myArray[x][0]到 myArray[x][9])。根据具体的编程需要，多维数组的维数可以无限扩大，但保存在多维数组里的每一个值必须是同样的类型(字符、整数、浮点数等)。

知识精讲

可以用如下语法在创建数组时对它的元素进行赋值:

```
int numbers[3] = {345, 56, 89};
```

这只能在声明变量时进行，不能用这个方法来填充一个已经存在的数组。还可以这样创建数组:

```
int numbers[] = {345, 56, 89}
```

对于这种情况，编译器将根据花括号里的值的个数自动地创建出一个长度与之相匹配的数组。

在 C 语言中，字符串被实际存储为一个字符数组，在 C++中也可以使用这样的数组。但是因为 C++提供了更好的 std::string 类型，所以已经不必再使用那些老式的 C 语言的方法了。在 C++程序中，可以每次只输出一个数组元素的值。但是下面这种做法是错误的，虽然有输出，但不是我们想要的效果。

```
int numbers[] = {345, 56, 89};
std::cout << numbers;
```

另外，读者需要注意，数组的下标是从 0 开始的，忘记这一点就会犯所谓的“差一个”错误，最严重的后果是使用的数组下标并不存在。例如下面这段代码演示了一个常量来代表这个值。

```
const int I = 100;
float nums[I];
nums[I] = 2340.534;          //错误
```

例如下面的例子演示了置换二维数组的列的过程。

实例 8-2：将二维数组的列对换

源文件路径：daima\8\8-2

实例文件的具体实现代码如下。

```
int fun(int array[3][3]){                       //定义函数，交换列值
    int i,j,t;                                  //定义 3 个变量
    for(i=0;i<3;i++)                            //外层循环
        for(j=0;j<i;j++)                        //内层循环
        {
            t=array[i][j];                      //给变量 t 赋值
            array[i][j]=array[j][i];            //元素交换
            array[j][i]=t;
        }
        return 0;
}
void main(){
    int i,j;                                    //定义变量 i 和 j
    int array[3][3]={{1,2,3},{4,5,6},{7,8,9}}; //定义二维数组并赋值
```

```
    cout << "Converted Front" <<endl;
    for(i=0;i<3;i++)                         //外层循环
    {
        for(j=0;j<3;j++)                     //内层循环
            cout << setw(7) << array[i][j] ;   //使用函数 setw 设置 7 个空格
        cout<< endl;
    }
    fun(array);
    cout << "Converted result" <<endl;
    for(i=0;i<3;i++){
        for(j=0;j<3;j++)
            cout << setw(7) << array[i][j] ;   //使用函数 setw 设置 7 个空格
        cout<< endl;
    }
}
```

编译执行后的效果如图 8-2 所示。

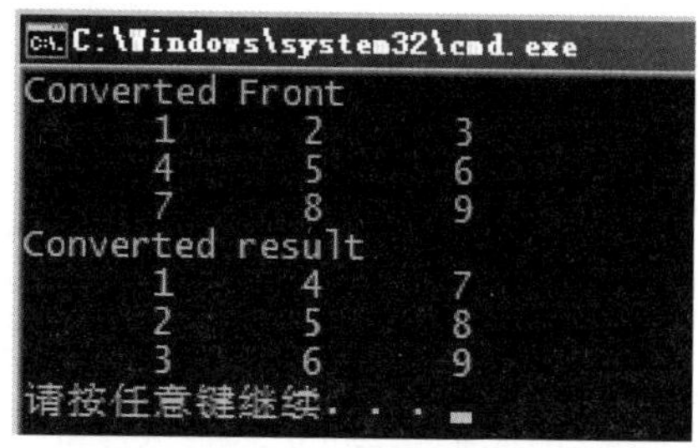

图 8-2　执行效果

8.2　动 态 数 组

在 C++程序中，动态数组是指在编译时不能确定数组长度，程序在运行时根据具体情况或条件，需要动态分配内存空间的数组。在本节的内容中，将详细讲解 C++语言动态数组的知识和具体用法。

↑扫码看视频

8.2.1　在堆上分配空间的动态数组

在 C++程序中，堆是一块内存空间，这个空间能够提供对动态内存分配的支持。动态数组如果要在堆上分配空间，在 C++中可以利用指针或关键字 new 来实现。

1. 动态一维数组

在 C++程序中，动态一维数组是指在运行时才分配内存空间的一维数组。例如下面的实例演示了动态分配一维数组数据的具体过程。

实例 8-3：动态分配一维数组数据

源文件路径：daima\8\8-3

本实例的实现文件为 shuzu.cpp，具体实现代码如下所示。

```
int main(int argc, char* argv[]){
    int* p = NULL;        //定义指针 p
    int x;                //定义变量 x
    cout << "请输入 x 值: " << endl;
    cin >> x;                 //输入 x 值
//根据用户输入的 x 值，来动态指定数组的维数
    p = new int[x];
    for (int i=0; i< x; i++){
        p[i] = 0;             //赋值
    }
    delete [] p;              //释放
    p = NULL;                 //置空
    return 0;
}
```

在上述代码中定义了一个指针 p，然后输入了一个任意整型数值 x。x 将用于指定动态数组的维数。在程序块中定义数组时，使用了关键字 new，其功能是为数组在堆中分配内存，并把内存地址赋给相应的指针 p。例如输入 2000 后的执行效果如图 8-3 所示。

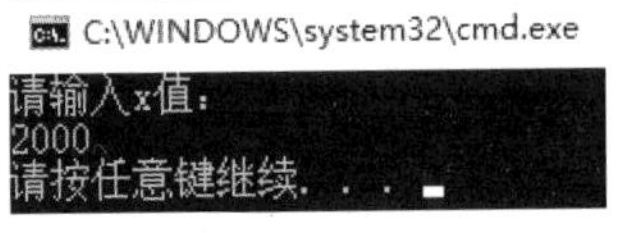

图 8-3　执行效果

2. 动态二维数组

在 C++程序中，动态二维数组是指在运行时才分配内存空间的二维数组。例如下面的实例演示了动态分配二维数组数据的具体过程。

实例 8-4：动态分配二维数组数据

源文件路径：daima\8\8-4

本实例的实现文件为 er.cpp，具体实现代码如下。

```
#include "stdafx.h"
#include "iostream.h"
int main(int argc, char* argv[]){
    double **p = NULL;                        //定义指向指针的指针 p
    int x, y;                                 //定义变量 x 和 y
    cout << "请输入一个整数: " << endl;
    cin >> x;
    cout << "请输入一个整数: " << endl;
    cin >> y;                          //输入 y 的值
    p = new double *[x];               //根据用户输入的 x 值，来动态指定数组的维数
    for (int i = 0; i < x; i++){
        p[i] = new double [y];         //根据用户输入的 y 值，来动态指定数组的维数
```

```
    }
    for (int j = 0;j < x; j++)        //外层循环赋值
    {
        for (int k = 0; k < y; k++){//内层循环
            p[j][k] = (j + k + 0.125) * 0.618; //赋值
        }
    }
    for (int m = 0; m < x; m++){
        delete[] p[m];                //释放

    }
    delete[] p;                       //释放
    p = NULL;                         //置空
    return 0;
}
```

在上述代码中定义了一个二维指针 p，然后分别提示用户输入 2 个整型数字 x 和 y。x 和 y 值分别用于指定动态二维数组的维数。编译执行后的效果如图 8-4 所示。

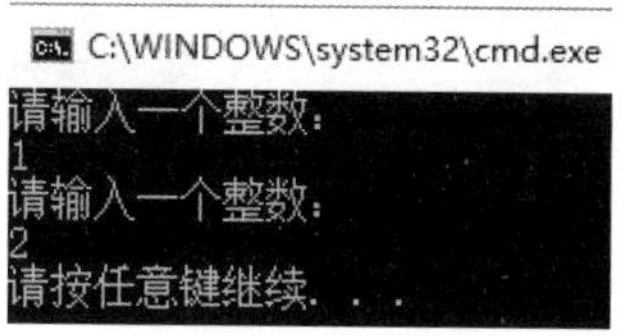

图 8-4　执行效果

8.2.2　在栈上分配空间的"假动态"数组

在 C++程序中，栈是一块内存空间，由编译器在需要的时候分配，并由系统自动回收。在编译的时候已经知道了数组的大小，但是在定义时却看起来像动态的，所以我们称这种数组叫"假动态"数组。在 C++程序中，通常使用常量表达式和宏定义变量实现"假动态"数组。

1. 常量表达式 const 维数

在 C++程序中，有时数组的维数并不是一个数值，而是一个表达式，但此表达式必须在编译时可计算出值。例如下面的实例演示了使用常量作为数组维数的具体过程。

实例 8-5：使用常量作为数组的维数

源文件路径：daima\8\8-5

本实例的实现文件为 chang.cpp，具体实现代码如下。

```
#include "stdafx.h"
#include "iostream.h"
int main(){
//定义一个常量 array_size
    const int array_size = 5;

    float x[array_size];      //用常量作维数
    x[0] = 7.5;               //设置第 1 个元素值
    x[1] = 15.5;              //设置第 2 个元素值
```

```
    x[2] = 3.5;                  //设置第 3 个元素值
    x[3] = 45.5;                 //设置第 4 个元素值
    x[4] = 33.5;                 //设置第 5 个元素值
    for (int i = 0; i < array_size ; i++)   //循环输出数组内各个元素的值
    {
        cout << "x[" << i << "] = " ;
        cout << x[i] << endl;
    }
    return 0;
}
```

在上述代码中，使用 array_size 作为一维数组 x 的元素个数。编译执行后的效果如图 8-5 所示。

```
C:\Windows\system32\cmd.exe
x[0] = 7.5
x[1] = 15.5
x[2] = 3.5
x[3] = 45.5
x[4] = 33.5
请按任意键继续. . .
```

图 8-5　执行效果

知识精讲

如果将上述代码中的 const int array_size = 5 修改为 int array_size = 5 或 static int array_size = 5，在编译 float x[array_size]时将会出错。这是因为在 C++中只有 const 常量表达式才能作为数组的维数。

2. 宏定义 define 维数

在 C++程序中可以使用宏定义 define 来当作维数。此种方法比较利于代码的维护，当需要改变数组的维数时，只需修改宏即可。例如下面的实例演示了宏定义 define 作为维数的具体过程。

实例 8-6：使用宏定义 define 定义数组的维数

源文件路径：daima\8\8-6

本实例的实现文件为 hong.cpp，具体实现代码如下。

```
#define DEBUG  1
#define LENGTH_DBG  10          //定义一宏常数 1
#define LENGTH_REL   200        //定义一宏常数 2
#if DEBUG
#define shuzu_SIZE 25           //定义一宏常数 3
#else
#define shuzu_SIZE 500          //定义一宏常数 4
#endif
int main(){
#if DEBUG
    int shuzu1[LENGTH_DBG]; //维数为 10
```

```
#else

    int shuzu1[LENGTH_REL]; //维数为 200
#endif
    int shuzu2[shuzu_SIZE]; //维数为 25 或 500
    return 0;
}
```

在上述代码中，定义了两个假动态数组 shuzu1、shuzu2，它的维数由宏来指定，并且在上面代码中还用到了#if 和#else。宏的作用很简单，删除执行效果的内容。编译执行后的效果如图 8-6 所示。

图 8-6　执行效果

8.3　字 符 数 组

在 C++程序中，用来存放字符量的数组称为字符数组。定义一个字符数组后，这个字符数组会返回一个头指针，可以根据这个头指针来访问数组中的每一个字符。

↑扫码看视频

8.3.1　定义字符数组

在 C++程序中，字符数组是存放字符型数据的，应定义成字符型。由于整型数组元素可以存放字符，所以整型数组也可以用来存放字符型数据。C++语言规定：字符数组的类型必须是 char，维数要至少有一个。字符数组的定义格式如下。

```
char 数组名[维数表达式 1][ 维数表达式 2]...[ 维数表达式 n];
```

实例 8-7：使用字符数组

源文件路径：daima\8\8-7

本实例的实现文件为 zifu.cpp，具体实现代码如下。

```
int main(){
    //shuzu1 存放 5 个字符
    char shuzu1[5] = { 'z', 'h', 'a', 'n', 'g' };
    //shuzu2 存放 6 个字符
    char shuzu2[6] = { 'b', 'i', 'c', 'h', 'e', 'n' };
    //输出 zhang
```

```
    for (int i = 0; i < 5; i++){
        cout << shuzu1[i];
    }
    cout << " ";
    //输出 bichen
    for (int j = 0; j < 6; j++){
        cout << shuzu2[j];
    }
    return 0;
}
```

在上述代码中，定义并初始化了两个字符数组 shuzu1 和 shuzu2。编译执行后的效果如图 8-7 所示。

```
C:\WINDOWS\system32\cmd.exe
zhang bichen请按任意键继续. . .
```

图 8-7　执行效果

8.3.2　字符数组和字符串指针变量

在 C++程序中，字符数组和字符串指针变量都能够实现字符串存储和运算。字符串指针变量本身就是一个变量，用于存放字符串的首地址。字符串本身是存放在以该首地址为首的一块连续的内存空间中，并以'0'作为串的结束。例如下面的例子演示了使用字符串指针的具体流程。

实例 8-8：使用字符串指针

源文件路径：daima\8\8-8

本实例的实现文件为 zhizhen.cpp，具体实现代码如下。

```
#include "stdafx.h"
#include "iostream.h"
int main(){
    //指针变量，表示 zhizhen 是一个指向字符串的指针变量
    char *zhizhen  = "C/C++ 语言 ";          //把字符串的首地址赋予 zhizhen
    //字符型数组
    char arrSTR[] = {"C/C++ 语言"};
    cout << zhizhen << endl;                //输出 C/C++ 语言
    cout << arrSTR << endl;                 //输出 C/C++ 语言

    zhizhen = zhizhen + 6;
    cout << zhizhen <<  endl;               //输出语言
    int i = 6;                              //定义 i 的初始值是 6
    while(arrSTR[i] != '\0'){
        cout << arrSTR[i++];                //输出语言
    }
    cout << endl;
    cout << sizeof(zhizhen)  << endl;       //输出 4
    cout << sizeof(arrSTR) << endl;         //输出 11，注意需要把'\0'算在内
    return 0;
}
```

在上述代码中，*zhizhen 是指针变量，编译执行后的效果如图 8-8 所示。

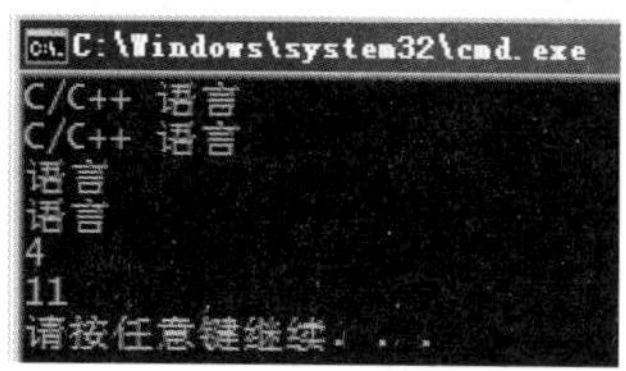

图 8-8　执行效果

8.4　数组初始化

在 C++程序中，对数组的初始化操作既可以在定义时实现，也可以在定义后实现。具体说明如下。

在定义时用逗号分隔，用放在花括号中的数据表示初始化数组中的元素。

在程序执行时用赋值语句对其进行初始化。

↑扫码看视频

8.4.1　定义时的初始化

在 C++程序中定义数组时，使用大括号来对数组进行初始化处理。在下面的内容中，将分别讲解在定义时初始化一维数组和多维数组的知识。

1. 一维数组

一维数组的初始化有两种，一种带维数，另一种不带维数。例如：

```
int array_1[5] = {1,2,3,4,5}                    //初始化整型数组
int array_2[ ] = {1,2,3,4,5}                    //和 array_1 相同
float array_3[3] = {1.5,2.5,3.5 }               //初始化浮点型数组
float array_4[ ] = {1.5,2.5,3.5 }               //和 array_3 相同
char array_5[3] = {'w','h','a','t'}             //初始化字符型数组
char array_6[ ] = {'w','h','a','t'}             //和 array_5 相同
```

再看下面的代码：

```
char array_str1[ ] ="nihao aaaa"                //字符串
char array_str2[ ] ={"nihao aaa"}               //字符串
```

上述两段代码的功能相同。

2. 多维数组

初始化多维数组的方法也有两种，第一种和一维数组的初始化完全相同。例如：

```
int array_1[2][3]= {1,2,3,4,5,6}
int array_2[ ][3]= {1,2,3,4,5,6}
```

当维数表达式为空时，数组大小和一维数组一样将由初始化数组元素的个数来隐式指定数组的维数。例如上述代码中二维数组 array_2[ ] [3]，列维数显式指定为 3，行维数被隐式指定为 2。

第二种方法是使用大括号嵌套来实现，例如：

```
int array_1[3][4]= {{1,2,3,4},{5,6,7,8},{9,10,11,12}}  //初始化二维数组
```

在各个嵌套括号间要用逗号来分隔，最后一个除外。

知识精讲

可以只对部分元素赋初值，未赋初值的元素自动取 0 值。

例如下面代码是对每一行的第一列元素赋值，未赋值的元素取 0 值。

```
int a[3][3]={{1},{2},{3}};
```

上述各元素赋值后的值如下。

```
1 0 0
2 0 0
3 0 0
```

8.4.2 初始化赋值语句

赋值语句初始化的操作比较简单，所以在现实中比较常用。例如下面的实例演示了使用赋值语句初始化数组的具体流程。

实例 8-9：使用赋值语句初始化数组

源文件路径：daima\8\8-9

本实例的实现文件为 yuju.cpp，具体实现代码如下。

```
#include "stdafx.h"
#include "iostream.h"
int main(){
    //定义一个 12*12 的数组

    const int nRows = 13;    //设置不超过 13 行，也就是 12 行
    const int nCos = 13;     //设置不超过 13 列，也就是 12 列
    int arr_ex [nRows ][nCos];
    //初始化数组 arr_ex
    for (int nRow1 = 0; nRow1 < nRows; nRow1++) {           //循环赋值
        for (int nCol1 = 0; nCol1 < nCos; nCol1++) {
            arr_ex[nRow1][nCol1] = nRow1 * nCol1;           //赋值语句，初始化数组
        }
    }
    //输出数组元素的值
```

```
    for (int nRow = 1; nRow < nRows; nRow++){            //遍历行
        for (int nCol = 1; nCol < nCos; nCol++){         //遍历列
            cout << arr_ex[nRow][nCol] << "\t";
        }
        cout << endl;
    }
    return 1;
}
```

在上述代码中，定义了一个 12×12 的二维数组 nRows 和 nCos，编译执行后的效果如图 8-9 所示。

```
C:\WINDOWS\system32\cmd.exe
1	2	3	4	5	6	7	8	9	10	11	12
2	4	6	8	10	12	14	16	18	20	22	24
3	6	9	12	15	18	21	24	27	30	33	36
4	8	12	16	20	24	28	32	36	40	44	48
5	10	15	20	25	30	35	40	45	50	55	60
6	12	18	24	30	36	42	48	54	60	66	72
7	14	21	28	35	42	49	56	63	70	77	84
8	16	24	32	40	48	56	64	72	80	88	96
9	18	27	36	45	54	63	72	81	90	99	108
10	20	30	40	50	60	70	80	90	100	110	120
11	22	33	44	55	66	77	88	99	110	121	132
12	24	36	48	60	72	84	96	108	120	132	144
请按任意键继续. . .
```

图 8-9　执行效果

8.5　指针和数组

在 C++程序中，指针表示一个保存地址的变量，数组表示的是一个首地址，所以数组名就是指向该数组第一个元素的指针。在本节的内容中，将详细讲解指针和数组的知识。

↑扫码看视频

8.5.1　基本原理

在此前关于地址和指针的例子里，我们使用的都是标量类型：整数、实数和字符。在遇到一个标量类型的变量时，我们可以创建一个与之类型相同的指针来存放它的地址。可是，在遇到数组时该怎么办呢？在幕后，计算机将把数组保存在一组连续的内存块里，而不是像对待其他变量那样把它保存在一个内存块里。例如，以下代码所定义的数组可能会保存在内存里。

```
int myArray[] = {25, 209, -12};
```

这意味着数组有多个地址，每个地址均对应着数组中的一个元素。你也许会因此而认为访问数组的地址是一件很困难的事情，但事实恰好相反。在 C++(以及 C 语言)里，数组的名字同时也是一个指向其基地址(其第一个元素的地址)的指针。以 myArray 数组为例，这意味着下面两条语句可以完成同样的功能。

```
int *ptr1 = &myArray[0];
int *ptr2 = myArray;
```

这两条语句都可以在指针里存放基地址，即数组中第一个元素的地址。使用解引用操作符(*)，可以马上访问数组中的第一个元素：

```
std::cout << *ptr1;
*ptr2 = 98744;
```

智慧锦囊

如果想使用一个指针访问一个数组元素，问题将变成怎样才能访问其他数组元素，该怎么解决这个问题呢？解决方案是通过指针运算来改变在指针里保存的地址。对一个指向某个数组的指针进行递增的结果是该指针将指向下一个元素的地址。现在，如果再次使用*ptr1 指针，将得到保存在第二个元素里的值。指针运算的奇妙之处在于，地址值并不是按数字 1 递增的，它将按照某种数组类型在某台计算机上所需要的字节个数来递增。比如，如果有一个包含 3 个整数的数组，每个整数需要 4 字节来存储，对一个指向该数组的指针进行递增(加 1)将使地址以 4 字节为单位进行递增。如果是一个指向某个字符数组的指针(字符数组的每个元素只占用 1 字节)，地址将以 1 字节为单位进行递增。

8.5.2 指向数组的指针

在 C++程序中可以通过数组名访问数组，也可以定义一个指向数组的指针，通过指针来访问数组。例如下面的实例演示了使用指向数组的指针的流程。

实例 8-10：使用指向数组的指针
源文件路径：daima\8\8-10

本实例的实现文件为 zhizhenshuzu.cpp，具体实现代码如下。

```
#include "stdafx.h"
#include "iostream.h"
int main(void){
    int Arr[5] = {100, 200, 300, 400, 500};     //定义数组
    int *zhizhen1;  //定义指针 zhizhen1
    int *zhizhen2;  //定义指针 zhizhen2
    zhizhen1 = &Arr[0];//zhizhen1 指向该数组 Arr 第一个元素

    zhizhen2 = Arr; // zhizhen2 赋值为数组 Arr
    //数组名 Arr 是一个指向该数组第一个元素 Arr[0]的地址
    cout << "zhizhen1 的地址是:" << zhizhen1 << endl;
```

```
    cout << "zhizhen2 的地址是::" << zhizhen2 << endl;
    cout << "Arr[0]的地址是:" << &Arr[0] << endl;
    cout << "Arr 的地址是:" << Arr << endl;
    return 0;
}
```

在上述代码中，zhizhen1 = &Arr[0]和 zhizhen2 = Arr 是等价的。编译执行后的效果如图 8-10 所示。从执行效果可以看出，zhizhen1、zhizhen2、Arr[0]、Arr 指向的是同一内存地址 012FFE58，由此可以看出 4 个变量都指向了同样的内存块。

```
C:\WINDOWS\system32\cmd.exe
zhizhen1的地址是:012FFE58
zhizhen2的地址是::012FFE58
Arr[0]的地址是:012FFE58
Arr的地址是:012FFE58
请按任意键继续. . .
```

图 8-10　执行效果

知识精讲

指针运算的重要性在高级和抽象的程序设计工作中体现得更加明显。如果你现在还体会不到其中的奥妙，也没有关系。就目前而言，只要记住数组的名字同时也是一个指向其第一个元素的指针就行了。数组可以是任何一种数据类型，这意味着我们完全可以创建一个以指针为元素的数组——如果有必要的话。

8.5.3　指针数组

在 C++程序中，如果一个数组的元素均为指针类型数据，则被称为指针数组。也就是说，指针数组中每一个元素都相当于一个指针变量。定义一维指针数组的语法格式为：

```
类型名 *数组名[数组长度]
```

例如：

```
int *p[4]
```

在 C++程序中，定义多维数组的语法格式如下。

```
类型名 *数组名[维数表达式 1]…[维数表达式 n]
```

由于“[]”比“*”的优先级更高，因此 p 先与[4]结合，形成 p[4]的形式，这显然是数组形式。然后再与 p 前面的*结合，*表示此数组是指针类型的，每个数组元素都指向一个整型变量。

数组指针是指向数组的一个指针，例如下面的代码表示一个指向 4 个元素的数组的一个指针。

```
int (*p)[4]
```

例如，下面的实例演示了使用指针数组的流程。

实例 8-11：演示指针数组的具体使用流程
源文件路径：daima\8\8-11

本实例的实现文件为 lizi.cpp，具体实现代码如下。

```
#include "stdafx.h"
#include "iostream.h"
#define True 1      //预定义
#define False 0     //预定义
int main(void){
//指针数组 zhizhenshuzu 的 9 个指针，分别依次指向 9 个字符串
char *zhizhenshuzu[9] =
 {"File", "Edit", "View", "Insert", "Format", "Tools", "Table", "Window", "Help"};
    for(int i=0; i< 9; i++){                //循环输出 Office Word 的 9 个菜单
      cout << zhizhenshuzu[i] << endl;  //输出 zhizhenshuzu 数组中 9 个指针
                                          //指向的 9 个字符串
    }
    return True;
}
```

在上述代码中，使用*zhizhenshuzu[9]定义了一个指向 9 个菜单字符串的指针，并依次输出了 Office Word 中的 9 个菜单。编译执行后的效果如图 8-11 所示。

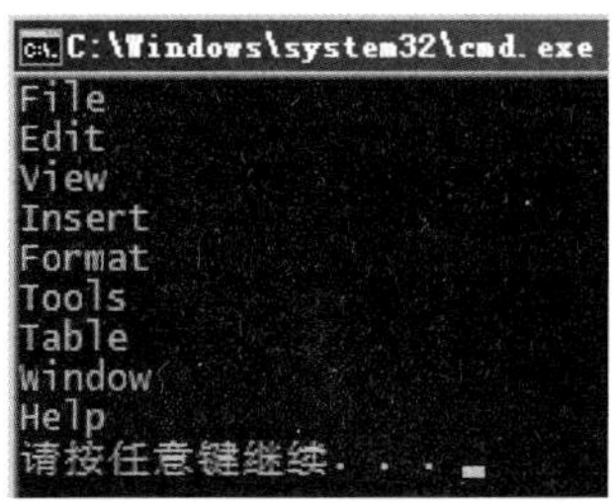

图 8-11　执行效果

8.6　枚　　举

在 C++程序中，枚举类型是一种用户自定义类型，是由若干名字常量组成的有限集合。在程序中使用枚举常量可以增加程序的可读性，起到“见名思义”的作用。在本节的内容中，将详细讲解枚举的知识。

↑扫码看视频

8.6.1　枚举基础

在 C++程序中，定义枚举类型的语法格式为：

```
enum <枚举类型名>
{
<枚举元素 1>[=<整型常量 1>],
<枚举元素 2>[=<整型常量 2>],
…
<枚举元素 n>[=<整型常量 n>],
}
```

在上述格式中，enum 是定义枚举类型的关键字，不能省略。<枚举类型名>是用户定义的标识符。<枚举元素>也称枚举常量，也是用户定义的标识符。C++语言允许用<整型常量>为枚举元素指定一个值。如果省略<整型常量>，默认<枚举元素 1>的值为 0，<枚举元素 2>的值为 1，依此类推，<枚举元素 n>的值为 n−1。例如下面的代码定义了一个枚举类型 season。枚举类型 season 有 4 个元素：spring、summer、autumn 和 winter。spring 的值被指定为 1，因此剩余各元素的值分别为：summer=2，autumn=3，winter=4。

```
enum season { spring=1,summer,autumn,winter};        //定义了枚举类型 season
```

在处理一年四季方面，枚举确实很有用。假设用枚举表示一周的 7 天，以及常用的颜色等，可以用下面的代码实现。

```
//定义了枚举类型 color，枚举常用的颜色
enum color{Red,Yellow,Green,Blue,Black};
//定义了枚举类型 weekday，每周的 7 天
enum weekday {Mon=1,Tues,Wed,Thurs,Friday,Sat,Sun=0};
```

8.6.2　使用枚举

实例 8-12：使用枚举输出今天是星期几
源文件路径：daima\8\8-12

本实例的实现文件为 meiju.cpp，具体实现代码如下。

```
#include "stdafx.h"
#include "iostream.h"
int main(void){
//定义表示一周七天的枚举 week
   enum week {monday,tuesday,wednesday,thursday,friday,saturday,sunday} w;

    int i;                              //定义变量 i
    do{
        cout<<"please input(0~7,0 for exit):"<<endl;    //输出文本
        cin>>i;                         //输入 i
        switch (i){
        case 1:w=monday;                    //如果输入 1，则输出下面的内容
            cout<<"enum id: "<<w<<"   week="<<"monday"<<endl;
            break;
        case 2:w= tuesday;                  //如果输入 2，则输出下面的内容
            cout<<"enum id: "<<w<<"   week="<<"tuesday"<<endl;
            break;
        case 3:w=wednesday;                 //如果输入 3，则输出下面的内容
            cout<<"enum id: "<<w<<"   week="<<"wednesday"<<endl;
```

```
            break;
        case 4:w= thursday;                  //如果输入 4，则输出下面的内容
            cout<<"enum id: "<<w<<"   week="<<"thursday"<<endl;
            break;
        case 5:w=friday;                     //如果输入 5，则输出下面的内容
            cout<<"enum id: "<<w<<"   week="<<"friday"<<endl;
            break;
        case 6:w= saturday;                  //如果输入 6，则输出下面的内容
            cout<<"enum id: "<<w<<"   week="<<"saturday"<<endl;
            break;
        case 7:w=sunday;                     //如果输入 7，则输出下面的内容
            cout<<"enum id: "<<w<<"   week="<<"sunday"<<endl;
            break;
        case 0: cout<<"Exit!"<<endl;         //如果输入 0 退出控制台
            break;
        default:                             //输入其他值则提示输入错误
            cout<<"wrong! "<<endl;
        }
    }while(i!=0);

    return 0;
}
```

通过上述代码，实现了一个星期枚举的定义和使用。通过从命令行输入一个整数，系统将输出对应的星期几编号。编译执行后的效果如图 8-12 所示。

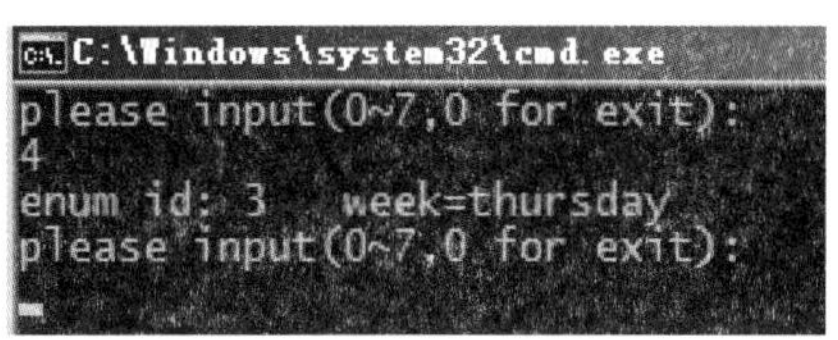

图 8-12　执行效果

8.7　结　构　体

C++和 C 语言有许多共同的优势之处，其中之一是程序员不必受限于这两种语言自带的数据类型，完全可以根据具体情况定义一些新的数据类型并创建新类型的变量。事实上，这个概念一直贯穿于 C++的核心——对象。但首先，一个比较简单的例子是结构。结构(structure)是一种由程序员定义的、由其他变量类型组合而成的数据类型。

↑扫码看视频

8.7.1　定义结构体

在 C++程序中，定义一个结构的基本语法格式如下。

```
struct structurename {
     type varName;
     type varName;
     …
  };
```

在定义结构体的时候，需要注意结构的定义必须以一个右花括号和一个分号结束。当需要处理一些具有多种属性的数据时，结构往往是很好的选择。比如，你正在编写一个员工档案管理程序。每位员工有好几种特征，例如胸牌号、姓名、工资等。我们可以把这些特征定义为一个如下结构。

```
struct employee {
     unsigned short id;
     std::string name;
     float wage;
  };
```

C++对一个结构所能包含的变量的个数没有限制，那些变量通常称为该结构的成员，它们可以是任何一种合法的数据类型。在定义了一个结构之后，就可以使用如下语法来创建该类型的变量了。

```
structureName myVar;
employee e1;
```

在创建出一个结构类型的变量之后，可以通过如下语法引用它的各个成员。

```
myVar.membername = value;
```

假设已经创建了一个 employee 类型的变量 e1，那么就可以像下面这样对这个结构中的变量进行赋值。

```
e1.id = 40;
e1.name = "Charles";
e1.wage = 12.34;
```

如果在创建一个结构类型的新变量时就已经知道它各有关成员的值，还可以在声明新变量的同时把那些值赋给它的各有关成员，例如：

```
employee el = {40, "Charles", 12.34};
```

在 C++程序中，在何处定义一个结构将影响到可以在何处使用它。如果某个结构是在任何一个函数之外和之前定义的，就可以在任何一个函数里使用这种结构类型的变量。如果某个结构是在某个函数之内定义的，则只能在这个函数里使用这种类型的变量。

8.7.2　使用结构体

实例 8-13：使用 C++结构体

源文件路径：daima\8\8-13

本实例的实现文件为 jiegou.cpp，具体实现代码如下。

```
#include "stdafx.h"
#include "iostream.h"
int main(void){
```

```
    enum color{white,black};    //定义颜色的枚举类型 color
    struct lifangti{            //定义结构体 lifangti
        int length;             //结构体成员 length
        int width;              //结构体成员 width
        int height;             //结构体成员 height

        enum color lifangticolor;//结构体成员是枚举
    }little;                    //定义盒子结构体
    little.length=10;           //设置成员 length 的值
    little.width=10;            //设置成员 width 的值
    little.height=10;           //设置成员 height 的值
    little.lifangticolor=black; //设置成员 lifangticolor 的值
    cout<<"lifangti 的体积是: "<<little.length*little.width*little.height<<endl;
    if (little.lifangticolor == 0)
        cout << "lifangti 的颜色是: 白色" << endl;
    else
        cout << "lifangti 的颜色是: 黑色" << endl;
    //形式 1: 带关键字 struct 的先定义枚举类型, 后声明变量
    struct lifangti s1;
    //形式 2: 不带关键字 struct 的先定义枚举类型, 后声明变量
    lifangti s2;
    struct {                //形式 3: 定义一个匿名结构体
        int length; //结构体成员 length
        int width;  //结构体成员 width
    }s3;
    return 0;
}
```

通过上述代码，首先定义了一个颜色枚举类型 color，然后定义了立方体结构体。结构体内有 4 个成员，前 3 个为整型，第 4 个为 color 枚举型，然后用此结构体创建了一个白色的正方形盒子，即立方体。编译执行后的效果如图 8-13 所示。

图 8-13　执行效果

8.8　实践案例与上机指导

通过本章的学习，读者基本可以掌握 C++复合数据类型的知识。其实 C++复合数据类型的知识还有很多，这需要读者通过课外渠道来加深学习。下面通过练习操作，以达到巩固学习、拓展提高的目的。

↑扫码看视频

在 C++语言中，联合(union)又被称为共用体。联合与结构有很多相似之处。联合也可以容纳多种不同类型的值，但它每次只能存储这些值中的某一个。

在 C++程序中，定义联合的具体语法格式如下。

```
union id {
     std::string maidenName;
     unsigned short ssn;
     std::string pet;
  };
```

实例 8-14：输出联合成员变量

源文件路径：daima\8\8-14

本实例的实现文件为 lianhe.cpp，具体实现代码如下。

```
#include "stdafx.h"
#include "iostream.h"
int main(void){

    union example{                              //定义联合 example
        int num;                                //联合成员变量 num
        char ch[2];                             //联合成员数组 ch
        float f;                                //联合成员变量 f
    }u1={100};                                  //ASCII 码为 100 的字符是'd'
    cout<<"u1.num="<<u1.num<<endl;              //输出联合成员 num 的值
    cout<<"u1.ch="<<u1.ch<<endl;                //输出联合成员 ch 的值
    cout<<"u1.f="<<u1.f<<endl;                  //输出联合成员 f 的值
    u1.num=97;                          //设置联合成员 num 的值是字符'a'的 ASCII 码 97
    cout<<"u1.num="<<u1.num<<endl;              //输出联合成员 num 的值
    cout<<"u1.ch="<<u1.ch<<endl;                //输出联合成员 ch 的值
    cout<<"u1.f="<<u1.f<<endl;                  //输出联合成员 f 的值
    u1.ch[0]='b';                           //设置联合成员num的值是字符'b'的ASCII码98
    cout<<"u1.num="<<u1.num<<endl;              //输出联合成员 num 的值
    cout<<"u1.ch="<<u1.ch<<endl;                //输出联合成员 ch 的值
    cout<<"u1.f="<<u1.f<<endl;                  //输出联合成员 f 的值
    return 0;
}
```

在上述代码中，首先定义了联合 ul，里面有 3 个成员。因为整型占两个字节，字符占 1 个字节，浮点占 4 个字节，所以联合 ul 的长度是 4 个字节。编译执行后的效果如图 8-14 所示。

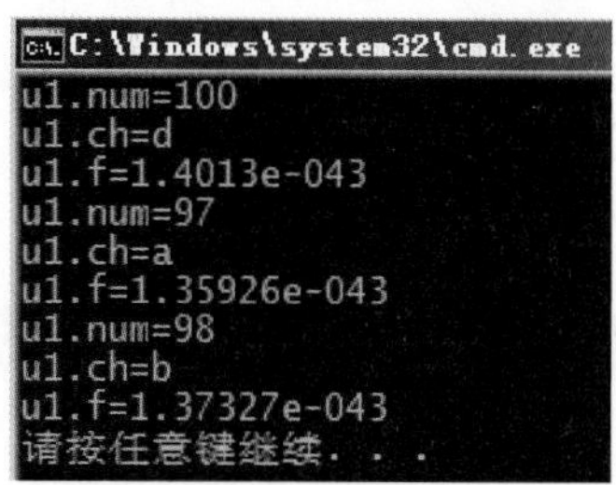

图 8-14　执行效果

8.9 思考与练习

本章详细讲解了 C++复合数据类型的知识，循序渐进地讲解了使用数组、动态数组、字符数组、数组初始化、指针和数组、枚举和结构体等知识。在讲解过程中，通过具体实例介绍了使用 C++复合数据类型的方法。通过本章的学习，读者应该熟悉使用 C++复合数据类型的知识，掌握它们的使用方法和技巧。

1. 选择题

(1) 在 C++程序中可以使用宏定义(　　)来当作维数。

A. define　　B. const　　C. var　　D. def

(2) C++语言规定：字符数组的类型必须是 char，维数要至少有(　　)个。

A. 1　　B. 2　　C. 4　　D. 8

2. 判断对错

(1) 在 C++程序中，字符数组和字符串指针变量都能够实现字符串存储和运算。字符串指针变量本身就是一个变量，用于存放字符串的首地址。　　(　　)

(2) 在 C++程序中，指针表示一个保存地址的变量，数组表示的是一个首地址，所以数组名就是指向该数组第一个元素的指针。　　(　　)

3. 上机练习

(1) 交换两个数组元素。

(2) 输出二维数组每行的最大值。

新起点 电脑教程

第 9 章

C++函数

本章要点

- C++函数基础
- 函数的参数和返回值
- 调用函数

本章主要内容

对于一个大型软件程序来说，总体设计原则是模块化设计。模块化设计的指导思想是将程序划分为若干模块，每个模块完成特定的功能。模块可以作为黑盒来理解，模块之间通过参数和返回值或其他方式相互联系。在 C++程序中，将经常需要的模块组装起来就构成了一个函数。在本章的内容中，将详细介绍 C++函数的知识。

9.1 C++函数基础

在 C++程序中，函数定义就是对函数的说明描述，包括接口和函数体两部分。其中接口说明函数应该如何使用，通常包括函数名、参数和返回值；而函数体则是程序的主体部分，能够实现这个函数的具体功能。

↑扫码看视频

9.1.1 定义函数

在 C++程序中，函数是语句序列的封装体，每一个函数的定义都是由 4 部分组成，分别是类型说明符、函数名、参数表和函数体。定义函数的语法格式为：

```
<类型说明符><函数名>(<参数表>){
<函数体>
}
```

- 类型说明符：用于设置函数的类型，即函数返回值的类型。当没有返回值时，其类型说明符为 void。
- 参数表：由零个、一个或多个参数组成。如果没有参数则称为无参函数，反之被称为有参函数。在定义函数时，参数表内给出的参数需要指出其类型和参数名。
- 函数体：由说明语句和执行语句组成，实现函数的功能。函数体内的说明语句可以根据需要随时定义，不像 C 语言一样要求放在函数体开头。

C++不允许在一个函数体内再定义另一个函数，即不允许函数的嵌套定义。在 C++程序中，函数的参数由 0 个或多个形参变量组成，用于向函数传送数值或从函数返回数值。每一个形参都有自己的类型，形参之间用逗号来分隔。例如下面的例子演示了声明、定义和使用函数的知识。

实例 9-1：声明、定义和使用函数
源文件路径：daima\9\9-1

实例文件的具体实现代码如下。

```
void ShowMessage();      //函数声明语句
void ShowAge();          //函数声明语句
void ShowIndex();        //函数声明语句
void main(){             //主函数 main
    ShowMessage();       //调用函数 ShowMessage 语句
    ShowAge();           //调用函数 ShowAge 语句

    ShowIndex();         //调用函数 ShowIndex 语句
```

```
}

void ShowMessage(){      //编写函数 ShowMessage 的具体功能实现
    cout << "产品名称: Surface Pro" << endl; //输出文本
}
void ShowAge(){                              //编写函数 ShowAge 的具体功能实现
    int iAge=23;                             //定义变量 iAge
    cout << "诞生年限:" << iAge << endl; //输出 iAge 的值
}
void ShowIndex(){                            //编写函数 ShowIndex 的具体功能实现
    int iIndex=10;                           //定义变量 iIndex
    cout << "产品序列号:" << iIndex << endl;     //输出 iIndex 的值
}
```

编译执行后的效果如图 9-1 所示。

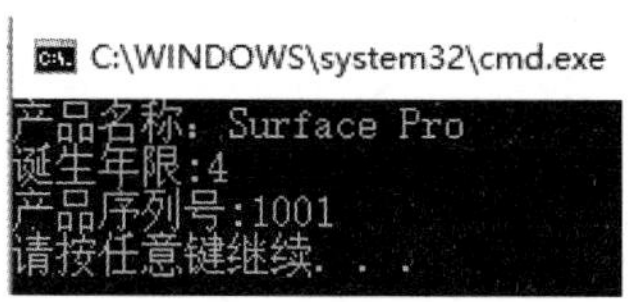

图 9-1　执行效果

9.1.2　函数分类

在下面的内容中，将从 7 个方面对 C++函数进行分类。

1. 从函数定义的角度划分

在 C++程序中，从函数定义的角度看，函数可分为库函数和用户定义函数两种。

- 库函数：由 C ++系统提供，用户无须定义，也不必在程序中作类型说明，只需在程序前包含有该函数原型的头文件即可在程序中直接调用。在前面各章的例题中反复用到的 printf、scanf、getchar、putchar、gets、puts、strcat 等函数均属此类。
- 用户定义函数：由用户按需要编写的函数。对于用户自定义函数，不仅要在程序中定义函数本身，而且在主调函数模块中还必须对该被调函数进行类型说明，然后才能使用。

2. 从是否有返回值角度划分

在 C++程序中，从是否有返回值角度划分，可以把函数分为有返回值函数和无返回值函数两种。

- 有返回值函数：此类函数被调用执行完后将向调用者返回一个执行结果，称为函数返回值。如数学函数即属于此类函数。由用户定义的这种要返回函数值的函数，必须在函数定义和函数说明中明确返回值的类型。
- 无返回值函数：此类函数用于完成某项特定的处理任务，执行完成后不向调用者返回函数值。这类函数类似于其他语言的过程。由于函数无须返回值，用户在定义此类函数时可以指定它的返回为“空类型”，空类型的说明符为 void。

3. 从是否有参数角度划分

在 C++程序中，从是否有参数角度划分，可以分为无参函数和有参函数两种。

- 无参函数：在函数定义、函数说明及函数调用中均不带参数。主调函数和被调函数之间不进行参数传送。此类函数通常用来完成一组指定的功能，可以返回或不返回函数值。
- 有参函数：也称为带参函数。在函数定义及函数说明时都有参数，称为形式参数(简称为形参)。在函数调用时也必须给出参数，称为实际参数(简称为实参)。进行函数调用时，主调函数将把实参的值传送给形参，供被调函数使用。

4. 从库函数的功能角度划分

C++提供了极为丰富的库函数，这些库函数可以从具体的功能角度进行如下分类。

- 字符类型分类函数：对字符按 ASCII 码进行分类，例如分为字母、数字、控制字符、分隔符、大小写字母等。
- 转换函数：对字符或字符串的转换，例如在字符量和各类数字量(整型、实型等)之间进行转换；在大写、小写之间进行转换。
- 目录路径函数：对文件目录和路径操作。
- 诊断函数：用于内部错误检测。
- 图形函数：用于屏幕管理和各种图形功能。
- 输入输出函数：用于完成输入输出功能。
- 接口函数：用于与 DOS、BIOS 和硬件的接口。
- 字符串函数：用于字符串操作和处理。
- 内存管理函数：用于内存管理。
- 数学函数：用于数学函数计算。
- 日期和时间函数：用于日期、时间转换操作。
- 进程控制函数：用于进程管理和控制。
- 其他函数：用于其他各种功能。

在 C++程序中，所有的函数定义，包括主函数 main 在内，都是平行的。也就是说，在一个函数的函数体内，不能再定义另一个函数，即不能嵌套定义。但是函数之间允许相互调用，也允许嵌套调用。习惯上把调用者称为主调函数。函数还可以自己调用自己，这称为递归调用。

知识精讲

在 C++语言中，函数 main 是主函数，它可以调用其他函数，而不允许被其他函数调用。因此，C++程序的执行总是从 main 函数开始，完成对其他函数的调用后再返回到 main 函数，最后由 main 函数结束整个程序。一个 C 源程序必须有，也只能有一个主函数 main。

5. 根据返回值类型划分

在 C++程序中，如果根据返回值类型进行划分，可以将函数分为 void 函数、int 函数、float 函数、指针函数(pointer)等。例如：

```
void mm();                          //void 函数
int nn(int x,int y);                //int 函数
float aa(float x,float y);          //float 函数
char * bb(int x);                   //指针函数
bool mm();                          //bool 函数
```

在下面的内容中，将对常见的几种与参数、返回值相关的函数进行讲解。

1)　没有返回值的函数

如果要定义一个没有返回值的类型，则需要将返回值类型指定为 void 类型。例如下面的实例演示了使用没有返回值函数的流程。

实例 9-2：使用没有返回值函数

源文件路径：daima\9\9-2

本实例的实现文件为 wu.cpp，具体实现代码如下。

```
void DisplayWelcomeMsg();   //声明函数 DisplayWelcomeMsg
int main(int argc, char* argv[]){
    DisplayWelcomeMsg();    //调用函数 DisplayWelcomeMsg
    return 0;
}
//定义函数 DisplayWelcomeMsg 的功能实现
void DisplayWelcomeMsg (){
cout << cout << "这是函数输出的: " << endl; << endl; //输出文本
cout << "这也是函数输出的" << endl;    //输出文本
}
```

在上述代码中，函数 DisplayWelcomeMsg()既没有返回值，也没有形式参数。编译执行后的效果如图 9-2 所示。

图 9-2　执行效果

2)　有返回值、无形参的函数

有返回值、无形参的函数是指只有函数名和返回值类型，但是没有形式参数。例如下面的实例演示了使用有返回值、无形参函数的具体流程。

实例 9-3：使用有返回值、无形参函数

源文件路径：daima\9\9-3

本实例的实现文件为 cha.cpp，具体实现代码如下。

```
#include "stdafx.h"
#include "iostream.h"
```

```
bool PanDuan();            //声明函数 PanDuan
int main(int argc, char* argv[]){
    cout << "请输入你最喜欢的电脑型号: " << endl;
    PanDuan();             //调用函数 PanDuan
    return 0;
}
bool PanDuan(){            //编写函数 PanDuan 的具体功能实现
   int bstate;             //定义变量 bstate
   cin >>bstate;           //读入输入的数字作为变量 bstate 的值
   if (bstate > 0 ){       //如果输入值大于 0 则返回 true
      return true;
   }
   else{                   //如果输入值小于 0 则返回 false
      return false;
   }
}
```

在上述代码中，设置了函数的返回值的类型是 bool。编译执行后可以输入文本，执行效果如图 9-3 所示。

```
C:\WINDOWS\system32\cmd.exe
请输入你最喜欢的电脑型号:
MacBook Pro
请按任意键继续. . .
```

图 9-3 执行效果

3) 既有返回值，也有形参的函数

此类函数十分完整，这是 C++项目中最常见的一类函数。例如下面的实例演示了使用既有返回值，也有形参的函数的流程。

实例 9-4：计算两个输入数字的乘积

源文件路径：daima\9\9-4

本实例的实现文件为 quan.cpp，具体实现代码如下。

```
#include "stdafx.h"
#include "iostream.h"
//定义函数 MultTwo 的具体功能实现，设置返回类型为整型 int，包含两个形参
int MultTwo(int x, int y) {
    return (x*y);                //返回参数 x 和 y 的乘积
}
int main(){
    int x, y;                    //定义变量 x 和 y
    int result;                  //定义变量 result
    cout << "输入一个数字: ";//提示输入整数 x
    cin >> x;                    //获取输入的 x 值
    cout << "\n";                //回车换行
    cout << "再次输入一个数字:"; //提示输入整数 y
    cin >> y;                    //获取输入的 y 值
    cout << "\n";                //回车换行
    result = MultTwo(x,y);         //调用函数 MultTwo 计算两个整数的积
    cout << "两数字的积是" << " : " << result <<endl;      //输出计算后的乘积
    return 1;
}
```

在上述代码中定义了函数 MultTwo，这个函数的功能是计算输入的两个整数的积。编译执行后的效果如图 9-4 所示。

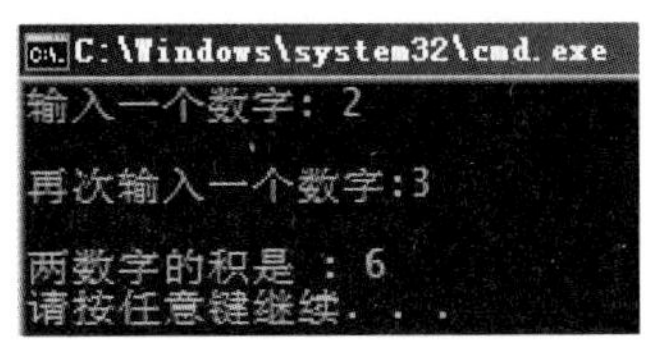

图 9-4　执行效果

智慧锦囊

对于上述代码，不能将函数 MultTwo 的定义部分放到主函数 main 的后面。这样会造成编译错误，在具体应用中，函数定义可以放在主函数后，但是必须在主函数前声明此函数原型。

6. 根据作用域划分

在 C++程序中，如果根据作用域进行划分，可以将函数划分为内部函数和外部函数两种。

1)　内部函数

如果一个函数只能被本文件中其他函数所调用，则称为内部函数。在定义内部函数时，在函数名和函数类型的前面加 static。函数首部的一般格式为：

```
static 类型标识符 函数名(形参表)
```

例如：

```
static int fun(int a,int b)
```

内部函数又称静态(static)函数。使用内部函数，可以使函数只局限于所在文件。如果在不同的文件中有同名的内部函数，互不干扰。通常把只能由同一文件使用的函数和外部变量放在一个文件中，在它们前面都冠以 static 使之局部化，其他文件不能引用。

2)　外部函数

在定义函数时，如果在函数首部的最左端冠以关键字 extern，则表示此函数是外部函数，外部函数可供其他文件调用。例如函数首部可以写为下面的格式：

```
extern int fun(int a, int b)
```

这样，函数 fun 就可以为其他文件调用。如果在定义函数时省略 extern，则默认为外部函数。本书前面所用的函数都是外部函数。在需要调用此函数的文件中，用 extern 声明所用的函数是外部函数。

在计算机上运行一个含多文件的程序时，需要建立一个项目文件(project file)，在该项目文件中包含程序的各个文件。使用 extern 声明就能够在一个文件中调用其他文件中定义的函数，或者说把该函数的作用域扩展到本文件。extern 声明的形式就是在函数原型基础上加关键字 extern。由于函数在本质上是外部的，在程序中经常要调用其他文件中的外部函数，为方便编程，C++允许在声明函数时省写 extern。例如下面的实例演示了使用 C++外部函数的流程。

实例 9-5：使用 C++外部函数

源文件路径：daima\9\9-5

本实例的实现文件为 waibu.cpp，具体实现代码如下。

```
#include "stdafx.h"
#include "iostream.h"
#include <string>                          //引入字符串处理函数
using namespace std;
static string Name(int customerId);        //声明内部函数
void call_Name();                          //声明函数 call_Name
int main(void){
    call_Name() ;                          //调用函数 call_Name
    return 1;
}
void call_Name(){                          //编写函数 call_Name 的具体功能实现
    cout << Name(98).c_str()<<endl;        //在当前文件中调用
}
//使用 static 定义一个内部函数
static string Name(int customerId){
    string ret_name ;                              //定义变量 ret_name
    if (customerId >=1 && customerId <= 100){      //如果 customerId 大于等于 1
                                                   //且小于等于 100
        ret_name = "使用 C++外部函数 ";          //设置变量 ret_name 的值
    }
    else {                                 //如果 customerId 是其他值
        ret_name = "你猜猜";               //设置变量 ret_name 的值是“你猜猜”
    }
    return ret_name;
}
```

在上述代码中，定义了一个内部函数 Name(int customerId)，它不能在其他文件中被调用。编译执行后的效果如图 9-5 所示。

图 9-5　执行效果

7. 根据类成员特性划分

在 C++程序中，根据类成员特性可以将函数划分为内联函数和外联函数。

1)　内联函数

内联函数是指那些定义在类体内的成员函数，即该函数的函数体放在类体内。引入内联函数的主要目的是解决程序中函数调用的效率问题。

内联函数在调用时不是像一般的函数那样要转去执行被调用函数的函数体，执行完成后再转回调用函数中，执行其后语句，而是在调用函数处用内联函数体的代码来替换，这样将会节省调用开销，提高运行速度。内联函数一般在类体内定义，声明部分也在类体内，并使用了一个 inline 关键字。

2)　外联函数

在 C++语言中，将说明在类体内、定义在类体外的成员函数称为外联函数，外联函数的函数体在类的实现部分。对外联函数的调用会在调用点生成一个调用指令(在 Intel x86 中是 call)，函数本身不会被放在调用者的函数体内，所以代码减少，但效率较低。

下面的实例演示了在 C++程序中使用内联函数的流程。

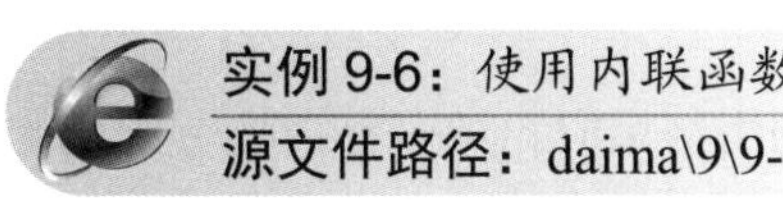

实例 9-6：使用内联函数

源文件路径：daima\9\9-6

本实例的实现文件为 neilian.cpp，具体实现代码如下。

```
#include "stdafx.h"
#include "iostream.h"
class JiSuan{                  //定义类 JiSuan
public:
  //函数 ChuLi 在类 JiSuan 的体内定义
    int ChuLi(int a, int b{ //编写函数 ChuLi 的功能实现
        return a + b;          //返回 a 和 b 的和
    }
};
int main(int argc, char* argv[]){
    JiSuan m;                  //定义 JiSuan 对象实例 m
    cout << "我目前有：" << m.ChuLi(1000, 1900) << "元"<< endl;
                                                   //输出 1000 和 1900 的和
    return 0;
}
```

在上述代码中，在类 JiSuan 内声明了一个内联函数 ChuLi(int a, int b)。执行效果如图 9-6 所示。

图 9-6　执行效果

9.2　函数的参数和返回值

参数是函数的重要组成部分，C++语言中函数的参数分为形参和实参两种。而返回值是函数执行后返回的结果。接下来将进一步介绍 C++函数中形参和实参的特点和两者的关系，然后讲解返回值的基本知识，并通过具体的实例来加深对知识的学习。

↑扫码看视频

9.2.1 形参和实参

在 C++程序中，形参在函数定义中出现，在整个函数体内都可以使用，离开当前函数则不能使用。实参在主调函数中出现，当进入被调函数后，实参变量也不能使用。形参和实参的功能是进行数据传送，当发生函数调用时，主调函数把实参值传送给被调函数的形参，从而实现主调函数向被调函数的数据传送。高级语言中函数形参和实参的主要特点如下。

- 形参变量只有在被调用时才分配内存单元，在调用结束时，即刻释放所分配的内存单元。因此，形参只有在函数内部有效。函数调用结束返回主调函数后则不能再使用该形参变量。
- 实参可以是常量、变量、表达式、函数等，无论实参是何种类型的量，在进行函数调用时，它们都必须具有确定的值，以便把这些值传送给形参。因此应预先用赋值、输入等办法使实参获得确定值。
- 实参和形参在数量、类型、顺序上应严格一致，否则会发生“类型不匹配”的错误。
- 函数调用中发生的数据传送是单向的。即只能把实参的值传送给形参，而不能把形参的值反向地传送给实参。因此在函数调用过程中，形参的值发生改变，而实参中的值不会变化。

实例 9-7：使用形参和实参
源文件路径：daima\9\9-7

本实例的实现文件为 xingshi.cpp，具体实现代码如下。

```
#include "stdafx.h"
#include "iostream.h"
//定义函数 GetAxis，里面是形参
void GetAxis(float leftCoord, float topCoord){
  cout << ++ leftCoord << endl;

  cout << ++ topCoord << endl;
}
int main(int argc, char* argv[]){
    cout << "联想 E 系列和 T 系列的起步价分别是：" << endl;
    GetAxis(2800, 4300); //调用函数 GetAxis，这里是实参
    return 0;
}
```

在上述代码中，通过函数 GetAxis(float leftCoord, float topCoord)实现了具体的功能。编译执行后的效果如图 9-7 所示。

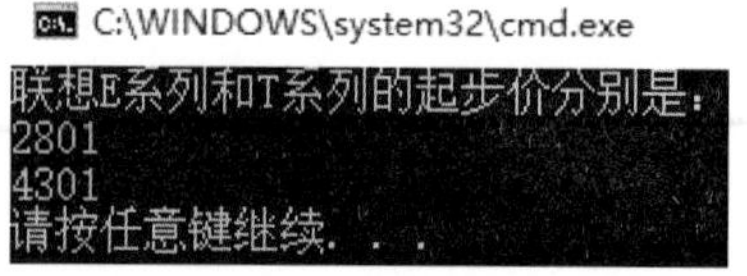

图 9-7　执行效果

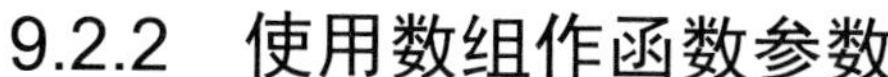

9.2.2　使用数组作函数参数

在 C++程序中，当数组作函数参数时可以分为如下 4 种情况处理。

1)　形参是数组

当形参是数组时，实参传递的是数组首地址而不是数组的值。

2)　形参和实参都用数组

调用函数的实参用数组名，被调用函数的形参用数组，这种调用的机制是形参和实参共用内存中的同一个数组。因此，在被调用函数中改变了数组中某个元素的值，对调用函数该数组的该元素值也被改变，因为它们是共用同一个数组。

3)　形参和实参都用对应数组的指针

在 C++程序中，数组名被规定为是一个指针，该指针便是指向该数组的首元素的指针，因为它的值是该数组首元素的地址值，因此，数组名是一个常量指针。

在实际应用中，形参和实参一个用指针，另一个用数组也是可以的。在使用指针时可以用数组名，也可以用另外定义的指向数组的指针。

4)　实参用数组名，形参用引用

先用类型定义语句定义一个数组类型，然后使用数组类型来定义数组和引用。

实例 9-8：将数组作为函数的形参

源文件路径：daima\9\9-8

本实例的实现文件为 shuzu.cpp，具体实现代码如下。

```
#include "stdafx.h"
#include "iostream.h"
//定义 shuzu 为包含 8 个元素的整型数组
typedef int shuzu[8];
int sum_shuzu(shuzu &arr, int n){
    int sum =0;                        //定义变量 sum 的初始值是 0
    for(int i=0;i < n; i++){           //循环遍历

         sum += arr [i];               //累加求和
    }
    return sum;
}
int main(int argc, char* argv[]){
    shuzu a;                           //数组变量 a
    for(int i=0;i<10;i++){             //i 小于 10 则执行循环
        a[i]=i;                        //赋值各个 a 元素的值
    }
    cout<<sum_shuzu(a,8)<<endl;        //调用函数 sum_shuzu 求和
    return 0;
}
```

在上述代码中，因为函数 sum_shuzu 的形参是数组，所以实参传递的是数组首地址而不是数组的值。编译执行后的效果如图 9-8 所示。

C:\WINDOWS\system32\cmd.exe

28

图 9-8　执行效果

9.3　调用函数

在 C++程序中，当定义了一个函数后，在程序中需要通过对函数的调用来执行函数体，调用函数的过程与其他语言中的子程序调用相似。在下面的内容中，将对 C++中函数调用的基本知识进行详细介绍。

↑扫码看视频

9.3.1　单独调用

在 C++程序中，单独调用即使用基本的函数语句来调用，此时不要求函数有返回值，只要求完成里面的函数体即可。例如下面的实例演示了单独调用 C++函数的具体过程。

实例 9-9：单独调用 C++函数

源文件路径：daima\9\9-9

本实例的实现文件为 yinyong.cpp，具体实现代码如下。

```
#include "stdafx.h"
#include "iostream.h"
#include <string>
using namespace std;
void WenHou(string);                //声明没有返回值的函数 WenHou
void main(void) {
    WenHou("调用函数");              //调用函数 WenHou 作为独立的语句，无返回值
}
void WenHou(string name ) {         //编写函数 WenHou 的具体功能实现
    cout << "定义函数 " << name.c_str() << endl;
}
```

在上述代码中，函数 WenHou(string)只作为独立的语句，用来显示函数体内的问候功能。编译执行后的效果如图 9-9 所示。

图 9-9　执行效果

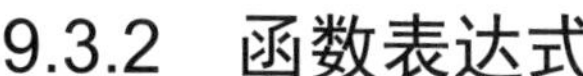

9.3.2　函数表达式

在 C++程序中，函数作为表达式中的一项出现在表达式中，以函数返回值参与表达式的运算。这种方式要求函数是有返回值的。例如：z=max(x,y)是一个赋值表达式，把 max 的返回值赋予变量 z。例如下面的实例演示了使用函数表达式调用函数的过程。

实例 9-10：计算平均值
源文件路径：daima\9\9-10

本实例的实现文件为 biaodashi.cpp，具体实现代码如下。

```
#include "stdafx.h"
#include "iostream.h"
int Math(int x, int y, int z);//声明函数 Math，功能是求三个数的平均值
 void main(void) {
    int average = 0;    //定义变量 average 的初始值是 0
    int x = 100;        //定义变量 x 的初始值是 100
    int y = 200;        //定义变量 y 的初始值是 200
    int z = 300;        //定义变量 z 的初始值是 300
    average = Math(x, y, z) / 3;    //调用函数 Math，函数 Math()出现在表达式中
    cout << "平均值是: " << average << "\n";
}
//求三个数 x,y,z 的平均值
int Math(int x, int y, int z){  //编写函数 Math 的具体功能实现
    return( x + y + z);
}
```

在上述代码中，函数 Math(int x, int y, int z)能够计算 3 个数字的平均值，“average = Math(x, y, z) / 3”就是表达式的一部分。编译执行后的效果如图 9-10 所示。

图 9-10　执行效果

9.3.3　调用实参

在 C++程序中，函数作为另一个函数调用的实际参数出现。这种情况是把该函数的返回值作为实参进行传送，因此要求该函数必须是有返回值的。例如下面代码的功能是，把 max 调用的返回值作为 printf 函数的实参来使用。

```
printf("%d",max(x,y));
```

下面的例子演示了将函数作为另一个函数调用的实际参数的过程。

实例 9-11：将函数作为另一个函数调用的实际参数
源文件路径：daima\9\9-11

本实例的实现文件为 shican.cpp，具体实现代码如下。

```
#include "stdafx.h"
#include "iostream.h"
float Max(float x,  float y);   //声明函数Max，功能是求最大值
int main(void) {
    float x= 100.01;          //定义变量x
    float y = 45.6;           //定义变量y

    float z = 100.02;         //定义变量z
    float max ;               //定义变量max
    max = Max(x, Max(y, z));    //调用函数Max时函数本身作为函数的实参
    cout << "最高得分是: " << max << " in (" << x << "," << y << ","  <<z <<
")"<<endl;
    return 1;
}
float Max(float x, float y) {        //编写函数Max的具体功能实现
     return (x>y? x: y);
}
```

在上述代码中，“max = Max(x, Max(y, z));”是调用语句，“Max(y, z)”是一次函数调用，其值作为 Max 另外一次调用的实参。编译执行后的效果如图 9-11 所示。

```
C:\WINDOWS\system32\cmd.exe
最高得分是: 100.02 in (100.01,45.6,100.02)
请按任意键继续. . .
```

图 9-11 执行效果

9.3.4 参数传递

在调用函数时，经常会用到不同的参数传递方式。在 C++中共有 3 种方式，分别是按值传递、按地址传递和按引用传递。例如下面的例子演示了使用三种参数传递方式的过程。

实例 9-12：使用三种参数传递方式

源文件路径：daima\9\9-12

本实例的实现文件为 chuandi.cpp，具体实现代码如下。

```
#include "stdafx.h"
#include "iostream.h"
//声明函数，带有三种传值方式
int GetValue(int x,int *p, int &z);
 int main(void) {
    int x = 100;          //定义变量x
    int y = 200;          //定义变量y
    int z = 300;          //定义变量z
    int *p = &y;          //定义指针p
    cout<< " 传递前是: " << x <<","<< y <<","<< z << "\n";
    cout << " 返回值是 : " << GetValue(x,p,z) << "\n";   //调用函数GetValue
    cout << " 传递后是: " << x <<","<< y <<","<< z << "\n";
    return 1;
}
```

```
//求三个数 x、y、z 的和
int GetValue(int x,int *p, int &z) {//编写函数 GetValue 的具体功能实现
    x = 100;                         //x 赋值
    *p = 500;                        //p 赋值
    z = 800;                         //z 赋值
    return ( x + *p + z);
}
```

在上述代码中，函数 GetValue(int x, int *p, int &z)的第一个参数 x 是按值传送，在函数内部改变 x 的值不会影响到调用这个函数传入的参数。p 是按地址传递，可以通过*操作符改变传入参数的值。z 是按引用传递，在函数内改变 z 值可以改变传入参数的值。编译执行后的效果如图 9-12 所示。

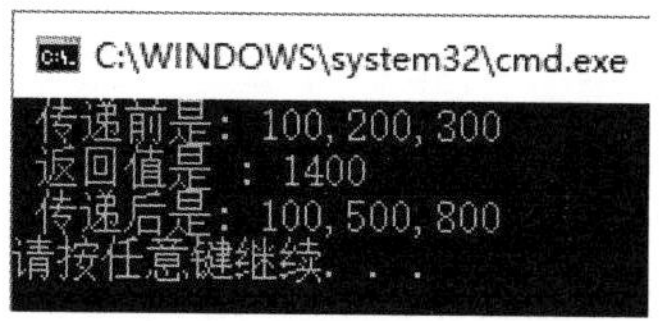

图 9-12　执行效果

9.4　实践案例与上机指导

通过本章的学习，读者基本可以掌握 C++函数的知识。其实 C++函数的知识还有很多，这需要读者通过课外渠道来加深学习。下面通过练习操作，以达到巩固学习、拓展提高的目的。

↑扫码看视频

9.4.1　函数递归

在 C++程序中，一个函数在它的函数体内调用其自身称为递归调用。这种函数称为递归函数。C 语言允许函数递归调用。在递归调用中，主调函数又是被调函数。执行递归函数将反复调用其自身，每调用一次就进入新的一层。例如下面代码中的函数 m 就是一个递归函数，但是运行该函数将无休止地调用其自身，这当然是不正确的。为了防止递归调用无终止地进行，必须在函数内有终止递归调用的手段。常用的办法是加条件判断，满足其中条件后就不再作递归调用，然后逐层返回。

```
int m(int x){
    int y;
    z=m(y);
    return z;
}
```

函数递归调用方法有如下两要素。

➢ 递归调用公式：可以将解决问题的方法写成递归调用的形式。
➢ 结束条件：确定何时结束递归。

知识精讲

在 C++程序中，从理论上我们把函数反复调用自身的过程称为递推的过程，而每个函数的返回称为回推。递推的过程把复杂的问题一步步分解开，直到出现最简单的情况。

下面的例子演示了使用递归方法解决数学问题的过程。

实例 9-13：使用递归方法解决数学问题
源文件路径：daima\9\9-13

本实例算法的描述是：一组数的规则是 1、1、2、3、5、8、13、21、34……，请编写一个程序，能获得符合上述规则的任意位数的数值。

本实例的实现文件为 jisuan.cpp，具体实现代码如下。

```
#include "stdafx.h"
#include "iostream.h"
long Number(int n);              //递归计算

int main(void) {
    int n;                       //定义变量 n
    long result;                 //定义变量 result
    cout << "输入要计算第几个数？";
    cin >> n;                    //输入 n 的值
    result = Number(n);          //调用函数 Number，将值赋给变量 result
    cout<< "第" << n << "个数是：" << result<<endl;
    return 1;
}
long Number(int n){              //编写函数 Number 的具体功能实现
    if (n <= 0) {                //如果 n 小于等于 0
        return 0;                //递归终止
    }
    else if(n > 0 && n <= 2){    //如果 n 大于 0 且小于等于 2
        return 1;                //递归终止
    }
    else {                       //如果 n 是其他值则递归调用
        return Number(n - 1) + Number(n - 2);
    }
}
```

在上述代码中，通过函数递归求解了一个数学算法。编译执行后的效果如图 9-13 所示。

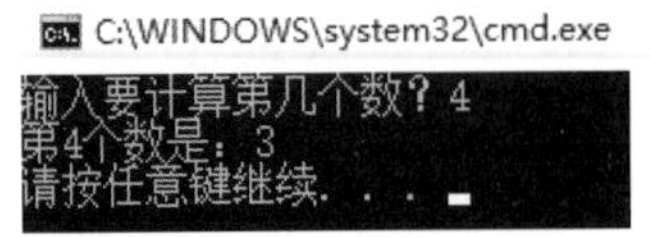

图 9-13 执行效果

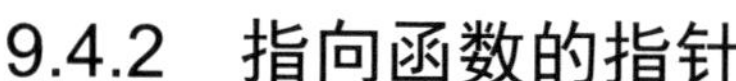

9.4.2　指向函数的指针

在 C++程序中，函数本身不是变量，但是可以定义指向函数的指针，即函数指针。这种指针可以被赋值、存放于数组中，传递给函数及作为函数的返回值等。函数的名字代表函数的入口地址，用于存放一个函数的入口地址，指向一个函数。通过函数指针，可以调用函数，这与通过函数名直接调用函数是相同的。

在 C++程序中，定义函数指针的语法格式如下，其中数据类型是指此指针所指向的函数的返回值类型。

```
数据类型 (*指针变量名)(函数形参表);
```

在 C++程序中，函数指针一经定义后，可指向函数类型相同(即函数形参的个数、形参类型、次序以及返回值类型完全相同)的不同函数。例如：

```
int max(int, int);
int min(int,int);
int (*p)(int, int);
```

在具体应用时，需要给函数指针赋值，使指针指向某个特定的函数。具体格式如下。

```
函数指针名 = 函数名;
```

例如下面的代码将函数 max 的入口地址赋给 p 指针，则 p 指向 max 函数。

```
p = max ;
```

也可以用函数指针变量调用函数，具体格式如下。

```
(*函数指针)(实参表);
```

实例 9-14：使用函数的指针
源文件路径：daima\9\9-14

本实例的实现文件为 zhizhen.cpp，具体实现代码如下。

```
#include "stdafx.h"
#include "iostream.h"
//定义一个函数指针
int (*func_pointer)(int,int);
int ChuLi(int x, int y){    //编写函数 ChuLi 的具体功能实现

    return (x * y);         //返回参数 x 和 y 的乘积
}
int main(){
    func_pointer = ChuLi;   //指向函数 ChuLi 的地址
    cout << "电脑销量是 " << func_pointer(200, 50) <<"台"<< endl;
                                                    //调用函数 ChuLi
    return 1;
}
```

在上述代码中，*func_pointer 表示用函数作为指针，其后面的(int,int)表示该 func_pointer 指向一个包含两个整型形参 int 和整型 int 返回值的函数。编译执行后的效果如图 9-14 所示。

```
C:\WINDOWS\system32\cmd.exe
电脑销量是 10000台
请按任意键继续. . .
```

图 9-14 执行效果

9.5 思考与练习

本章详细讲解了 C++函数的知识，循序渐进地讲解了 C++函数基础、函数的参数和返回值、调用函数等知识。在讲解过程中，通过具体实例介绍了使用 C++函数的方法。通过本章的学习，读者应该熟悉使用 C++函数的知识，掌握它们的使用方法和技巧。

1. 选择题

下面的代码执行后会先后输出(　　)和(　　)。

```
#include "stdafx.h"
#include "iostream.h"
//定义函数 GetAxis，里面是形参
void GetAxis(float leftCoord, float topCoord){
  cout << ++ leftCoord << endl;

  cout << ++ topCoord << endl;
}
int main(int argc, char* argv[]){
    cout << "联想 E 系列和 T 系列的起步价分别是：" << endl;
    GetAxis(2800, 4300); //调用函数 GetAxis，这里是实参
    return 0;
}
```

A．2800　　B．4300　　C．2801　　D．4301

2. 判断对错

(1) 在 C++程序中，数组名被规定为是一个指针，该指针便是指向该数组的首元素的指针，因为它的值是该数组首元素的地址值，因此，数组名是一个常量指针。　(　　)

(2) 在 C++程序中，所有的函数定义，包括主函数 main 在内，都是平行的。也就是说，在一个函数的函数体内，可以再定义另一个函数。　(　　)

3. 上机练习

(1) 使用默认的函数参数。

(2) 用函数操作不同的数据类型。

第10章

输入、输出和文件操作

本章要点

- 使用 iostream 对象
- 输出信息
- 输入信息
- 文件操作

本章主要内容

在 C++语言的标准库中提供了直接定义实现输入或输出(I/O)功能的内置库函数，通过这些函数可以帮助开发者实现输入和输出功能。在本书前面的内容中已经多次用到输入和输出的功能，本章将进一步详细介绍 C++输入和输出的知识，为读者步入本书后面知识的学习打下基础。

10.1 使用 iostream 对象

↑扫码看视频

在 C++语言中，标准输入/输出库 iostream 是一个类库，以类的形式存在，在使用该库中的类之前要先引用如下命名空间：

```
using namespace std;
```

10.1.1 库 iostream 的作用

在 C++语言中，库 iostream 与 C 语言中的 stdio 库不同，它从一开始就是用多重继承与虚拟继承实现的面向对象的层次结构，作为一个 C++的标准库组件提供给程序员使用。

iostream 为内置类型对象提供了输入和输出功能，同时也支持文件的输入输出功能。类的设计者可以通过对 iostream 库的扩展，来支持自定义类型的输入输出操作。在 iostream 类库中主要包含了如下所示的类。

- ios：抽象基类，在文件 iostream 中声明。
- istream：通用输入流和其他输入流的基类，在文件 iostream 中声明。
- ostream：通用输出流和其他输出流的基类，在文件 iostream 中声明。
- iostream：通用输入输出流和其他输入输出流的基类，在文件 iostream 中声明。
- ifstream：输入文件流类，在文件 fstream 中声明。
- ofstream：输出文件流类，在文件 fstream 中声明。
- fstream：输入输出文件流类，在文件 fstream 中声明。
- istrstream：输入字符串流类，在文件 strstream 中声明。
- ostrstream：输出字符串流类，在文件 strstream 中声明。
- strstream：输入输出字符串流类，在文件 strstream 中声明。

10.1.2 标准的 I/O 接口

标准 I/O 是指在标准输入设备和标准输出设备上的操作，其中标准输入设备是指键盘，标准输出设备是指显示器。输入输出操作分别由 istream 和 ostream 类提供。为了使用方便，在 iostream 库中创建了如下 3 个标准流对象。

- cin：表示标准输入的 istream 对象，cin 可以使我们从设备读取数据。
- cout：表示标准输出的 ostream 对象，cout 可以使我们向设备中写入数据。
- cerr：表示标准错误的 ostream 对象，cerr 是导出程序错误消息的地方，只能向屏幕设备写数据。

在具体操作时，左移“<<”与右移“>>”分别是 istream 类与 ostream 类的操作符重载。在输入时用“cin>>”，输出时用“cout<<”。例如“>>a”表示将数据放入 a 对象中，“<<a”表示将 a 对象中存储的数据拿出。上述标准的流对象都有默认的所对应的设备，具体信息如表 10-1 所示。

表 10-1　流对象对应的设备

C++对象名	设 备 名	C 中的标准设备名	默认含义
cin	键盘	stdin	标准输入
cout	显示器屏幕	stdout	标准输出
cerr	显示器屏幕	stderr	标准错误输出

表 10-1 表明 cin 对象的默认输入设备是键盘，cout 对象的默认输出设备是显示器屏幕。C++是如何利用 cin/cout 对象与左移和右移运算符重载来实现输入输出的呢？下面以输出为例说明其实现原理。

(1)　在 C++程序中，有两种使数据按照指定格式输出的方法：一种是使用控制符，另一种是使用流对象中的有关成员函数。常用控制符的具体信息如下。

- dec：设置整数的基数为 10。
- hex：设置整数的基数为 16。
- oct：设置整数的基数为 8。
- setbase(n)：设置整数的基数为 n(只能是 8、10、16 之一)。
- setfill(c)：设置填充字符 c，c 可以是字符常量或字符变量。
- setprecision(n)：设置实数的精度为 n 位。包含整数和小数部分。

在 C++程序中，cout 是 ostream 类的对象，因为它所指向的是标准设备(显示器屏幕)，所以它在 iostream 头文件中作为全局对象进行定义。

```
ostream cout(stdout);//其默认指向 C 中的标准设备名，作为其构造函数的参数使用
```

(2)　在头文件 iostream.h 中，类 ostream 对应每个基本数据类型都有其友元函数对左移操作符进行了友元函数的重载。

```
ostream& operator<<(ostream &temp,int source);
ostream& operator<<(ostream &temp,char *ps);
```

知识精讲

C++中的 iostream 库主要包含如图 10-1 所示的几个头文件。我们所熟悉的输入输出操作分别是由 istream(输入流)和 ostream(输出流)这两个类提供的，为了允许双向的输入/输出，由 istream 和 ostream 派生出了 iostream 类。类的继承关系如图 10-2 所示。

iostream库	
<fstream>	<iomainip>
<ios>	<iosfwd>
<iostream>	<istream>
<ostream>	<sstream>
<streambuf>	<strstream>

图 10-1　头文件

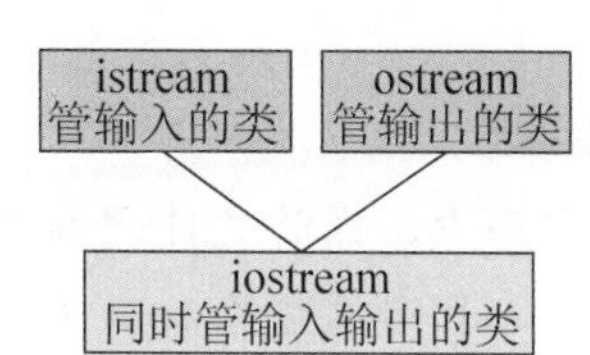

图 10-2　类继承关系

实例 10-1：使用标准 I/O 的具体流程

源文件路径：daima\10\10-1

本实例的实现文件为 biaozhun.cpp，主要实现代码如下。

```
#include "stdafx.h"
#include <iostream>          //导入 I/O 库
#include <string>
using namespace std;
int main(){
    string in_string;        //定义字符串变量 in_string
    //向终端写字符串
    cout << "请输入您的名字: ";
    //把输入的数据读取到 in_string 中
    cin >> in_string;
    if (in_string.empty())
        //产生一个错误消息输出到终端
        cerr << "error: 输入的是空值!\n";
    else
        cout << "你好， " << in_string << "!\n";
    return 0;
}
```

在上述代码中定义了一个字符串，然后用输入 cin 流从命令行中读入了一个字符。如果读入失败则输出错误信息，读入成功则向标准输出流输出读入的内容。编译执行后的效果如图 10-3 所示。

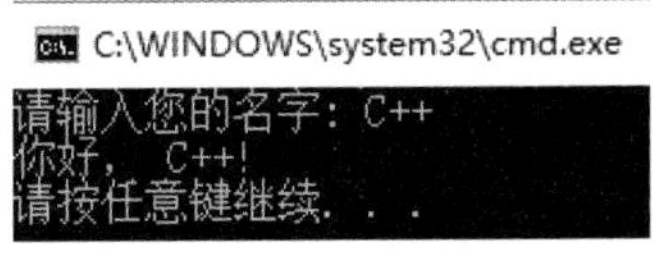

图 10-3　执行效果

10.1.3　文件 I/O

在 C++程序中，由于库 iostream 不但支持对象的输入和输出，而且同时也支持文件流的输入和输出，所以在详细讲解左移与右移运算符重载之前，有必要先对文件的输入输出以及输入输出的控制符有所了解。在头文件 fstream.h 中，主要定义了和文件有关的输入输出类。在这个头文件中定义了三个类，由这三个类控制对文件的各种输入输出操作，它们分别是 ifstream、ofstream、fstream，其中 fstream 类是由 iostream 类派生而来，它们之间的继承关系如图 10-4 所示。

智慧锦囊

在 C++程序中，因为文件设备并不像显示器屏幕与键盘那样是标准默认设备，它在头文件 fstream.h 中没有像 cout 那样预先定义的全局对象，所以我们必须自己定义一个该类的对象，要以文件作为设备向文件输出信息(也就是向文件写数据)，那么就应该使用 ofstream 类。

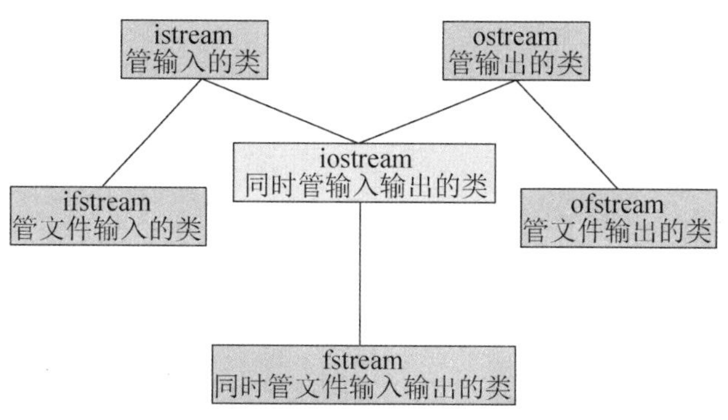

图 10-4　继承关系

类 ofstream 不但支持对终端的读写功能，而且还支持对文件的读写操作，如下 3 种类提供了对文件读写的支持。

- ifstream 类：从 istream 流中派生而来，此类将一个指定的文件绑定到程序，它作为程序的输入流。
- ofstream 类：从 ostream 流中派生而来，此类将一个指定的文件绑定到程序，它作为程序的输出流。
- fstream 类：从 iostream 流中派生而来，此类将一个指定的文件绑定到程序，既作为程序的输入流，也作为程序的输出流。

要想在 C++程序中使用 iostream 库中的标准 I/O 库文件流，必须在程序中包含如下头文件。

```
#include <fstream>
```

实例 10-2：使用文件 I/O 的具体流程

源文件路径：daima\10\10-2

本实例的实现文件为 biao.cpp，主要实现代码如下。

```
int main(){
    char ch;                              //定义变量 ch
    string ifile;                         //定义变量 ifile，表示文件名
    cout << "输入要操作的文件: ";
    cin >> ifile;                         //输入 ifile 的值
    ifstream infile( ifile.c_str() );     //构造一个 ifstream 输入文件对象
    if( ! infile ) {                      //打开错误
        cerr << "error: 不能打开文件: ";
            return -1;
    }
    string ofile = ifile + ".bak";        //定义变量 ofile，表示输出文件的名字
    ofstream outfile( ofile.c_str() );    //构造一个 ofstream 输出文件对象
    if( !outfile ) {                      //打开错误
        cerr << "error: 不能打开文件: ";
            return -2;
    }
    while(infile.get(ch)){
        outfile.put(ch);                  //将字母字符存入磁盘文件
        cout<<ch;
```

```
    }
    return 0;
}
```

在上述代码中，能够根据用户输入的文件名，对这个文件进行读取操作，并创建一个同样内容的备份文件。编译执行后将首先提示输入一个文件名，如图 10-5 所示。输入存在的文件路径，按 Enter 键后，将会显示此文件的内容，如图 10-6 所示。

```
输入要操作的文件：_
```

图 10-5　执行效果

```
输入要操作的文件：e:\123.txt
1222Press any key to continue_
```

图 10-6　显示文件内容

再次按 Enter 键，将会在此文件目录下创建一个备份文件，如图 10-7 所示。

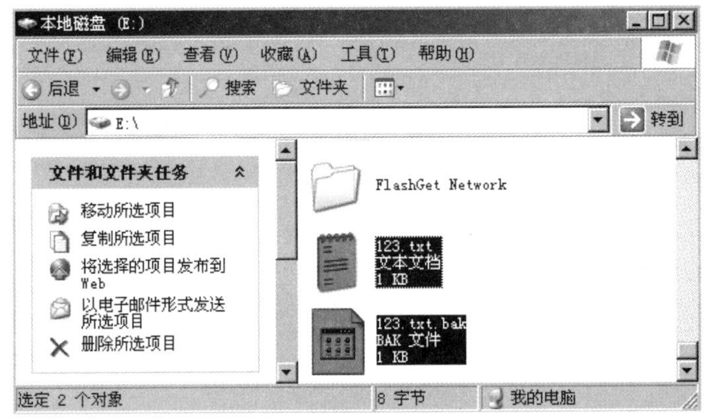

图 10-7　源文件和备份文件

10.1.4　字符串 I/O

字符串 I/O 是指输入、输出操作的对象是字符串。在 C++语言中，标准库 iostream 也支持对字符串的输入和输出操作，并且能够对字符串进行读写操作。在库 iostream 中通过如下 3 个类实现对字符串的操作。

- 用 cin 和提取操作符>>：从 istream 派生，用于从字符串中读取数据。
- ostringstream：从 ostream 派生，用于写数据到字符串。
- stringstream：从 stream 派生，既可以从字符串中读取数据，也可以写数据到字符串。

实例 10-3：使用字符串 I/O

源文件路径：daima\10\10-3

本实例的实现文件为 zifu.cpp，主要实现代码如下。

```
string program_name( "our_program" );        //定义变量表示程序名
string version( "0.01" );                    //定义变量表示程序版本

string mumble( int *array, int size );       //声明函数 mumble
```

```
int main(void){
    int *array=0;                                  //定义变量 array 并初始化为 0
    int size=1;                                    //定义变量 size 并初始化为 1
    cout<<mumble(array,size).c_str()<<endl;
    return 0;
}
string mumble( int *array, int size ){             //编写函数 mumble 的具体功能实现
    if ( ! array ) {                               //如果指针参数为空
        ostringstream out_message;
        //输出程序名、出错的文件名和行号
        out_message << "这里出错了: " << program_name << "--" << version<< ":
            " << __FILE__ << ": " << __LINE__;
        out_message <<" -- ptr is set to 0; "<< " must address some array.\n";
        return out_message.str();                  //返回 string 对象
    }
    else
        return "";
}
```

在上述代码中，函数 mumble 带有一个指针参数和一个整型参数，并用 ostringstream 流将 out_message 定向为输出流对象。当指针参数为空时，程序输出发生错误的程序名、出错的文件名和行号到 out_message 中。编译执行后的效果如图 10-8 所示。

```
C:\WINDOWS\system32\cmd.exe
这里出错了: our_program--0.01: h:\文杰书院\c++\c++面向对象程序设计---素材（代码、前言、简介）\daima\10\10-3\vs版本\zifu\
zifu\zifu.cpp: 26 -- ptr is set to 0;  must address some array.

请按任意键继续. . .
```

图 10-8　执行效果

10.2 输出信息

在 C++程序中，流输出功能用运算符“<<”实现。“<<”有两个操作数，左操作数是 ostream 类的对象，右操作数是一个变量，该操作符将变量的值输出到 ostream 类的对象上。

↑扫码看视频

10.2.1 预定义类型输出

在 C++程序中，输出操作符可以接受任何预定义的数据类型。对于表达式和函数的调用，只要其计算结果是一个能被输出操作符接受的数据类型，即说明该表达式或函数调用可以被输出操作符接受并输出其结果。例如下面的实例演示了使用预定义类型输出信息的流程。

实例 10-4：使用预定义类型输出信息

源文件路径：daima\10\10-4

本实例的实现文件为 yudingyi.cpp，主要实现代码如下。

```
int main(){
    cout << "\"A\"的长度是:\t";
    cout << strlen("bingbingjie");      //串长
    cout << '\n';                    //换行
    cout << "B\"chengege\"的长度是:\t";
    cout << sizeof("chengege");//字符串所占存储空间
    cout << endl;                    //行结束符
    return 0;
}
```

在上述代码中，通过函数 strlen()计算了字符串中字符的个数，并通过函数 sizeof()计算了字符串所占用的空间大小。编译执行后的效果如图 10-9 所示。

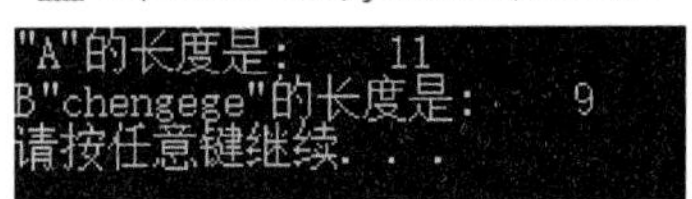

图 10-9 执行效果

智慧锦囊

在上述程序中，因为要输出带双引号的字符串，所以必须添加转义符，否则将会引起编译器错误。

10.2.2 自定义类型输出

在 C++程序中，流输出操作符除了能够输出预定义类型的数据外，还可以输出自定义类型的数据。如果要实现自定义类型的输出，需要使用重载来输出操作符。自定义类型输出的语法格式如下。

```
ostream& operator << (ostream& in, user_type& obj){
out<<obj.item1;
out<<obj.item2;
out<<obj.item3;
...
}
```

在上述格式中有两个实参，第一个是 ostream 对象的引用，第二个是自定义类型实例的引用。其中 item1、item2、item3 是自定义类型中的各个区域分量。其返回类型是一个 ostream 引用，且其值总是该输出操作符所引用的 ostream 对象。因为第一个实参是一个 ostream 引用，所以输出操作符必须定义为非成员函数。当输出操作符要求访问非公有成员时，必须将其声明为此类的友元。

实例 10-5：输出自定义类型的数据

源文件路径：daima\10\10-5

本实例的实现文件为 zidingyi.cpp，主要实现代码如下。

```
class mm{                          //自定义复数类 mm
public:
    float real,nn;                 //定义全局变量 real 和 nn
public :
    mm(float r,float i) {          //定义实现带参数的构造函数 mm
        real=r;                    //为变量 real 赋值
        nn=i;                      //为变量 nn 赋值
    }
    mm()      {                    //定义不带参数的构造函数
        real=0;                    //变量 real 赋值为 0
        nn=0;                      //变量 nn 赋值为 0

    }
//定义友元，定义输出运算
    friend ostream &operator <<(ostream &,mm &);
};
/*复数类的输出运算*/
ostream &operator <<(ostream &output,mm &obj){
    output<<obj.real;                                   //输出实部
    if (obj.nn>0) output<<"+";                          //当虚部大于 0 时，输出+号
    if (obj.nn!=0) output<<obj.nn<<"i";                 //当有虚部时，输出虚部和 i
    return output;
}
int main(){
    mm c1(1.2,3.4),c3;
    cout<<"c1 值是:"<<c1<<endl;                         //输出 c1 的值
    cout<<"c3 值是:"<<c3<<endl;                         //输出 c3 的值
    return 1;
}
```

在上述代码中定义了一个自定义复数类 mm，此类可以接受带参数和不带参数两种构造函数。因为标准输出运算不能一次就输出复数的虚部和实部，所以重载了标准输出的<<操作。在输出操作中，第一个 if 语句用于判断是否有虚部，有则在实部和虚部间加“+”符号。第二个 if 语句用于判断虚部是否存在，不存在则不输出。编译执行后的效果如图 10-10 所示。

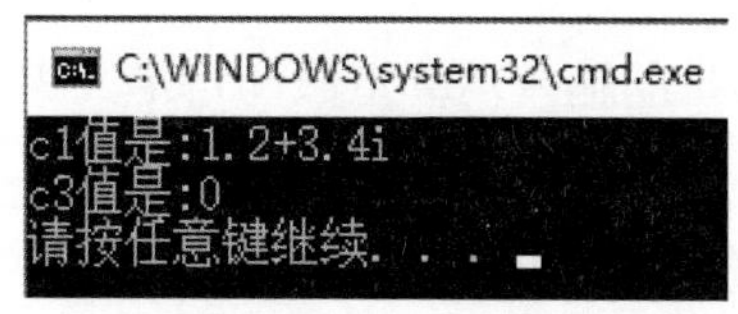

图 10-10　执行效果

10.3 输入信息

C++中的流输入功能通过运算符“>>”实现，“>>”有两个操作数，其中左操作数是 ostream 类的对象，右操作数是一个预定义类型的变量。在本节的内容中，将详细讲解 C++输入信息的知识。

↑扫码看视频

10.3.1 预定义类型输入

对于 C++中的预定义类型来说，可以直接使用“>>”从命令行读取数据。在默认情况下，“>>”将跳过空白。所以在对一组变量输入值时，可以用空格或换行来将数值之间隔开。例如：

```
int i;
double d;
cin >>i>>d;
```

上述代码很容易理解，当同时输入不同类型的变量时，系统除了检查是否有空白或换行外，还检查输入数据与变量的匹配情况。另外，因为“>>”中的内容将空格作为分隔符，所以在输入字符串时，字符串中不能有空格。一旦遇到空格，则系统将认为是字符串结束。

在 C++程序中，如果希望读入空白字符，或为了保留原始的输入格式，或为了处理空白字符，可以使用 istream 中的成员函数 get()实现。

10.3.2 自定义类型输入

在 C++程序中，自定义类型的输入运算重载和自定义类型的输出运算重载比较类似，具体语法格式如下。

```
ostream& operator << (ostream& in, user_type& obj){
out<<obj.item1;
out<<obj.item2;
out<<obj.item3;
…
}
```

在上述格式中有两个实参，第一个是 ostream 对象的引用，第二个是自定义类型实例的引用。其中 item1、item2、item3 是自定义类型中的各个区域分量。其返回类型是一个 ostream

引用，且其值总是该输出操作符所引用的 ostream 对象。因为第一个实参是一个 ostream 引用，所以输出操作符必须定义为非成员函数。当输出操作符要求访问非公有成员时，必须将其声明为此类的友元。

实例 10-6：自定义类型输入的具体流程

源文件路径：daima\10\10-6

本实例的实现文件为 zishuruc.pp，主要实现代码如下。

```
class mm{                          //自定义复数类 mm
    float real,nn;                 //定义全局变量 real 和 nn
public :
    mm(float r,float i){           //定义实现带参数的构造函数 mm
        real=r;                    //为变量 real 赋值
        nn=i;                      //为变量 nn 赋值
    }

    mm(){                          //定义无参数的构造函数 mm
        real=0;                    //变量 real 赋值为 0
        nn=0;                      //变量 nn 赋值为 0
    }
    friend ostream & operator <<(ostream &,mm &);//输出
    friend istream & operator >>(istream &,mm &);//输入
};
ostream & operator <<(ostream &output,mm & obj){   //定义友元，定义输出运算
    output<<obj.real;
    if (obj.nn>0) output<<"+";                 //当虚部大于 0 时，输出+号
    if (obj.nn!=0) output<<obj.nn<<"i";        //当有虚部时，输出虚部和 i
    return output;
}
istream & operator >>(istream &input,mm & obj){    //定义友元，定义输入运算
    cout<<"input the real and nn of the mm:";
    input>>obj.real;                           //输入实部
    input>>obj.nn;                             //输入虚部
    return input;
}

int main(){
    mm c1(1.2,3.4),c2;
    cout<<"c1 值是:"<<c1<<endl;                //输出 c1 的值
    cout<<"c2 值是:"<<c2<<endl;                //输出 c2 的值
    cin>>c2;                                   //输入 c2 的值
    cout<<"the value of c2 is:"<<c2<<endl;
    return 1;
}
```

程序编译执行后的效果如图 10-11 所示。

```
c1值是:1.2+3.4i
c2值是:0
input the real and nn of the mm:_
```

图 10-11　执行效果

10.4 实践案例与上机指导

通过本章的学习，读者基本可以掌握C++输入和输出的知识。其实C++输入和输出的知识还有很多，这需要读者通过课外渠道来加深学习。下面通过练习操作，以达到巩固学习、拓展提高的目的。

↑扫码看视频

10.4.1 随机读写

C++语言提供了对文件的随机读写功能，具体实现起来和顺序读写差不多。在顺序读写时，文件指针只能前进，不能后退。在随机方式下，读文件指针可以在文件中随意移动。在移动时，可以使用流文件的读写指针来实现。

实例 10-7：随机读写指定文件

源文件路径：daima\10\10-7

本实例的实现文件为 suiji.cpp，主要实现代码如下。

```
int main(){
    cout << endl << "第 5 个数是多少？" << endl;//输出
    int i,j;                    //定义变量 i 和 j
//定义输入输出文件流
    fstream file("123.txt",ios::in|ios::out|ios::app|ios::binary);
    if(!file) {                 //判断流文件建立是否成功
        cerr<<"不能打开!"<<endl;//如果建立失败则输出提示
        return 0;
    }
    for(i=1;i<=10;i++){         //如果建立失败则使用 for 循环
        j=(i-1)*2+1;            //给变量 j 赋值
        file.write((char*)&j,sizeof(int)); //循环向文件中写数据
    }
    file.close();               //关闭文件
    file.open("test.txt",ios::in|ios::binary);      //打开文件
    while(file.read((char*)&i,sizeof(int)))         //读文件，输出全部数据
        cout<<i<<" ";
    file.clear();                          //清除文件类对象的状态
    file.seekg(0);                         //定位到文件首部
    file.seekg((5-1)*sizeof(int));         //定位到第 5 个数据处
    file.read((char*)&i,sizeof(int));      //读第 5 个数据
    cout<<endl<<"the 5th number is :"<<i<<endl;     //输出
    file.close();                          //关闭
    return 1;
}
```

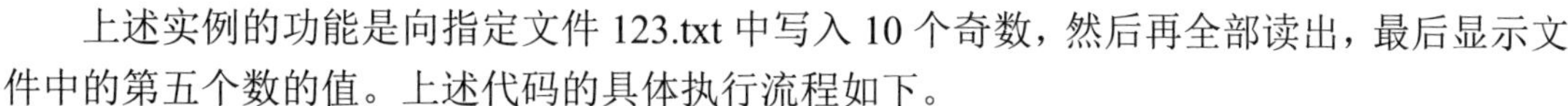

上述实例的功能是向指定文件 123.txt 中写入 10 个奇数，然后再全部读出，最后显示文件中的第五个数的值。上述代码的具体执行流程如下。

(1) 以二进制方式定义了一个输入、输出文件，并以追加的方式打开。在此必须用二进制方式打开，否则将会出错。

(2) 使用函数 write 向文件 123.txt 中写入数据，在此数据需要显式转换为字符指针，并指定数据的大小。

(3) 再次以输入方式打开文件，输出所有数据。

(4) 输出第五个数据值：首先将文件指针定位到文件首部，再向前定位到第五个数据处，即第四个的末尾，第五个的开始处。

编译执行后的效果如图 10-12 所示。

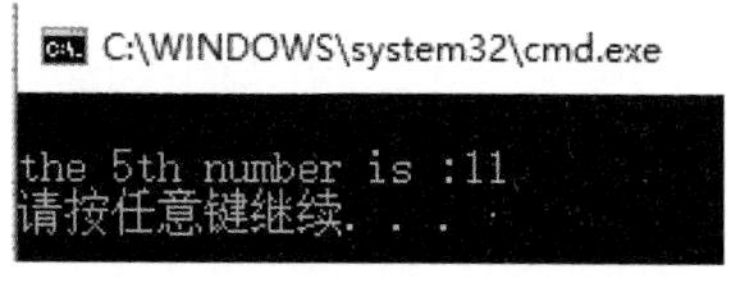

图 10-12　执行效果

10.4.2　二进制文件的读操作

在二进制文件中，使用“<<”和“>>”和函数(如 getline)实现操作符的输入和输出数据功能。文件流包括两个为顺序读写数据特殊设计的成员函数：write 和 read。第一个函数 (write) 是 ostream 的一个成员函数，是被 ofstream 所继承。而 read 是 istream 的一个成员函数，被 ifstream 所继承。类 fstream 的对象同时拥有这两个函数，这两个函数的原型是：

```
write (char * buffer, streamsize size);
read (char * buffer, streamsize size);
```

- buffer：是一块内存的地址，用来存储或读出数据。
- size：是一个整数值，表示要从缓存(buffer)中读出或写入的字符数。

下面的例子演示了对二进制文件进行读操作的流程。

实例 10-8：对二进制文件读操作流程

源文件路径：daima\10\10-8

本实例的实现文件为 erjinzhi.cpp，主要实现代码如下。

```
const char * filename = "example.txt";      //定义常量
int main () {
char * buffer;                      //指针变量 buffer
long size;                          //定义变量 size
ifstream file(filename, ios::in|ios::binary|ios::ate);     //打开指定的文件
size = file.tellg();                //返回“内置指针”的当前位置
file.seekg(0, ios::beg);            //设置输入文件流的文件流指针位置
buffer = new char[size];            //创建缓存
file.read(buffer, size);            //读取文件内容
file.close();                       //关闭流
cout << "the complete file is in a buffer";
```

```
delete[] buffer;                    //删除缓存
return 0;
}
```

在上述代码中，对文件 example.txt 进行了处理。编译执行后的效果如图 10-13 所示。

```
the complete file is in a bufferPress any key to continue
```

图 10-13　执行效果

10.5　思考与练习

本章详细讲解了 C++输入和输出的知识，循序渐进地讲解了使用 iostream 对象、输出、输入、文件操作等知识。在讲解过程中，通过具体实例介绍了使用 C++输入和输出的方法。通过本章的学习，读者应该熟悉使用 C++输入和输出的知识，掌握它们的使用方法和技巧。

1. 选择题

(1) 下面的类(　　)是通用输入流和其他输入流的基类，在文件 iostream 中声明。

A. istream　　B. ostream　　C. iostream　　D. ifstream

(2) 下面的类(　　)从 istream 流中派生而来，此类将一个指定的文件绑定到程序，它作为程序的输入流。

A. ifstream　　B. ofstream　　C. fstream

2. 判断对错

(1) 在 C++语言中，标准库 iostream 也支持对字符串的输入和输出操作，并且能够对字符串进行读写操作。　　(　　)

(2) 在 C++程序中，输出操作符可以接受任何预定义的数据类型。对于表达式和函数的调用，只要其计算结果是一个能被输出操作符接受的数据类型，即可说明该表达式或函数调用可以被输出操作符接受并输出其结果。　　(　　)

3. 上机练习

(1) 使用流输出运算符。

(2) 获取系统所有的驱动器和序列号。

第 11 章

面向对象之类和对象

本章要点

- 类
- 对象

本章主要内容

C++在 C 语言的基础上增加了面向对象编程，C++支持面向对象程序设计。类是 C++ 的核心特性，通常被称为用户定义的类型。类用于指定对象的形式，它包含了数据表示法和用于处理数据的方法。类中的数据和方法称为类的成员。在本章的内容中，将详细介绍 C++类和对象的基本知识，为读者步入本书后面知识的学习打下基础。

11.1 类

在 C++程序中，类是将一组对象的数据结构和操作中相同的部分抽出来组成的集合，是对象共同的特征。因此它是对对象的抽象和泛化，是对象的模板。

↑扫码看视频

11.1.1 声明类

在 C++程序中，可以用关键字 class 来构造新的数据类型。下面的代码声明了一个名为 point 的类，它包含了变量数据 x 和 y，还包含了一个名为 setpoint()的函数。函数被 public 关键字说明为公有的，数据没有被说明，但也默认为公有的。

```
class point  {                                //定义类 point
int x,y;                                      //类 point 中的变量 x 和 y
public:                                       //类 point 中的访问规则
void setpoint(int,int);                       //类 point 指定函数 setpoint
}
```

由此可见，在类中可以包含变量和函数。例如：

```
class student{                                //定义类 student
private:                                      //访问规则
    int id;                                   //类 student 中的学号变量
    char* name;                               //类 student 中的姓名变量
    float chinese,english,math;               //类 student 中的语文、英语、数学三门
                                              //课程成绩变量
public:                                       //访问规则
    student();                                //类 student 中的构造函数
    //构造函数，设置学号、姓名、三门课程成绩
    student(char,float,float,float);
   ~student();                        //类 student 中的析构函数
    void setid(int);                  //类 student 中的函数，输出成员信息
void setname(int);                    //类 student 中的函数声明
void setscore(int);                   //类 student 中的函数声明
float sum;                            //类 student 中的变量
float average;                        //类 student 中的变量
}
```

在上述代码中，简单声明了一个类 student。在这个类中，共有 4 个变量数据，分别是 id、name、chinese、english、math，分别用于记录学生的学号、姓名和三门课程的成绩。它们被关键字 private 说明为私有的，即这些数据只能被类的成员函数和友元函数(参见本章后面的知识)访问。在上述类中声明了 8 个函数，用关键字 public 声明为公有，各个函数的具

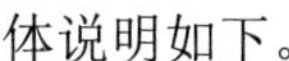

体说明如下。

- 第 1 个函数是构造函数，负责构造类对象，在定义对象时由系统自动调用。
- 第 2 个函数也是构造函数，但是与第 1 个的形式不一样，它带了参数。这属于重载现象，本书后面的章节中有专门讲解。构造函数的名字必须和类的名字相同。
- 第 3 个函数是析构函数，标志是前面有一个“~”符。该函数在销毁对象时自动被调用，负责对象销毁后的善后工作。析构函数必须是类的名称前加'~'符。
- 第 4、5、6 这 3 个函数负责私有属性的访问。因为属性是私有，所以只有通过 student 类提供的这 3 个函数才能从类的外部访问到它们。
- 最后两个函数负责具体的计算工作，分别计算求总分和求平均分。

除了上述代码中的限定符 public 和 private 外，还有一个常用限定符是 protected，这 3 个限定符将类的成员分成了 3 类：公有成员、私有成员和保护成员。

- 公有成员(包括类的属性和方法)：提供了类的外部界面，它允许类的使用者来访问它。
- 私有成员(包括类的属性和方法)：只能被该类的成员函数访问，也就是说只有类本身能够访问它，任何类以外的函数对私有成员的访问都是非法的。当私有成员处于类声明中的第一部分时，此关键字可以省略。
- 保护成员：对于派生类来说，保护成员就像是公有成员，可以任意访问。但对于程序的其他部分来说，就像是私有成员，不允许被访问。

假设程序中有一个函数，它可以直接访问并操作某类的数据成员，一旦该类的数据成员被修改或者被删除，那么这个函数很可能需要被重写。如果程序中存在大量这样的函数，就会增加软件的开发和维护成本。此时应该使用什么办法解决这个问题？可以通过一个访问限定符将类中的数据成员定义为私有成员，然后在类中定义一个公有的成员函数，访问并操作类中的私有属性。这样程序中的函数无法直接访问私有的数据，只有通过公有成员函数才能访问并且操作它们。例如，为了能够访问 student 类中的语文成绩，需要增加一个公有的成员方法 getchinese()。如果类中的数据成员被修改，那么只需要修改相应的公有成员方法，而不必改动程序中的函数。例如在下面的代码中，增加了成员 chinese 的访问函数，在下面的类中声明了一个私有数据，用来记录语文成绩。由于是私有的，所以不能从外部访问，必须通过公有函数 getchinese()来访问。

```
class student{
private:
float chinese;                          //私有属性
public: float getchinese(){             //私有成员 chinese 的访问函数
return chinese
}
}
```

11.1.2　类的属性

在 C++程序中，类的属性又被称为数据成员，用来表示类的信息。类具有的特性均可以用属性来表示。声明 C++属性的方式和声明变量的方式基本相同，具体格式如下。

```
<数据类型><属性>;
```

其实在 11.1.1 小节的示例中，类 point 和 student 的数据就是属性，表示了该类所具有的特征信息。再看下面的演示代码，在类 person 中声明了三个属性，没有被限定符说明，但默认为私有的，可以直接从类的外部访问。

```
class person  {
int id;                              //编号
int age;                             //年龄
char * name;                         //姓名
}
```

知识精讲

在声明类的属性时应该注意如下两个问题。

(1) 不能采用 auto、extern 和 register 修饰符进行修饰。

(2) 只有采用 static 修饰符声明的静态属性才可以被显式地初始化。非静态数据成员只能通过构造函数才能够被初始化。若试图在类中直接初始化非静态数据成员，会导致编译错误。

11.1.3 类的方法

在 C++程序中，类的方法又被称为类的成员函数。在 11.1.1 小节的示例中，在类 point 和 student 内定义的函数就是成员函数，用作计算或访问类的属性。在类体中声明方法和声明普通函数的方法相同，具体语法格式如下。

```
<函数返回类型><成员函数的名称>([<参数列表>]){
<函数体>
}
```

上述格式中，在成员函数的参数列表中既可以定义默认参数，也可以省略。可以在类体内被定义为成员函数的函数体，也可以在类体外被定义。一般情况下，为了保持类体结构的清晰明了，只有简短的方法才在类体内定义，这些方法称为内联(inline)函数。

在 C++程序中，要想在类体外定义成员函数，必须用域运算符“::”指出该方法所属的类。其语法格式如下。

```
<函数返回类型><类名>::<成员函数的名称>([<参数列表>]){
<函数体>
}
```

在 C++程序中，在函数体内可以直接引用类定义的属性，无论该属性是公有成员还是私有成员。例如在 11.1.2 小节实例的类中增加成员函数 hi()，然后通过如下代码在类体外定义。

```
class person  {
 int id;                                   //编号
 int age;                                  //年龄
 char * name;                              //姓名
 void hi();                                //公有函数
}
```

```
void person::hi(){                                    //类体外声明
cout<<"hi,it it a example."<<endl;
}
```

在上述代码中，成员函数 hi()在类体内声明，但却在类体外定义。因此在定义具体的代码时，必须用 person::hi 的形式。

知识精讲

在 C++程序中，类的每项操作都是通过方法实现的，使用某个操作就意味着要调用一个函数。这对于小的和常用的操作来说，开销是非常大的。内联函数就是用来解决这个问题的，它将该函数的代码插入在函数的每个调用处，作为函数的内部扩展，用来避免函数频繁调用机制带来的开销。虽然这种做法可以提高执行效率，但如果函数体过长会有不良后果。因此，一般对于非常简单的方法，才声明为内联函数。例如，11.1.1 小节中的成员函数 getchinese()就是一个内联函数。因此，上述代码中的成员函数 hi()要想成为内联函数，必须修改为如下形式：

```
inline float student::getchinese(){              //内联函数
return chinese;
}
```

这样在使用 inline 声明后，函数 getchinese()的代码将被插入到函数的每个调用处。

11.1.4　构造函数

在 C++程序中，构造函数就是在构造类的实例时系统自动调用的成员函数。当一个对象被创建时，它是否能够被正确地初始化，在 C++中是通过构造函数来解决问题的。每当对象被声明或者在堆栈中被分配时，构造函数即被调用。构造函数是一种特殊的类成员，其函数名和类名相同，其声明格式如下。

```
<函数名>(<参数列表>);
```

实例 11-1：构造函数的使用过程

源文件路径：daima\11\11-1

本实例的实现文件为 gouzao.cpp，具体实现代码如下。

```
class student{
private:
    int id;             //学号
//语文、英语、数学三门课程成绩
    float chinese,english,math;
public:                       //公用成员
    student();                //定义构造函数
    //构造函数，设置学号、三门课程成绩
    student(int m_id,float m_chinese,float m_english,float m_math);
    void show();
};
```

```
student::student(){                     //定义无参数构造函数，初始化各个属性
    id=0;                               //变量 id 赋值
    chinese=english=math=0;             //同时赋值 3 个变量
}
//定义有参数构造函数，初始化各个属性
student::student(int m_id,float m_chinese,float m_english,float m_math){
    id=m_id;                            //变量 id 赋值
    chinese=m_chinese;                  //变量 chinese 赋值
    english=m_english;                  //变量 english 赋值
    math=m_math;                        //变量 math 赋值
}
void student::show(){                   //定义函数 show 输出信息
    cout<<id<<endl;                     //输出 id 的值
    cout<<chinese<<endl;                //输出 chinese 的值
    cout<<english<<endl;                //输出 english 的值
    cout<<math<<endl;                   //输出 math 的值

}
int main()
    student s1(100,80,90,85);           //显式初始化
    s1.show();                          //输出信息
    student s2(s1);                     //拷贝构造
    s2.show();                          //输出信息
    return 0;
}
```

在上述代码中定义了两个构造函数：第一个构造函数不带参数，所有属性都被初始化为 0；第二个构造函数带参数，用传入的参数来初始化类的属性。构造函数的个数没有限制，可以根据需要定义多个，每个都针对不同的初始化情况。编译执行后的效果如图 11-1 所示。

图 11-1　执行效果

智慧锦囊

在定义和使用构造函数时要注意以下 4 个问题。

(1) 构造函数的名字必须与类名相同，否则编译程序将把它作为一般的成员函数来处理。

(2) 构造函数没有返回值，在声明和定义构造函数时是不能说明它的类型的。

(3) 构造函数的功能是对对象进行初始化，因此在构造函数中只能对属性做初始化，这些属性一般为私有成员。

(4) 构造函数不能像其他方法一样被显式地调用。

11.1.5　析构函数

在 C++程序中，析构函数也是一种特殊的成员函数，用来释放类中申请的内存或在退出前设置某些变量的值。当类对象离开它所在的作用范围，或者释放一个指向类对象的指针时，系统就会自动调用析构函数。析构函数不是必需的，主要用于释放互斥锁，或者释放内存，或者类对象不再使用时需要执行的特殊操作。析构函数的函数名和类名相同，只是在前面增加了一个“~”符号而已。析构函数没有任何参数，不返回任何值，其声明格式如下。

```
~<函数名>();
```

智慧锦囊

定义析构函数的方式与普通成员函数相同。析构函数可能会在程序的许多退出点被调用，所以尽量不要将它定义为内联函数，否则会导致程序代码的膨胀，降低程序执行效率。

实例 11-2：使用析构函数模拟密码登录

源文件路径：daima\11\11-2

本实例的实现文件为 xigou.cpp，具体实现代码如下。

```
class exam{                    //定义类 exam
private:                       //私有成员
    char *str;                 //变量 str
public:
    exam ();                   //声明构造函数 exam
    ~ exam ();                 //声明析构函数 exam
    void show();               //声明输出信息函数 show
};
exam:: exam (){                //编写构造函数 exam 的具体功能实现
    str=new char[10];          //新建对象
    str[0]='d';                //赋值 str 成员
    str[1]='d';                //赋值 str 成员
    str[2]='\0';               //赋值 str 成员
}
void exam::show(){             //编写输出信息函数 show 的具体功能实现
    cout << "密码是：" << str << endl;
}
exam::~ exam (){               //编写析构函数 exam 的具体功能实现
    cout<<"密码登录系统——我是析构函数!"<<endl;
    delete[] str;              //删除 str 内存
}
int main(){
    exam s1;                   //类对象
    s1.show();                 //调用输出信息函数 show
    cout<<"退出系统(退出析构函数)" <<endl;
```

```
    return 0;
}
```

在上述代码中声明了一个构造函数和一个析构函数，在构造函数内为属性 str 申请了 10 个字节的内存，并初始化。在退出程序前自动调用了类的析构函数，释放了为 str 申请的内存。编译执行后的效果如图 11-2 所示。

```
C:\WINDOWS\system32\cmd.exe
密码是：dd
退出系统（退出析构函数）
密码登录系统——我是析构函数!
请按任意键继续. . .
```

图 11-2　执行效果

11.1.6　静态成员

在 C++程序中，静态成员是用 static 修饰的成员，属性和函数都可以被说明为静态的。被定义为静态的属性或函数，在类的各个实例间是共享的，不会为每个类的实例都创建一个静态成员的实现。静态数据成员是一种特殊的属性，在定义类对象时，不会为每个类对象复制一份静态数据成员，而是让所有的类对象都共享一份静态数据成员备份。定义静态成员的语法格式如下。

```
static <数据类型> <属性名称>;
```

在 C++程序中，通常在静态函数中访问的是静态数据成员或全局变量。定义静态成员函数的语法格式如下。

```
static <返回类型> <成员函数名称>(<参数列表>);
```

实例 11-3：使用静态函数

源文件路径：daima\11\11-3

本实例的实现文件为 jingtai.cpp，具体实现代码如下。

```
class teach{                    //定义类 teach
private:                        //私有成员
//静态数据成员，用于记录学生人数
    static int counter;
    int id;                     //变量 id 表示学号

public:                         //公有成员
    teach();                    //声明构造函数 teach
    void show();                //声明输出信息函数 show
//静态成员函数，用于设置静态属性 counter
static void setcounter(int);
};
int teach::counter=1;           //静态数据成员初始化
teach::teach(){                 //编写函数 teach 的具体功能实现
    id=counter++;               //根据 counter 自动分配学号 id
}
```

```
void teach::show(){           //编写函数 show 的具体功能实现
    cout<<id<<endl;
}
void teach::setcounter(int new_counter){ //编写函数 setcounter 的具体功能实现
    counter=new_counter;                 //counter 赋值
}
void main(){
    cout << "下面是学号: " << endl;
    teach s1;                 //定义 teach 对象实例 s1
    s1.show();                //调用输出信息函数 show
    teach s2;                 //定义 teach 对象实例 s2
    s2.show();                //调用输出信息函数 show
    teach s3;                 //定义 teach 对象实例 s3
    s3.show();                //调用输出信息函数 show
    s1.setcounter(10);        //重新设置计数器
    teach s4;                 //定义 teach 对象实例 s4
    s4.show();                //调用输出信息函数 show
    teach s5;                 //定义 teach 对象实例 s5
    s5.show();                //调用输出信息函数 show
}
```

在上述代码中定义了一个静态属性 counter 和一个静态函数 setcounter。counter 是一个计数器，它在类的所有对象间共享。因此当对象 s1 被创建时，counter 被初始化为 1，接下来的对象 s2 和 s3 中 counter 都是自动增加 counter 的值。函数 setcounter()用来修改 counter，counter 也只能被静态成员函数 setcounter 修改。修改 counter 值后，对象 s4 和 s5 就从 10 开始计数。编译执行后的效果如图 11-3 所示。

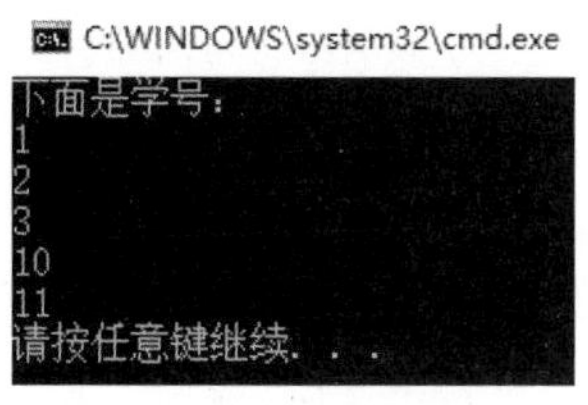

图 11-3　执行效果

11.1.7　友元

从字面上来理解，友元的含义是“朋友成员”。在 C++程序中，友元提供了直接访问类的私有成员的方法。既可以将函数定义为友元，也可以将类本身定义为友元。友元函数就是将程序中的任意一个函数，甚至是另一个类定义中的成员函数，声明为友元。该函数不是该类的成员函数，而是独立于类的外界的函数，但是该函数可以访问这个类对象中的私有成员。在 C++程序中，定义友元的语法格式如下。

```
friend <返回类型> <函数名> (<参数列表>);
```

除了友元函数外，一个类也可以被声明为另一个类的友元，该类被称为友元类。这就意味着作为友元的类中的所有成员函数都可以访问另一个类中的私有成员。声明友元类的语法格式如下。

```
friend class <类名>;
```

假设存在类 A 和类 B，如果在类 B 的定义中将类 A 声明为友元，那么类 A 的所有成员函数都可以访问类 B 中的任意成员。例如在下面的实例中演示了使用友元的具体过程。

实例 11-4：使用友元

源文件路径：daima\11\11-4

本实例的实现文件为 youyuan.cpp，具体实现代码如下。

```
class B{                            //定义类B
private:                            //私有成员
    int mm,nn;                      //定义变量 mm 和 nn
public:                             //公有成员
    B(int i,int j);                 //声明构造函数 B
    friend class A;                 //声明友元类
};

B::B(int i,int j){                  //构造函数 B 实现
    mm=i;                           //变量 mm 赋值
    nn=j;                           //变量 nn 赋值
}
class A{                            //定义类 A
private:                            //私有成员
    int ax,ay;                      //定义变量 ax 和 ay
public:                             //公有成员
    A(int i,int j);                 //声明构造函数 A
    friend int sum(A );             //声明友元函数，该函数不属于该类
    int sumB(B b);                  //该函数将访问类 B 的私有成员
};
A::A(int i,int j){                  //构造函数 A 实现
    ax=i;                           //变量 ax 赋值
    ay=j;                           //变量 ay 赋值
}
int sum(A a) {                      //定义友元函数
    return (a.ax+a.ay);             //访问类对象的 a 的私有成员 ax 和 ay
}
int A::sumB(B b){
    return (b.mm+b.nn);             //访问类对象的 b 的私有成员 mm 和 nn
}
int main(){
    B b(4,11);
    A a(5,10);
    cout << "A 的综合得分是: " << sum(a) << endl;
    cout << "B 的综合得分是: " << a.sumB(b) << endl;
    return 0;
}
```

在上述代码中，sum 被声明为类 A 的友元函数，就可以访问类 A 的私有成员，但它并不是类 A 的成员函数。因此 sum 的具体实现在类外，且不带“A::”这样的限定。类 A 又被声明为类 B 的友元，但 A 并不属于类 B，只是表明类 A 可以访问类 B 的私有成员。编译执行后的效果如图 11-4 所示。

图 11-4　执行效果

智慧锦囊

友元只是用来说明一种关系，而不是声明一个对象。即被声明为友元的对象并不属于所在的类体，不能从所在类内访问该友元。

11.1.8　使用修饰符

修饰符就是对类的成员的限定符，在 C++中主要有两种修饰符：const 和 mutable，具体说明如下。

- const：表示不希望类的对象或类的属性在程序运行的过程中被修改，当把一个类声明为 const 时，它的所有成员属性都将自动成为 const 型。
- mutable：表示总是可以修改，当需要修改某个 const 对象中的属性，这时就需要用到 mutable 修饰符。

下面的实例演示了使用 const 修饰符和 mutable 修饰符的方法。

实例 11-5：使用修饰符 const 和 mutable
源文件路径：daima\11\11-5

本实例的实现文件为 xiushi.cpp，具体实现代码如下。

```
class A{                           //定义类A
    int mm;                        //定义变量mm
    mutable int nn;                //使用mutable 修饰变量nn，表示nn总是可以修改的
public:                        //公有成员
    A(int i,int j);                //声明构造函数A
    void show();                       //声明输出信息函数show
    void show() const;                 //声明常数函数show
    void modifyY(int y) const;  //声明常数函数modifyY
};
A::A(int i,int j){                     //定义构造函数A的实现
    mm=i;                              //变量mm赋值
    nn=j;                              //变量nn赋值
}
void  A::show() {                      //定义输出信息函数show的实现
    cout<<"show()函数调用"<<endl;
    cout<<mm<<endl;                    //输出mm的值
    cout<<nn<<endl;                    //输出nn的值
}
void  A::show() const{                 //定义常数函数show的实现
    cout<<"const show()函数调用"<<endl;
    cout<<mm<<endl;                    //输出mm的值
```

```
    cout<<nn<<endl;                //输出 nn 的值
}
void A::modifyY(int y) const{     //定义常数函数 modifyY 的实现
    nn=y;                          //变量 nn 赋值
}
void main(){
    const  A a1(4,5);
    a1.show();
    a1.modifyY(7);
    a1.show();

    A a2(10,15);
    a2.show();
    a2.modifyY(10000);
    a2.show();
}
```

在上述代码中，在类 A 中声明了两个 show()函数。根据创建对象的不同，系统会自动选择调用不同的函数。当调用了 const a1 对象的 show()函数时，系统自动选择 const 成员函数。当调用非 const a2 对象时，系统自动选择非 const 成员函数。由于 a1 被定义为 const 型，因此必须将 a1 声明为 mutable 的，否则调用 modifyY 函数修改 a1 的值时将会报错，而调用 a2 的 modify 函数时，则不会。编译执行后的效果如图 11-5 所示。

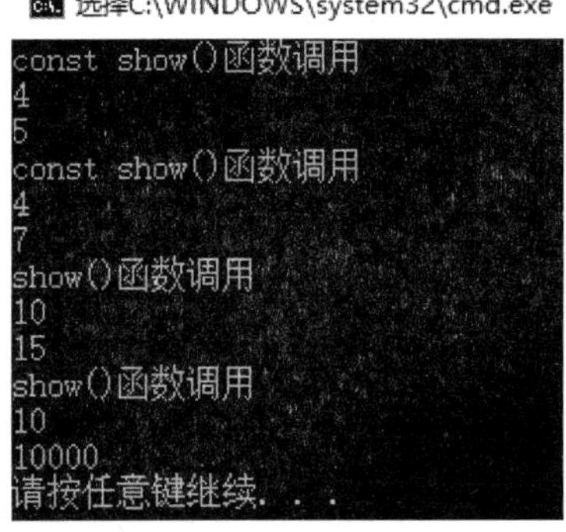

图 11-5　执行效果

11.2　对　　象

在 C++程序中，类是对某一类事物的抽象，它定义了这类事物的属性和操作。对象则是类的具体化，即用该抽象的类来说明的具体事物。在本节的内容中，将详细讲解如何用类来定义对象及对象的使用方法。

↑扫码看视频

11.2.1　定义对象

在 C++程序中，对象是类的实例，它属于某个已知的类。因此定义对象之前，一定要先定义该对象的类。对象在确定了它的类以后，其定义格式如下。

```
<类名><对象名表>
```

- <类名>：是待定的对象所属的类的名字，即所定义的对象是该类类型的对象。
- <对象名表>：可以有一个或多个对象名，多个对象名时用逗号分隔。在<对象名表>中，可以是一般的对象名，也可以是指向对象的指针名或引用名，还可以是对象数组名。

在 C++程序中，一个对象的成员就是该对象的类所定义的成员。对象成员有数据成员和成员函数，其表示方式如下。

```
<对象名>.<成员名>  <对象名>-><成员名>
```

或者：

```
<对象名>.<成员名>(<参数表>)  <对象名>-><成员名>(<参数表>)
```

在上述两种方式中，前者用来表示数据成员，后者用来表示成员函数。“.”是点运算符，表示普通对象对成员的引用。“->”是指针运算符，表示指针对象对成员的引用。例如在下面的代码中，演示了 3 种定义对象的方式。

```
student s1,s3;                                        //普通对象
student *ps2;                                         //对象指针
student student_array[10];                            //对象数组
s1.math=100;                                          //对象属性
s1.setmath(100);                                      //成员函数
ps2->math=90;                                         //直接用指针访问成员
ps2->setmath(90);
(*ps2).math=90;                                       //间接访问成员
(*ps2).setmath(90);
student_array[0].math=100;
student_array[0].setmath(100);
```

在上述代码中，定义了 4 个对象。当用普通对象访问对象的成员时，使用了“.”运算符。用对象指针访问成员时，除使用“->”运算符外，也使用了“.”的形式。前者是直接用指针访问对象的成员，后者是先访问对象，再访问对象的成员，两者是等价的。

11.2.2　对象数组

当在程序中定义一个对象后，就可以像使用变量一样来使用该对象。在 C++程序中，对象数组是指每一个数组元素都是对象的数组。也就是说，若某一个类有若干对象，就可以把这一系列对象用一个数组来存放。定义对象数组的语法格式如下。

```
<类名> <数组名> [<数组长度>];
```

实例 11-6：使用对象数组

源文件路径：daima\11\11-6

本实例的实现文件为 shuzu.cpp，具体实现代码如下。

```
class zhigong{              //定义类 zhigong
private:                    //私有成员
    static int counter; //静态数据成员，用于记录职工人数
    int id;                 //学号
    char* name;             //姓名
//3 个变量分别表示语文、英语、数学三门课程成绩
    float chinese,english,math;
public:                     //公有成员
    zhigong();              //构造函数
    //构造函数，设置学号、姓名、三门课程成绩
    zhigong(char * n_name,float n_chinese,float n_english,float n_math);
   ~zhigong();              //析构函数
    void show();            //输出成员信息
};
int zhigong::counter=1;//初始化计数器
zhigong::zhigong(){         //定义实现无参构造函数
    id=counter++;
    name="##";
   chinese=english=math=0;
}
//定义实现有参构造函数
zhigong::zhigong(char * n_name,float n_chinese,float n_english,float n_math){
    id=counter++;
    name=n_name;
    chinese=n_chinese;
    english=n_english;
    math=n_math;
}

zhigong::~zhigong(){            //定义实现无参析构函数
    cout<<"zhigong"<<id<<" is released!"<<endl;
}
void zhigong::show(){           //定义实现输出信息函数
    cout<<"学号"<<setw(6)<<"姓名"<<setw(6)<<"语文"<<setw(6)<<"英语"<<setw(6)<<
"数学"<<endl;
    cout<<id<<setw(6)<<name<<setw(6)<<chinese<<setw(6)<<english<<setw(6)
<<math<<endl;
}
void main(){
    cout << "---------------------------" << endl;
    zhigong zhigong_array[10];          //定义对象数组
    for (int i=0;i<10;i++)              //for 循环遍历
        zhigong_array[i].show();        //调用输出信息函数
}
```

通过上述代码创建对象数组时，系统自动调用无参数的构造函数 zhigong()，而程序退出前，系统会自动依次调用析构函数。对象数组与普通数组一样，只是每个数组的成员都是一个对象而已。编译执行后的效果如图 11-6 所示。

图 11-6　执行效果

智慧锦囊

在定义对象数组不能给构造函数传递参数时，在类中必须有一个不带参数的构造函数或带默认参数的构造函数。在上面的例子中就是系统自动调用无参数的构造函数。

11.2.3　对象指针

在 C++程序中除了可以直接引用对象外，还可以通过对象指针来引用。对象指针的定义和使用方法同指向变量的指针是相同的。例如可以将前面实例 11-6 中的主函数进行修改，在如下代码中加入对象指针。

```
…//同上
 void main(){
    student student_array[10];
    student *s;
    s=student_array;
    for (int i=0;i<10;i++,s++)
        s->show();
 }
```

在上述代码中定义了指向 student 类的指针 s，通过指针 s 访问类调用的方法。如果运行上述代码，会发现上述代码执行后和前面实例的运行结果相同。

11.3 实践案例与上机指导

通过本章的学习，读者基本可以掌握C++面向对象之类和对象的知识。其实相关的知识还有很多，这需要读者通过课外渠道来加深学习。下面通过练习操作，以达到巩固学习、拓展提高的目的。

↑扫码看视频

在C++语言中，this指针是指向调用成员函数的类对象的指针。在定义类对象时，每一个类对象都会拥有一份独立的非静态的数据成员，而共享同一份成员函数的备份。显然，这样做的好处是可以节约存储空间，但是，在程序运行过程中，类对象是如何将成员函数绑定到属于自己的数据成员上的呢？完成这项绑定任务的就是this指针。

下面的例子演示了在C++程序中使用this指针的方法。

实例11-7：在C++中使用this指针

源文件路径：daima\11\11-7

本实例的实现文件为this.cpp，具体实现代码如下。

```
class student{                  //定义类 student
private:                        //私有成员
char *name;                     //指针成员变量
int id;                         //变量 id
public:                         //公有成员
student(char *pName="no name",int ssId=0){ //构造函数 student
id=ssId;                        //id 赋值
name=new char[strlen(pName)+1];      //新建对象
strcpy(name,pName);
cout<<"construct new student "<<pName<<endl;
}
void copy(student &s){              //编写函数 copy 的具体实现
if (this==&s){                      //如果 this 和 s 相等
cout<<"Erro:can't copy one to oneself!"<<endl;      //输出不能拷贝自己的提示
return;
}else{
//新建一个长度为 len+1 的字符数组，类似拷贝构造函数
//因为 strlen 是计算字符串有多少字符的，不包括结束符，所以加 1
name=new char[strlen(s.name)+1];
//函数 strcpy 的原型是：extern char *strcpy(char *dest,char *src);
//函数 strcpy 的功能是：把从 src 地址开始且含有 NULL 结束符的字符串复制到以 dest 开始的
//地址空间，返回 dest(地址中存储的为复制后的新值)
strcpy(name,s.name);                //使用函数 strcpy 复制 s.name
id=s.id;
cout<<"the function is deposed!"<<endl;
```

```
}
}
 void disp(){                          //编写函数 disp 的具体功能实现
cout<<"Name:"<<name<<" Id:"<<id<<endl;
}
~student(){                            //编写析构函数 student 的具体功能实现
 cout<<"Destruct "<<name<<endl;
delete name;
}
};
int main(){
student a("Kevin",12),b("Tom",23);
a.disp();
b.disp();
a.copy(a);
b.copy(a);
a.disp();
b.disp();
return 0;
}
```

在上述代码中，通过使用 this 指针实现了对象资源的拷贝。编译执行后的效果如图 11-7 所示。

```
C:\WINDOWS\system32\cmd.exe
construct new student Kevin
construct new student Tom
Name:Kevin Id:12
Name:Tom Id:23
Erro:can't copy one to oneself!
the function is deposed!
Name:Kevin Id:12
Name:Kevin Id:12
Destruct Kevin
Destruct Kevin
请按任意键继续. . .
```

图 11-7　执行效果

11.4　思考与练习

本章详细讲解了 C++面向对象之类和对象的知识，在讲解过程中，通过具体实例介绍了使用类和对象的方法。通过本章的学习，读者应该熟悉使用类和对象的知识，掌握它们的使用方法和技巧。

1. 选择题

(1) 析构函数的函数名和类名相同，只是在前面增加了一个(　　)符号而已。

A. ~　　B. .　　C. -　　D. .?

(2) 在 C++程序中，静态成员是用(　　)修饰的成员，属性和函数都可以被说明为静态的。

A. Static　　B. jing　　C. static

2. 判断对错

(1) 在 C++程序中，友元提供了直接访问类的私有成员的方法。既可以将函数定义为友元，也可以将类本身定义为友元。 ( )

(2) 在 C++程序中，对象是类的实例，它属于某个已知的类。在定义对象之前，无须先定义该对象的类。 ( )

3. 上机练习

(1) 在类中实现事件。

(2) 使用命名空间。

第 12 章

命名空间和作用域

本章要点

- 初步认识命名空间
- 使用命名空间
- 作用域

本章主要内容

在 C++语言中，命名空间的功能是将相关的类型进行分组并进行逻辑命名。命名空间能够将各种命名实体进行分组，各组之间可以相互不影响，避免出现重名。在本章的内容中，将详细介绍 C++命名空间和作用域的基本知识，为读者步入本书后面知识的学习打下基础。

12.1 初步认识命名空间

从广义上来说，命名空间是一种封装事物的方法。在很多地方都可以见到这种抽象概念。例如在操作系统中目录用来将相关文件分组，对于目录中的文件来说，它就扮演了命名空间的角色。

↑扫码看视频

12.1.1 命名空间介绍

在 C++语言中，名称(name)可以是符号常量、变量、宏、函数、结构、枚举、类和对象等。为了避免在大规模程序的设计中，以及在程序员使用各种各样的 C++库时，这些标识符的命名发生冲突，在标准 C++引入了关键字 namespace(命名空间/名字空间/名称空间/名域)，以便可以更好地控制标识符的作用域。在 MFC 中并没有使用命名空间，但是在.NET 框架、MC++和 C++/CLI 中，都大量使用了命名空间。在 C++程序中，与命名空间相关的概念如下。

- 声明域(declaration region)：是声明标识符的区域。如在函数外面声明的全局变量，它的声明域为声明所在的文件。在函数内声明的局部变量，它的声明域为声明所在的代码块(例如整个函数体或整个复合语句)。
- 潜在作用域(potential scope)：从声明点开始，到声明域的末尾的区域。因为 C++采用的是先声明后使用的原则，所以在声明点之前的声明域中，标识符是不能用的。即标识符的潜在作用域，一般会小于其声明域。
- 可见性(scope)：标识符对程序可见的范围。标识符在其潜在作用域内，并非在任何地方都是可见的。例如，局部变量可以屏蔽全局变量、嵌套层次中的内层变量可以屏蔽外层变量，从而被屏蔽的全局或外层变量在其被屏蔽的区域内是不可见的。所以，一个标识符的作用域可能小于其潜在作用域。
- 命名空间(namespace)：是一种描述逻辑分组的机制，可以将按某些标准在逻辑上属于同一个集团的声明放在同一个命名空间中。

在前面已经了解到 C++标识符的作用域分为三级，分别是代码块、类和全局。而命名空间可以是全局的，也可以位于另一个命名空间之中，但是不能位于类和代码块中。在命名空间中声明的名称(标识符)，默认具有外部链接特性(除非它引用了常量)。因为在所有命名空间之外还存在一个全局的命名空间，它对应于文件级的声明域，所以在命名空间机制中，原来的全局变量现在被认为位于全局命名空间中。标准 C++库(不包括标准 C 库)中，包含的所有内容(包括常量、变量、结构、类和函数等)都被定义在命名空间“std”(standard 标准)中了。

12.1.2　定义命名空间

在 C++程序中，定义命名空间的语法格式如下。

```
namespace 命名空间名 {
              声明序列可选(可以定义常量、变量、函数)
}
```

定义无名命名空间的语法格式如下。

```
namespace {
              声明序列可选
}
```

在 C++语言中，在外部定义命名空间成员的语法格式为：

```
命名空间名::成员名……
```

在声明一个命名空间时，大括号内的成员不仅可以包括变量，而且还可以包括的类型有：变量(可以带有初始化)、常量、结构体、类、模板、命名空间(在一个命名空间中又定义一个命名空间，即嵌套的命名空间)。

例如在下面的代码中，在命名空间 nsl 中设置了几种不同类型的成员。

```
namespace nsl{
 const int RATE=0.08;                                    //常量
   doublepay;                                            //变量
   doubletax(){                                          //函数
     return a*RATE;
}
  Namespace ns2 {                                        //嵌套的命名空间
     int age;
}
}
```

如果想输出上述代码命名空间 nsl 中的成员的数据，可以采用下面的代码实现。

```
cout<<nsl::RATE<<endl;
cout<<nsl::pay<<endl;
cout<<nsl::tax()<<endl;
cout<<nsl::ns2::age<<endl;         //需要指定外层的和内层的命名空间名
```

虽然命名空间的方法和使用方法与类差不多，但是它们之间还是有一点差别，在声明类时在右花括号的后面有一个分号，而在定义命名空间时，花括号的后面没有分号。例如在下面的实例中，演示了定义 C++命名空间的方法。

实例 12-1：定义 C++命名空间
源文件路径：daima\12\12-1

本实例的实现文件为 dingyi.cpp，主要实现代码如下。

```
using namespace std;           //引入预定义的名字空间
namespace kongjianA{           //定义命名空间 kongjianA
class A{                       //定义类 A
```

```
public:                          //公有成员
int fun(void){                   //定义函数 fun
cout<<"类 A 在命名空间 kongjianA 中"<<endl;
return 1;
};
};
    char *str="In namespace kongjianA";
}
namespace kongjianB{             //定义命名空间 kongjianB
class A{                         //定义类 A
public:                          //公有成员
int fun(void){                   //定义函数 fun
cout<<"这个类 A 在命名空间 kongjianB 中"<<endl;
return 1;
};
    };
    char *str="In namespace kongjianB";
}
int main(int argc, char* argv[]){
    kongjianA::A aa;    //用空间 kongjianA 声明变量，类名与下一个变量的类名相同
    kongjianB::A ba;    //用空间 kongjianB 声明变量
    aa.fun();           //调用 aa 中的函数 fun
    ba.fun();           //调用 ba 中的函数 fun
    cout<<kongjianA::str<<endl;
    cout<<kongjianB::str<<endl;
    return 0;
}
```

在上述代码中，分别定义了两个命名空间 kongjianA 和 kongjianB，在这两个命名空间内都有同样的类名 A 和变量 str。编译执行后的效果如图 12-1 所示。

```
C:\WINDOWS\system32\cmd.exe
类A在命名空间kongjianA中
这个类A在命名空间kongjianB中
In namespace kongjianA
In namespace kongjianB
请按任意键继续. . .
```

图 12-1　执行效果

12.2　使用命名空间

在 C++语言中有 3 种使用命名空间的方法，分别是使用域限定符、使用 using 声明和使用别名。在本节的内容中，将详细讲解这三种使用命名空间的方法。

↑扫码看视频

12.2.1　使用域限定符

在 C++程序中，域限定符即作用域解析运算符“::”，对命名空间中成员的引用，需要使用命名空间的作用域解析运算符::。使用域限定符的语法格式如下。

```
空间名::空间成员;
```

如果是嵌套的命名空间，则需要写出所有的空间名，具体语法格式如下。

```
空间名 1:: 空间名 2:: …空间名 n::空间成员;
```

实例 12-2：定义并使用命名空间
源文件路径：daima\12\12-2

实例文件的主要实现代码如下。

```
namespace MyName1       //定义命名空间
{
    int iValue=10;      //定义变量 iValue 的初始值为 10
 };

namespace MyName2       //定义命名空间
{
    int iValue=20;      //定义变量 iValue 的初始值为 20

};
int iValue=30;          //定义全局变量 iValue 的初始值为 30
int main()
{
    cout<<MyName1::iValue<<endl;          //引用 MyName1 命名空间中的变量
    cout<<MyName2::iValue<<endl;          //引用 MyName2 命名空间中的变量
    cout<<iValue<<endl;
    return 0;
}
```

执行效果如图 12-2 所示。

图 12-2　执行效果

知识精讲

在 C++程序中，使用 using 指令的关键字是“using namespace”，此方法只能作用于一个命名空间，它明确指明了用到的命名空间，具体语法格式如下。

```
using namespace 空间名;
using 空间名::空间成员;
```

12.2.2 使用 using 声明

在 C++程序中，除了可以使用 using 编译指令(组合关键字 using namespace)外，还可以使用 using 声明来简化对命名空间中的名称的使用。使用 using 指令的语法格式为：

```
using 命名空间名::[命名空间名::…]成员名;
```

注意，在关键字 using 后面并没有跟关键字 namespace，而且最后必须为命名空间的成员名(而在 using 编译指令的最后，必须为命名空间名)。与 using 指令不同的是，using 声明只是把命名空间中的某个成员的名称添加到该声明所在的区域中，使得该成员可以不需要采用(多级)命名空间的作用域解析运算符来定位，而直接被使用。但是该命名空间的其他成员仍然需要作用域解析运算符来定位。例如：

```
#include "out.h"
#include <iostream>
using namespace Outer;                  //注意，此处无::Inner
using namespace std;
// using Inner::f;                      //编译错误，因为函数 f()有名称冲突
using Inner::g; //此处省去 Outer::，是因为 Outer 已经被前面的 using 指令作用过了
using Inner::h;
int main( ) {
       i = 0;                           //等价：Outer::i
       f();                             //等价：Outer::f()，Outer::i = -1;
       Inner::f();                      //等价：Outer::i = 0;
       Inner::i = 0;
       g();                             //等价：Inner::g()，Inner::i = 1;
       h();                             //等价：Inner::h()，Inner::i = 0;
       cout << "Hello, World!" << endl;
       cout << "Outer::i = " << i << ", Inner::i = " << Inner::i << endl;
}
```

12.2.3 使用别名

C++语言之所以引入命名空间的概念，主要是为了避免成员的名称冲突问题。如果用户都给自己的命名空间取了简短的名称，那么这些(往往同是全局级的)命名空间本身可能会发生名称冲突的问题。如果单纯为了避免冲突问题而为命名空间取很长的名称，则使用起来就会不方便。在具体 C++编程过程中，有时会因为命名太长而不易使用，此时为了简化代码编写，可以给其命名为一个别名，具体格式如下。

```
namespace 别名 = 空间名;
```

除了可以避免成员的名称发生冲突之外，命名空间还可以使代码保持局部性，从而保护代码不被他人非法使用。如果主要的目的是后者，而且又想为命名空间取一个好听、有意义且与别人的命名空间不重名的名称而烦恼的话，标准 C++还允许定义一个无名命名空间。可以在当前编译单元中(无名命名空间之外)直接使用无名命名空间中的成员名称，但是在当前编译单元之外，它又是不可见的。在 C++程序中定义无名命名空间的格式为：

```
namespace {
```

```
        声明序列可选
}
```

因为在标准 C++中有一个隐含的使用指令，所以上面的定义格式等价于下面的格式。

```
namespace $$$ {
        声明序列可选
}
using namespace $$$;
```

例如：

```
namespace
        int i;
        void f() {}
int main() {
        i = 0;                          //可直接使用无名命名空间中的成员 i
        f();                            //可直接使用无名命名空间中的成员 f()
}
```

12.3 作　用　域

作用域在许多程序设计语言中非常重要。通常来说，一段程序代码中所用到的名字并不总是有效或可用的，而限定这个名字的可用性的代码范围就是这个名字的作用域。通过作用域可以告诉我们一个变量的有效范围，它在哪儿创建，在哪儿销毁(也就是说超出了作用域)。

↑扫码看视频

12.3.1　和作用域相关的概念

要想完全理解作用域，需要先掌握如下 7 个概念。

1. 全局变量

全局变量是在所有函数体的外部定义的，程序的所在部分(甚至其他文件中的代码)都可以使用。全局变量不受作用域的影响，也就是说，全局变量的生命期一直到程序的结束。如果在一个文件中使用 extern 关键字来声明在另一个文件中存在的全局变量，那么这个文件可以使用这个数据。

2. 局部变量

局部变量总是在一个指定的作用域内有效，局部变量经常被称为自动变量，因为它们在进入作用域时自动生成，在离开作用域时自动消失。关键字 auto 可以显式地说明这个问题，但是局部变量默认为 auto，所以没有必要声明为 auto。

3. 寄存器变量

寄存器变量通过关键字 register 定义。寄存器变量是一种局部变量，通过关键字 register 告诉编译器“尽可能快地访问这个变量”。加快访问速度取决于现实，但是正如其名字所暗示的那样，这经常是通过在寄存器中放置变量来做到的。这并不能保证将变量放置在寄存器中，甚至也不能保证提高访问速度，这只是对编译器的一个暗示。

使用 register 变量是有限制的，不可能得到或计算 register 变量的地址。register 变量只能在一个块中声明(不可能有全局的或静态的 register 变量)。然而可以在一个函数中(即在参数表中)使用 register 变量作为一个形式参数。

4. 静态变量

静态变量使用关键字 static 定义。在函数中定义的局部变量在函数中作用域结束时消失，当再次调用这个函数时会重新创建变量的存储空间，其值会被重新初始化。如果想使局部变量的值在程序的整个生命期里仍然存在，我们可以定义函数的局部变量为 static(静态的)，并给它一个初始化。初始化只在函数第一次调用时执行，函数调用之间变量的值保持不变，这种方式，函数可以“记住”函数调用之间的一些信息片段。static 变量的优点是在函数范围之外它是不可用的，所以它不可能被轻易改变，这会使错误局部化。

5. 外部变量

外部变量使用关键字 extern 定义。extern 告诉编译器存在着一个变量和函数，即使编译器在当前的文件中没有看到它。这个变量或函数可能在一个文件或者在当前文件的后面定义。例如在下面的代码中，编译器会知道 i 肯定作为全局变量存在于某处。当编译器看到变量 i 的定义时，并没有看到别的声明，所以知道它在文件的前面已经找到了同样声明的 i。

```
extern int i;
```

6. 常量

外部变量使用关键字 const 定义。const 告诉编译器这个名字表示常量，不管是内部的还是用户定义的数据类型都可以定义为 const。如果定义了某对象为常量，然后试图改变它，编译器将会产生错误。在 C++程序中，一个 const 必须有初始值。

7. volatile 变量

在 C++程序中，限定词 const 告诉编译器“这是不会改变的”(这就是允许编译器执行额外的优化)。而限定词 volatile 则告诉编译器“不知道何时变化”，防止编译器依据变量的稳定性作任何优化。

12.3.2 作用域的分类

在 C++程序中，通常将作用域划分为如下 5 大类。

1. 文件作用域

文件作用域就是从声明的地方开始直到文件的结尾。在函数和类之外说明的标识符具

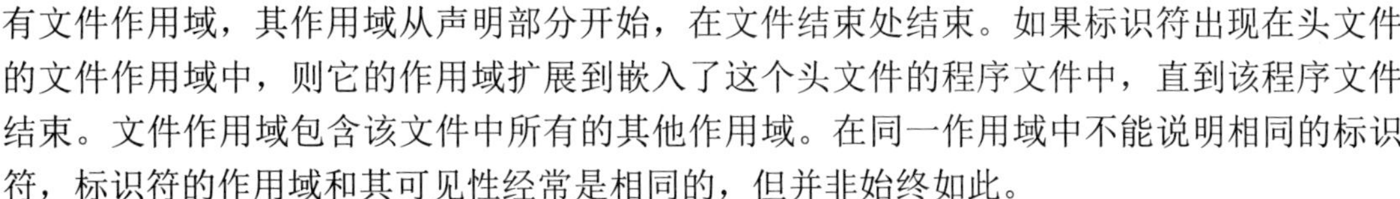

有文件作用域，其作用域从声明部分开始，在文件结束处结束。如果标识符出现在头文件的文件作用域中，则它的作用域扩展到嵌入了这个头文件的程序文件中，直到该程序文件结束。文件作用域包含该文件中所有的其他作用域。在同一作用域中不能说明相同的标识符，标识符的作用域和其可见性经常是相同的，但并非始终如此。

2. 块作用域

块是函数中一对花括号(包括函数定义所使用的花括号)所括起的一段区域。在块内说明的标识符具有块作用域，它开始于标识符被说明的地方，并在标志该块结束的右花括号处结束。如果一个块内有一个嵌套块，并且该块内的一个标识符在嵌套块开始之前说明，则这个标识符的作用域包含嵌套块。函数的形参具有块作用域，其开始点在标志函数定义开始的第一个左花括号处，结束于标志函数定义结束的右花括号处。

3. 函数原型作用域

在函数说明的参数表中说明的标识符具有函数原型作用域，该作用域终止于函数原型说明的末尾。例如：

```
int sum(int first, int second);
second=0;                          //错，标识符 second 在此不可见
```

4. 函数作用域

具有函数作用域的标识符在该函数内的任何地方可见。在 C++程序中，只有 goto 语句的标号具有函数作用域。因此，标号在一个函数内必须唯一。

5. 类作用域

类的作用域是指类成员的有效范围和成员函数名查找顺序。类的作用域简称类域，它是指在类的定义中由一对花括号所括起来的部分。每一个类都具有该类的类域，该类的成员在当前类域中起作用。从类的定义中可知，类域中不但可以定义变量，而且也可以定义函数。从这一点上看，类域与文件域很相似。但是，类域又不同于文件域，在类域中定义的变量不能使用 auto、register 和 extern 等修饰符，只能用 static 修饰符，而定义的函数也不能用 extern 修饰符。另外，在类域中的静态成员和成员函数还具有外部的连接属性。

在文件域中可以包含类域，类域小于文件域，在类域中可包含成员函数的作用域。由于类中成员的特殊访问规则，使得类中成员的作用域变得比较复杂。例如下面的实例演示了作用域在 C++程序中的作用。

实例 12-3：演示作用域的作用

源文件路径：daima\12\12-3

首先编写主文件 zuoyongyu.app，具体代码如下。

```
#include "123.h"           //引入函数 fun 所在的头文件
namespace Space{           //定义命名空间 Space
    void fun(void){        //定义自己的函数 fun
        cout<<"fun : from Space"<<endl;
    }
```

```
    string str="str : from Space";
}
class Lei{              //定义类 Lei，在该类中也有函数 fun
public:
    void fun(void){ //定义函数 fun
        cout<<"fun : from Lei"<<endl;
    }
    string str;         //定义变量 str
    Lei(){              //定义构造函数 Lei

        str.assign("str : from Lei");
    }
};
void fun1(void){            //在文件内直接定义函数 fun1
    cout<<"fun1 : from this file"<<endl;
}
string str1="str1 : from this file";        //在文件内直接定义变量
int main(int argc, char* argv[]){
    string str1="str1 : local";             //在主函数内定义变量
    Lei Lei;                                //使用文件内定义的类
    Lei.fun();
    Space::fun();                           //使用命名空间内的函数
    fun();                                  //使用其他文件中的函数
    fun1();                                 //使用文件域内的函数
    cout<<Space::str.c_str()<<endl;         //使用空间内的变量
    cout<<Lei.str.c_str()<<endl;            //使用类内的变量
    cout<<str.c_str()<<endl;                //使用文件域内的变量
    cout<<str1.c_str()<<endl;               //使用主函数内的变量
    cout<<::str1.c_str()<<endl;             //带限定符使用
    return 0;
}
```

在上述代码中，引用了另外一个文件 123.h 中定义的函数 fun()。接下来再编写外部文件 123.h，具体代码如下。

```
using namespace std;
void fun(void){                         //定义实现函数 std
    cout<<"fun : from other file"<<endl;
}
string str="str : from other file";
```

在上述代码中，定义了函数 fun(void)。将程序编译执行后的效果如图 12-3 所示。

```
C:\WINDOWS\system32\cmd.exe
fun : from Lei
fun : from Space
fun : from other file
fun1 : from this file
str : from Space
str : from Lei
str : from other file
str1 : local
str1 : from this file
请按任意键继续. . .
```

图 12-3　执行效果

12.4　实践案例与上机指导

通过本章的学习，读者基本可以掌握 C++命名空间和作用域的知识。其实 C++命名空间和作用域的知识还有很多，这需要读者通过课外渠道来加深学习。下面通过练习操作，以达到巩固学习、拓展提高的目的。

↑扫码看视频

下面的实例演示了通过 using 指令使用命名空间的方法。

实例 12-4：演示使用命名空间的方法
源文件路径：daima\12\12-4

首先编写主文件 qiantao.app，具体代码如下。

```
#include "123.h"
using namespace lingwai;     //调用命名空间 lingwai
namespace ThisFile{          //定义自己的名字空间
    char *str="char *str,in ThisFile namespace";
    void fun(void){          //定义函数 fun
        cout<<"function fun,in ThisFile namespace"<<endl;
    }
 }
namespace{                   //定义无名的命名空间
    char *unnamed="unnamed namespace";
}
int main(int argc, char* argv[]){
    cout<<str<<endl;
    fun();                   //调用来自空间 lingwai 的函数 fun
    cout<<ThisFile::str<<endl;
    ThisFile::fun();         //调用自己的命名空间中的函数 fun
    cout<<unnamed<<endl;     //调用无名的命名空间
    return 0;
}
```

在上述代码中，引用了另外一个命名空间 lingwai，此命名空间在文件 123.h 中被定义。接下来再编写外部文件 123.h，主要实现代码如下。

```
namespace lingwai{           //定义命名空间 lingwai
    char *str="char *str,in lingwai namespace";
    void fun(void)  {
        cout<<"function fun,in lingwai namespace"<<endl;
    }
}
```

在上述代码中定义了命名空间 lingwai，编译执行后的效果如图 12-4 所示。

```
C:\Windows\system32\cmd.exe
char *str,in lingwai namespace
function fun,in lingwai namespace
char *str,in ThisFile namespace
function fun,in ThisFile namespace
unnamed namespace
请按任意键继续. . .
```

图 12-4　执行效果

智慧锦囊

为了省去每次调用 Inner 成员和标准库的函数和对象时都要添加 Outer::Inner::和 sta::的麻烦，可以使用标准 C++的 using 编译指令来简化对命名空间中的名称的使用。具体语法格式为：

```
using namespace 命名空间名[::命名空间名…];
```

在这条语句之后，就可以直接使用该命名空间中的标识符，而不必写前面的命名空间定位部分。因为通过使用 using 指令，使所指定的整个命名空间中的所有成员都直接可用。

12.5　思考与练习

本章详细讲解了 C++命名空间和作用域的知识，在讲解过程中，通过具体实例介绍了使用 C++命名空间和作用域的方法。通过本章的学习，读者应该熟悉使用 C++命名空间和作用域的知识，掌握它们的使用方法和技巧。

1. 选择题

(1) 在 C++程序中，定义命名空间的标识符是(　　)。

A. name　　B. namepace　　C. namespace

(2) 在 C++程序中，域限定符即作用域解析运算符是(　　)。

A. ::　　B. :　　C. .　　D. ?

2. 判断对错

(1) 在 C++程序中，使用 using 指令的关键字是"using namespace"，此方法只能作用于一个命名空间，它明确指明了用到的命名空间。　　(　　)

(2) 在 C++程序中，除了可以使用 using 编译指令(组合关键字 using namespace)外，还可以使用 using 声明来简化对命名空间中的名称的使用。　　(　　)

3. 上机练习

(1) 使用纯虚函数代替接口。

(2) 定义嵌套类。

第 13 章

类的继承和派生

本章要点

- 继承与派生的基本概念
- C++的继承机制
- 派生一个类
- 单继承和多重继承

本章主要内容

面向对象语言有 4 个最主要特点：抽象、封装、继承和多态性。在前面的章节中已经学习了类和对象，了解了 C++的两个重要特征：抽象和封装，想必读者已经能够设计出基于面向对象的程序，这是面向对象程序设计的基础。在本章的内容中，将详细介绍 C++类的继承和派生的知识。

13.1 继承与派生的基本概念

在 C++程序中，类的继承是新的类从已有的类中取得已有的特性，诸如数据成员、成员函数等。类的派生是从已有的类产生新类的过程，这个已有的类称为基类或者父类，而新类则称为派生类或者子类，派生类具有基类的数据成员和成员函数，同时增加了新的成员。

↑扫码看视频

从派生类的角度，根据其拥有的基类数目的不同，可以分为单继承和多继承。一个类只有一个直接基类时，称为单继承；而一个类同时有多个直接继承类时，则称为多继承。

一个新类从已有的类那里获得其已有特性，这种现象称为类的继承。通过继承，一个新建子类从已有的父类那里获得父类的特性。从另一个角度来说，从已有的类(父类)产生一个新的子类，称为类的派生。具体来说有如下两个特点。

- 一个派生类只从一个基类派生，这称为单继承(Single Inheritance)，这种继承关系所形成的层次是一个树型结构。
- 一个派生类有两个或多个基类的称为多重继承(MulUple Inheritance)。

关于基类和派生类的关系，可以表述为：派生类是基类的具体化，而基类则是派生类的抽象。例如小学生、中学生、大学生、研究生、留学生是学生的具体化，他们是在学生的共性基础上加上某些特点形成的子类。而学生则是对各类学生共性的综合，是对各类具体学生特点的抽象。基类综合了派生类的公共特征，派生类则在基类的基础上增加某些特性，把抽象类变成具体的、实用的类型。

13.2 C++的继承机制

在 C++程序中，通过继承一个新建子类从已有的父类那里获得父类的特性。通过使用继承，可以实现更加健壮性和可扩展性的代码。在本节内容中，将详细详解 C++派生一个类的知识。

↑扫码看视频

13.2.1 定义继承

在 C++程序中，定义单继承的语法格式如下。

```
class <派生类名>:<继承方式><基类名>{
<派生类新定义成员>
};
```

在上述格式中，<派生类名>是新定义的一个类的名字，它是从<基类名>中派生的，并且按指定的<继承方式>派生的。<继承方式>常使用如下三种关键字给予表示。

- public：表示公有基类。
- private：表示私有基类。
- protected：表示保护基类。

在 C++程序中定义多继承的语法格式如下。

```
class <派生类名>:<继承方式 1><基类名 1>,<继承方式 2><基类名 2>,…{
<派生类新定义成员>
};
```

从上述定义格式上看，多继承与单继承的区别主要是多继承的基类多于一个。例如下面的实例演示了使用继承成员的过程。

实例 13-1：用户登录系统

源文件路径：daima\13\13-1

本实例的主要实现代码如下。

```
class CEmployee                          //定义家族成员类
{
public:
    int m_ID;                                //定义家族成员 ID
    char m_Name[128];                        //定义家族成员姓名
    char m_Depart[128];                      //定义所属部门
    CEmployee()                              //定义默认构造函数
    {
        memset(m_Name, 0, 128);              //初始化 m_Name
        memset(m_Depart, 0, 128);            //初始化 m_Depart
    }
    void OutputName()                        //定义共有成员函数
    {
        cout << "成员姓名：" << m_Name << endl;      //输出家族成员姓名
    }
};
class COperator :public CEmployee    //定义一个操作员类，从 CEmployee 类派生而来
{
public:
    char m_Password[128];                    //定义密码
    bool Login()                             //定义登录成员函数
    {
        if (strcmp(m_Name, "老大") == 0 &&  //比较用户名
            strcmp(m_Password, "KJ") == 0)  //比较密码
        {
            cout << "登录成功!" << endl; //输出信息
            return true;                 //设置返回值
        }
        else
```

```
            {
                cout << "登录失败!" << endl; //输出信息
                return false;              //设置返回值
            }
        }
};
int main(int argc, char* argv[])
{
    cout << "登录系统" << endl;
    cout << "-------------------------------------------" << endl;
    COperator optr;                     //定义一个 COperator 类对象
    strcpy(optr.m_Name, "老大");        //访问基类的 m_Name 成员
    strcpy(optr.m_Password, "KJ");      //访问 m_Password 成员
    optr.Login();                       //调用 COperator 类的 Login 成员函数
    optr.OutputName();                  //调用基类 CEmployee 的 OutputName 成员函数
    return 0;
}
```

执行后的效果如图 13-1 所示。

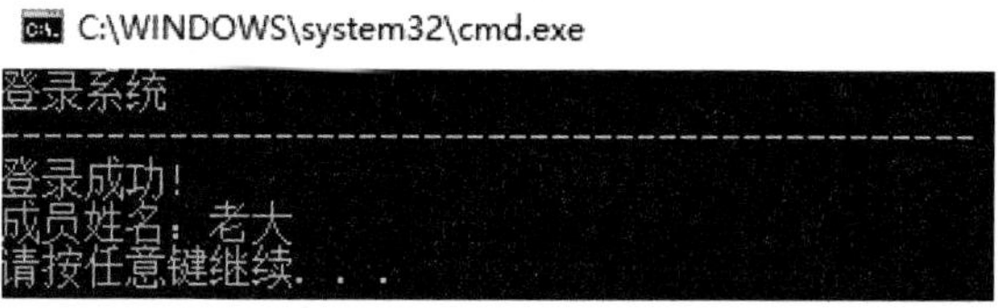

图 13-1　执行效果

13.2.2　派生类的继承方式

在 C++程序中，派生类有三种继承方式，分别是公有继承(public)、私有继承(private)和保护继承(protected)。在下面的内容中将详细讲解上述三种继承方式的知识。

1)　公有继承

公有继承的特点是基类的公有成员和保护成员作为派生类的成员时，它们都保持原有的状态，而基类的私有成员仍然是私有的。

2)　私有继承

私有继承的特点是基类的公有成员和保护成员都作为派生类的私有成员，并且不能被这个派生类的子类所访问。

3)　保护继承

保护继承的特点是基类的所有公有成员和保护成员都成为派生类的保护成员，并且只能被它的派生类成员函数或友元访问，基类的私有成员仍然是私有的。

在表 13-1 中列出了三种不同的继承方式的基类特性和派生类特性。

表 13-1　不同继承方式的基类和派生类特性

继承方式	基类特性	派生类特性
公有继承	public	public
	protected private	protected 不可访问

续表

继承方式	基类特性	派生类特性
私有继承	public	private
	protected private	private 不可访问
保护继承	public	protected
	protected private	protected 不可访问

为了进一步理解三种不同的继承方式在其成员的可见性方面的区别，接下来将从三种不同角度进行讨论。

1. 公有继承方式

(1) 基类成员对其对象的可见性：公有成员可见，其他不可见。

(2) 基类成员对派生类的可见性：公有成员和保护成员可见，而私有成员不可见。

(3) 基类成员对派生类对象的可见性：公有成员可见，其他成员不可见。

由此可见，在公有继承时，派生类的对象可以访问基类中的公有成员；派生类的成员函数可以访问基类中的公有成员和保护成员。这里一定要区分清楚派生类的对象和派生类中的成员函数对基类的访问是不同的。

2. 私有继承方式

(1) 基类成员对其对象的可见性：公有成员可见，其他成员不可见。

(2) 基类成员对派生类的可见性：公有成员和保护成员是可见的，而私有成员是不可见的。

(3) 基类成员对派生类对象的可见性：所有成员都是不可见的。所以在私有继承时，基类的成员只能由直接派生类访问，而无法再往下继承。

3. 保护继承方式

这种继承方式与私有继承方式的情况相同。两者的区别仅在于对派生类的成员而言，对基类成员有不同的可见性。可见性也就是可访问性，关于可访问性还有另外一种说法，称派生类的对象对基类访问为水平访问，称派生类的派生类对基类的访问为垂直访问。一般规则如下。

- 公有继承时，水平访问和垂直访问对基类中的公有成员不受限制。
- 私有继承时，水平访问和垂直访问对基类中的公有成员也不能访问。
- 保护继承时，对于垂直访问同于公有继承，对于水平访问同于私有继承。

综上所述，总结继承方式对基类成员可见性的影响，具体信息如表 13-2 所示。

表 13-2　继承方式对基类成员可见性的影响

派生方式	基类成员的访问属性	基类成员在派生类中的访问属性	子类访问基类成员	子类外访问基类成员	子类的子类访问基类成员
public	public	public	可以	可以	可以
	private	private	不可以	不可以	不可以
	protected	protected	可以	不可以	可以

续表

派生方式	基类成员的访问属性	基类成员在派生类中的访问属性	子类访问基类成员	子类外访问基类成员	子类的子类访问基类成员
private	public	private	可以	不可以	不可以
	private	private	不可以	不可以	不可以
	protected	private	可以	不可以	不可以
protected	public	protected	可以	不可以	可以
	private	private	不可以	不可以	不可以
	protected	protected	可以	不可以	可以

13.2.3 公有派生和私有派生

在声明继承的语句中，访问控制关键字用于说明在基类定义中所声明的成员和成员函数能够在多大范围内被派生类所访问，访问控制关键字可以为 public、private 或 protected。如果访问控制关键字为 public，则称派生类从基类公有继承，也称公有派生。如果访问控制关键字为 private，则称派生类从基类私有继承，也称私有派生。公有继承和私有继承的具体区别如表 13-3 所示。

表 13-3 公有继承和私有继承的区别

基类成员	基类 private 成员		基类 public 成员	
派生方式	private	public	private	public
派生类成员	不可见	不可见	可见	可见
外部函数	不可见	不可见	不可见	可见

通过表 13-3 的内容可知，可以将两种派生的特点进行如下总结。

(1) 无论哪种派生方式，基类中的 private 成员在派生类中都是不可见的。也就是说，基类中的 private 成员不允许外部函数或派生类中的任何成员访问。

(2) public 派生与 private 派生的不同点在于基类中的 public 成员在派生类中的访问属性：

- public 派生时，基类中的 public 成员相当于派生类中的 public 成员。
- private 派生时，基类中的 public 成员相当于派生类中的 private 成员。

因此，private 派生确保基类中的方法只能被派生类的对象的方法间接使用，而不能被外部使用。public 派生使派生类对象与外部都可以直接使用基类中的方法，除非这些方法已经被重新定义。

13.3　派生一个类

派生类继承了基类的所有数据成员和成员函数，并可以对成员作必要的增加和调整。一个基类可以派生出多个派生类，每一个派生类又可以作为基类再派生出新的派生类。

↑扫码看视频

13.3.1　使用基类

在 C++程序中，通过继承机制可以利用已有的数据类型来定义新的数据类型。所定义的新的数据类型不仅拥有新定义的成员，而且还同时拥有旧的成员。称已存在的用来派生新类的类为基类，又称为父类。由已存在的类派生出的新类称为派生类，又称为子类。例如在下面的代码中，定义了一个基类 mm 的一部分。在此 mm 的构造函数和析构函数被声明为共有的，这是因为该类的子类将会自动调用它们。mm 中的属性 m_ver 表示类的版本号，它只能通过共有成员函数 GetVersion(char *info)来获得。而另外的 m_sex 属性和 m_age 属性，被定义为保护属性，只能被子类访问到。

```
class mm{
public:
mm();
virtual mm();
protected:
string m_name;
bool m_sex;
short m_age;
public:
    int GetVersion(char *info);
private:
    string m_ver;
};
```

13.3.2　使用派生

在 C++语言中，派生是指从基类而衍生出来的一个新的子类。构造一个基本派生类的基本流程如下。

(1)　全继承：无选择地继承基类的所有成员。

(2)　成员调整：按指定的继承方式、重载或覆盖方式调整基类的成员以满足自己的需要，从而实现多态。

(3)　重写构造函数和析构函数：子类不继承这两类函数，无论原来是否可用，子类都重写它们。

(4) 特例化：增加子类自己的成员，扩展基类的属性和方法。

在上述操作中，第(1)步是自动完成的，第(2)步和第(3)步是按需进行的，从一个基类派生一个子类后，至少会在第(2)步和第(3)步中有一种改动，否则派生就会变得毫无意义。所以基本做法是：使用一个基类，基类中提供了属性和方法，然后再派生子类，在子类中将会修改或增加新的属性和方法。为此总结出类的派生格式如下。

```
class 子类 : <派生方式> 基类
```

由上述格式可以看出，派生仅仅是增加了“: <派生方式> 基类”这一部分。例如下面的例子演示了使用派生类的基本过程。

实例 13-2：使用 C++派生类

源文件路径：daima\13\13-2

本实例的实现文件为 paisheng.cpp，主要实现代码如下。

```
class Lei{                          //定义类 Lei
public:                             //公有成员
    Lei();                          //声明构造函数 Lei
protected:                          //私有成员
    string m_name;                  //变量 m_name
    bool m_sex;                     //变量 m_sex
    short m_age;                    //变量 m_age
public:                             //公有成员
    virtual int GetVersion(char *info);    //声明虚函数 GetVersion
private:                            //私有成员
    string m_ver;                   //变量 m_ver
};
Lei::Lei(){                         //定义实现构造函数 Lei
    m_ver.assign("111.0");          //设置版本
}

int Lei::GetVersion(char * info){   //函数 GetVersion 得到类的版本
    strcpy(info,m_ver.c_str()); //复制 c_str 操作
    return 1;
}
//以保护方式派生新类
class ZiLei:protected Lei   {       //定义子类 ZiLei，父类是 Lei
public:                             //公有成员
    ZiLei();                        //声明构造函数 ZiLei
protected:                          //私有成员
    string m_id;                    //增加新的成员变量 m_id
    string m_school;                //增加新的成员变量 m_school
public:                             //公有成员
    int GetVersion(char *info); //覆盖父类的函数
private:                            //私有成员
    string m_ver;                   //覆盖父类的变量
};
//重写构造函数
ZiLei::ZiLei(){
    m_ver.assign("222.0");          //使用函数 assign 设置类的版本
```

```
    //Lei::m_ver.assign("beta1.0");
}
//修改函数
int ZiLei::GetVersion(char *info){  //重新定义函数 GetVersion
    strcpy(info,m_ver.c_str());     //复制 c_str 的值
    return 1;
}
//以保护方式派生新类
class ZiLei2:protected Lei{         //定义子类 ZiLei2，父类是 Lei
public:                             //公有成员
    ZiLei2();                       //声明构造函数 ZiLei2
protected:                          //私有成员
    string id;                      //增加新的成员变量 id
    string school;                  //增加新的成员变量 school
public:                             //公有成员
    int version(char *ver);         //增加新的函数
};
ZiLei2::ZiLei2(){                   //实现构造函数 ZiLei2
    Lei();                          //调用父类的构造函数
}
int ZiLei2::version(char *ver){     //实现函数 version
    Lei::GetVersion(ver);           //调用父类的成员函数
    return 1;
}
int main(int argc, char* argv[]){
    Lei cp;                         //Lei 对象实例 cp
    ZiLei  cs;                      //ZiLei 对象实例 cs
    ZiLei2 cs2;
    char ver[20];
    cp.GetVersion(ver);             //调用基类的获取版本号函数 GetVersion
    cout<<ver<<endl;
    cs.GetVersion(ver);             //调用第 1 个派生类的版本号函数 GetVersion
    cout<<ver<<endl;
    //cs2.GetVersion(ver);
    cs2.version(ver);               //调用第 2 个派生类的版本号函数 version
    cout<<ver<<endl;
    return 0;
}
```

在上述代码中，定义了基类 Lei，然后分别派生了类 ZiLei 和类 ZiLei2，以受保护的方式继承。Lei 中的所有成员都成了 ZiLei 中受保护的成员。ZiLei 中除了继承 Lei 成员外，还另行定义了自己的属性 id 和 school，重载了 m_ver 和 GetVersion。因为 ZiLei 没有重载 m_ver 和 GetVersion，所以 ZiLei 访问可以直接访问 GetVersion(ver)函数，并且访问的是自身的成员。但是 ZiLei2 则不可以，将程序编译执行后的效果如图 13-2 所示。

图 13-2　执行效果

13.3.3 构造函数

在 C++程序中，构造函数是类的特殊函数，只要声明了一个类，就会自动为它分配一个默认的构造函数。声明构造函数的语法格式如下。

```
ClassName (<参数列表>);
```

在上述格式，ClassName 是类名，既可以带参数，也可以不带参数，不能有返回值，不能用 void 来修饰。在 C++程序中，定义构造函数的语法格式如下。

```
ClassName :: ClassName (<参数列表>);
```

由于构造函数不能被继承，因此派生类的构造函数必须通过调用基类的构造函数来初始化基类成员。所以，在定义派生类的构造函数时除了对自己的数据成员进行初始化外，还必须负责调用基类的构造函数使基类的数据成员得以初始化。如果派生类中还有其他类的对象成员时，还应包含对对象成员初始化的构造函数。在 C++程序中，定义派生类构造函数的语法格式为：

```
<派生类名>::<派生类名>(<总参数表>): <基类名 1>(<参数表 1>),
      <基类名 n>(<参数表 n>),
      <成员对象名 1><参数表 n+1>,
      <成员对象名 m>(<参数表 n+m>)
{
<派生类构造函数体>
}
```

在上述格式中，调用派生类构造函数的顺序如下。

(1) 基类的构造函数。

(2) 成员对象的构造函数(若存在)。

(3) 派生类的构造函数。

知识精讲

如果派生类中有多个基类，处于同一层次的各个基类的构造函数的调用顺序取决于定义派生类时声明的顺序(自左向右)。若派生类中有多个对象成员，这些对象成员构造函数的调用顺序取决于它们在派生类中的说明顺序。若这个基类仍是一个派生类，则这个过程递归进行。由于构造函数和析构函数是不能被继承的，因此，一个派生类只能调用它的直接基类的构造函数。

对基类成员和新增成员对象的初始化必须在成员初始化列表中进行。

例如下面的例子演示了使用 C++构造函数的过程。

实例 13-3：使用 C++构造函数

源文件路径：daima\13\13-3

本实例的实现文件为 gouzao.cpp，主要实现代码如下。

```
class Lei{                          //定义基类 Lei
public:
    Lei(char *name);                //声明构造函数 Lei
protected:
    string m_name;                  //变量 m_name

    string m_ver;                           //变量 m_ver
};
Lei::Lei(char *name){                       //实现构造函数 Lei
    cout<<"Constructing Lei......"<<endl;//输出文本
    m_name.assign(name);                    //使用函数 assign 分配值
}
class ZiLei:protected Lei  {     //定义子类 ZiLei，父类是 Lei，以保护方式派生子类
public:
    ZiLei(char *name);                  //声明构造函数 ZiLei
protected:
    string m_school;                    //增加新成员变量 m_school
public:
    void PrintName(void);               //声明函数 PrintName
    void PrintSchool(void);             //声明函数 PrintSchool
};
void ZiLei::PrintName(void){            //实现函数 PrintName
    cout<<m_name.c_str()<<endl;         //输出
}
void ZiLei::PrintSchool(void){
    cout<<m_school.c_str()<<endl;   //使用 c_str()函数返回一个指向正规 C 字符串的
                                    //指针常量
}
//实现构造函数 ZiLei，包含对基类和内嵌类的初始化
ZiLei::ZiLei(char *name):Lei(name),m_school("MIT"){
    cout<<m_school.c_str()<<endl;           //输出 m_school
    cout<<"Constructing ZiLei......"<<endl;
    m_ver.assign("alpha1.0");               //给 m_ver 分配版本
}
int main(int argc, char* argv[]){
    ZiLei cs("jack");                   //定义子类的实例
    cs.PrintName();                     //调用函数 PrintName
    cs.PrintSchool();                   //调用函数 PrintSchool
    return 0;
}
```

在上述代码中，子类 ZiLei 的构造函数同时也调用了基类 Lei 和成员变量 m_school 的构造函数。编译执行后的效果如图 13-3 所示。从执行结果可以看出，基类和子类成员 m_school 的构造函数会先于子类的构造函数执行。

图 13-3　执行效果

13.3.4 析构函数

在 C++程序中，析构函数(destructor)与构造函数相反，当对象脱离其作用域时(例如对象所在的函数已调用完毕)，系统自动执行析构函数。析构函数往往用来做“清理善后”的工作(例如在建立对象时用 new 开辟了一片内存空间，应在退出前在析构函数中用 delete 释放)。

在 C++语言中，析构函数名应该与类名相同。只是在函数名前面加一个波浪符“~”，例如“~stud( )”，以区别于构造函数。析构不能带有任何参数，也没有返回值(包括 void 类型)，只能有一个析构函数，不能重载。如果开发者没有编写析构函数，编译系统会自动生成一个缺省的析构函数，它也不进行任何操作。所以许多简单的类中没有用显式的析构函数。在 C++语言中，声明析构函数的格式如下。

```
~ClassName ( );
```

在上述格式中，ClassName 是类名，~是析构函数的标识符。析构函数没有返回值，不能用 void 来修饰。

在 C++语言中，定义析构函数的格式如下。

```
ClassName :: ~ClassName ( );{
  …
}
```

在使用上述格式时，当对象消失时，派生类的析构函数被执行。由于析构函数也不能被继承，因此在执行派生类的析构函数时，类的析构函数也将被调用。若有其他类的对象成员的话，还应执行对象成员的析构函数。析构函数的执行顺序是先执行派生类的析构函数，再执行对象成员所属类的析构函数，最后执行基类的析构函数，其顺序与执行构造函数时的顺序正好相反。

知识精讲

若基类中有默认的构造函数或者根本没有定义构造函数时，则派生类构造函数的定义中可以省略对基类构造函数的调用。

在某些情况下，派生类构造函数的函数体可能为空，仅起到参数传递的作用。

下面的实例演示了使用 C++析构函数的基本过程。

实例 13-4：使用 C++析构函数

源文件路径：daima\13\13-4

本实例的实现文件为 xigou.cpp，主要实现代码如下。

```
class Lei{
public:
    Lei(char *name);                        //构造函数
    ~Lei();                                 //析构函数
```

```
protected:
    string m_name;
};
//析构函数
Lei::~Lei(){
    cout<<"Deconstructing Lei......"<<m_name.c_str()<<endl;
    m_name.assign("");
}
//构造函数
Lei::Lei(char *name){
    m_name.assign(name);
    cout<<"Constructing Lei......"<<m_name.c_str()<<endl;
}
//以保护方式继承
class ZiLei:protected Lei{          //定义子类 ZiLei，父类是 Lei
public:
    ZiLei(char *name);
    ~ZiLei();
protected:
    Lei cp;                         //用基类声明了一个成员变量
public:
    void PrintName(void);           //增加新成员函数
};
void ZiLei::PrintName(void){
    cout<<m_name.c_str()<<endl;
}
//实现构造函数 ZiLei，显式调用基类的初始化函数，也初始化内嵌成员
ZiLei::ZiLei(char *name):Lei(name),cp("mary"){
    cout<<"Constructing ZiLei......"<<endl;
}
//实现析构函数 ZiLei
ZiLei::~ZiLei(){
    cout<<"Deconstructing ZiLei......"<<endl;
}
int main(int argc, char* argv[]){
    ZiLei  cs("jack");

    cs.PrintName();
    return 0;
}
```

在上述代码中，子类 ZiLei 继承于基类 Lei，在 ZiLei 内又有内嵌的类对象 ZiLei cp。构造函数是按照派生类的构造函数的声明顺序来调用，即先调用基类 Lei 的构造函数，然后再调用内嵌成员 ZiLei cp 的构造函数。而析构函数则完全与构造函数的调用顺序相反。将程序编译执行后的效果如图 13-4 所示。

```
C:\Windows\system32\cmd.exe
Constructing Lei......jack
Constructing Lei......mary
Constructing ZiLei......
jack
Deconstructing ZiLei......
Deconstructing Lei......mary
Deconstructing Lei......jack
请按任意键继续. . .
```

图 13-4　执行效果

13.3.5 使用同名函数

在 C++程序中，当子类和父类中有相同名称的函数(方法)时，如果父类中的方法是虚拟的，则在子类中可以重新定义它，也可以直接使用它。如果不是虚拟的，则子类方法将覆盖父类的同名方法。如果没有明确指明，则通过子类调用的是子类中的同名成员。如果想在子类中访问被覆盖的同名成员，则需要使用域限定符来指出。例如下面的实例演示了使用 C++同名函数的过程。

实例 13-5：使用 C++同名函数

源文件路径：daima\13\13-5

本实例的实现文件为 same.cpp，主要实现代码如下。

```
class Lei{                          //定义基类 Lei
public:
    Lei(char *name);                //声明构造函数 Lei
protected:
    string m_name;                  //定义变量 m_name
public:
    int getName(char *name);        //声明函数 getName
};
Lei::Lei(char *name){               //定义实现构造函数 Lei
    m_name.assign(name);
}
int Lei::getName(char *name)
{
    cout << "在 Lei，先分你 20 个亿！" << endl;
    strcpy(name, m_name.c_str());

    return 1;
}
//以保护方式派生子类
class ZiLei :protected Lei      //子类
{
public:
    ZiLei(char *name);
public:
    int getName(char *name);        //覆盖父类的函数
    void callparent(char *name);    //新增成员函数
};
void ZiLei::callparent(char *name)
{
    cout << "Call Parent，给我多少？" << endl;
    Lei::getName(name);             //调用基类的成员函数
}
ZiLei::ZiLei(char *name) :Lei(name)
{
    //空的析构函数
}
int ZiLei::getName(char *name)
{
    cout << "在 ZiLei，我先分你 50 个亿！" << endl;
    strcpy(name, m_name.c_str());
```

```
    return 1;
}
int main(int argc, char* argv[])
{
    ZiLei  cs("谢谢！");                    //带默认参数声明类的实例
    char cstr[20];
    cs.getName(cstr);                      //调用类本身的函数 getName
    cout << cstr << endl;
    cs.callparent(cstr);                   //调用父类的函数 getName
    cout << cstr << endl;
    return 0;
}
```

在上述代码中，子类 ZiLei 和基类 Lei 中都有相同名字的函数 getName()，如果直接使用 ZiLei 的对象 cs 调用，则调用的是 ZiLei 的 getName()函数。如果想要调用基类 Lei 的 getName()函数，就必须用域限定符以“ZiLei :: getName();”的形式调用。此处域限定符显式指定了要调用的方法属性属于哪一个类。程序编译执行后的效果如图 13-5 所示。

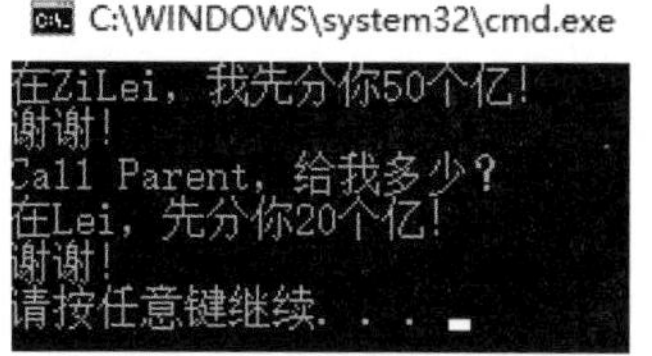

图 13-5　执行效果

13.3.6　使用同名属性

在 C++程序中，当在子类和父类中有相同名称的属性时，子类会覆盖父类中的属性。要想调用父类中的属性，必须使用域限定符来显式指定，这就是类的多态性。例如下面的实例演示了使用 C++同名属性的方法。

实例 13-6：使用同名属性
源文件路径：daima\13\13-6

本实例的实现文件为 sameshuxing.cpp，主要实现代码如下。

```
class Lei{                                 //基类
public:
   Lei(char *name);                        //声明构造函数

protected:
   string m_name;                          //变量 m_name
};
Lei::Lei(char *name){                      //构造函数 Lei
    m_name.assign(name);
}
//以保护方式继承
class ZiLei:protected Lei{                 //定义子类 ZiLei
public:
    ZiLei(char *name);                     //声明构造函数 ZiLei
protected:
```

```
    string m_name;                              //覆盖父类的属性
public:
    int getName(char *name);                    //新增成员函数
    void callparent(char *name);                //调用父类的属性
};
void ZiLei::callparent(char *name){           //编写函数 callparent 的具体实现
    cout<< "A 说：我不要了，把我的财产都给你！"<<endl;
    strcpy(name,Lei::m_name.c_str());         //调用父类的属性
}
ZiLei::ZiLei(char *name):Lei(name) {          //实现构造函数 ZiLei，同时也调用父类的
                                              //构造函数
    m_name.assign("谢谢 A！");
}
int ZiLei::getName(char *name){               //编写函数 getName 的具体实现
    cout<< "B 说：我不要了，把我的财产都给你！" <<endl;
    strcpy(name,m_name.c_str());
    return 1;
}
int main(int argc, char* argv[]){
    ZiLei cs("谢谢 B！");
    char cstr[20];
    cs.getName(cstr);                         //调用子类的属性
    cout<<cstr<<endl;
    cs.callparent(cstr);                      //调用父类的属性
    cout<<cstr<<endl;
    return 0;
}
```

在上述代码中，在构造函数 ZiLei 中，将实例化时的参数“A 说：我不要了，把我的财产都给你！”传递给了父类构造函数，但是对自己的成员 m_name 赋值为“A 说：我不要了，把我的财产都给你！”。将程序编译执行后的效果如图 13-6 所示。

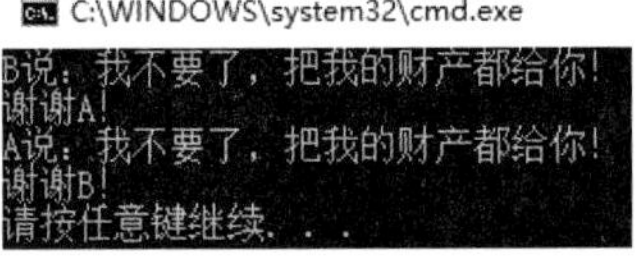

图 13-6　执行效果

13.4　实践案例与上机指导

通过本章的学习，读者基本可以掌握 C++类的继承和派生的知识。其实 C++类的继承和派生的知识还有很多，这需要读者通过课外渠道来加深学习。下面通过练习操作，以达到巩固学习、拓展提高的目的。

↑扫码看视频

在 C++程序中，派生类构造函数的执行顺序是：先执行所有基类的构造函数，再执行内嵌对象的构造函数，最后执行子类的构造函数。同一层次的各基类构造函数的执行顺序取决于定义派生类时基类的安排顺序，与派生类构造函数中所定义的成员初始化列表的顺序无关，即执行基类构造函数的顺序取决于定义派生类时基类的顺序。

在 C++程序中，声明多重继承派生类构造函数的语法格式如下。

```
派生类构造函数名(总参数表列):基类 1 构造函数(参数表列),基类 2 构造函数(参数表列),基类 3
构造函数(参数表列) {
派生类中新增数据成员初始化语句
}
```

实例 13-7：使用多重继承中的构造函数和析构函数

源文件路径：daima\13\13-7

本实例的实现文件为 duo.cpp，主要实现代码如下。

```
class JiaoShi{                    //基类
public:                           //公有成员
    JiaoShi();                    //声明函数 JiaoShi
    ~JiaoShi();                   //声明析构函数~JiaoShi
 protected:                       //私有成员

    string teacherID;
    string m_name;
};
JiaoShi::JiaoShi(){
    cout<<"Constructing JiaoShi......"<<endl;
}
JiaoShi::~JiaoShi(){
    cout<<"Deconstructing JiaoShi......"<<endl;
}
class XueSheng{                   //定义另外一个基类 XueSheng
public:                           //公有成员
    XueSheng();                   //声明构造函数 XueSheng
    ~XueSheng();                  //声明析构函数 XueSheng
protected:                        //私有成员
    string studentID;             //定义变量 studentID
    string m_name;                //定义变量 m_name
};
XueSheng::XueSheng(){             //实现构造函数 XueSheng
    cout<<"Constructing XueSheng......"<<endl;
}
XueSheng::~XueSheng(){            //实现析构函数 XueSheng
    cout<<"Deconstructing XueSheng......"<<endl;
}
class JiaZhang{                   //定义基类 JiaZhang
public:
    JiaZhang();                   //声明构造函数 JiaZhang
    ~JiaZhang();                  //声明析构函数~JiaZhang
protected:
    string typeOFrork;
};
JiaZhang::JiaZhang(){                 //实现构造函数 JiaZhang
```

```
    cout<<"Constructing JiaZhang......"<<endl;
}
JiaZhang::~JiaZhang(){           //实现析构函数 JiaZhang
    cout<<"Deconstructing JiaZhang......"<<endl;
}
class A:public JiaoShi,public JiaZhang {    //多重继承
public:
    A();
    ~A();
};
A::A():JiaZhang(),JiaoShi(){                //子类的构造函数
    cout<<"Constructing A......"<<endl;
}
A::~A(){                                    //子类的析构函数
    cout<<"Deconstructing A......"<<endl;
}
class B:public XueSheng,public JiaoShi {    //多重继承
public:
    B();
    ~B();
};
B::B():JiaoShi(),XueSheng(){                //子类的构造函数
    cout<<"Constructing B......"<<endl;
}
B::~B(){                                    //子类的析构函数
    cout<<"Deconstructing B......"<<endl;
}
int main(int argc, char* argv[]){
    A aa;
    B bb;
    return 0;
}
```

在上述代码中，分别定义了 JiaoShi、JiaZhang 和 XueSheng 三个基类，然后通过多重继承从它们派生了两个子类。在主函数内只声明了 2 个子类的实例，但是并没有使用它们，这是为了观察构造函数和析构函数的调用过程。对于类 B，在定义时 XueSheng 在 JiaoShi 前，所以构造函数先调用 XueSheng 的，然后再调用 JiaoShi 的，最后才是 B 本身的。而析构函数则正好相反，调用顺序是从里到外。程序编译执行后的效果如图 13-7 所示。

```
C:\Windows\system32\cmd.exe
Constructing JiaoShi......
Constructing JiaZhang......
Constructing A......
Constructing XueSheng......
Constructing JiaoShi......
Constructing B......
Deconstructing B......
Deconstructing JiaoShi......
Deconstructing XueSheng......
Deconstructing A......
Deconstructing JiaZhang......
Deconstructing JiaoShi......
请按任意键继续. . .
```

图 13-7　执行效果

智慧锦囊

从图 13-9 所示的执行结果可以看出：构造函数将严格按照声明子类时基类的书写顺序从左到右执行，最后才执行子类的构造函数。并且基类的构造函数执行与构造函数冒号后的基类构造函数的书写顺序无关。析构函数的执行顺序则正好和构造函数的相反。为此可以总结出多重继承下析构函数和构造函数的特点。

(1)　多重继承下析构函数和构造函数的声明方法和单继承下的相同。

(2)　多重继承下析构函数和构造函数的性质和特性和单继承下的相同。

(3)　多重继承下析构函数和构造函数的执行顺序和单继承下的相同。但是基类间的执行顺序是严格按照声明时从左到右的顺序执行的，与它们在定义派生类构造函数中的顺序无关。

13.5　思考与练习

本章详细讲解了 C++类的继承和派生的知识，循序渐进地讲解了继承与派生的基本概念、C++的继承机制、派生一个类、单继承和多重继承等知识。在讲解过程中，通过具体实例介绍了使用继承和派生的方法。通过本章的学习，读者应该熟悉使用继承和派生的知识，掌握它们的使用方法和技巧。

1. 选择题

(1)　多继承与单继承的区别主要是多继承的基类多于(　　)。

A. 1 个　　B. 2 个　　C. 3 个　　D. 4 个

(2)　C++语言中，析构函数名应该与类名相同。只是在函数名前面加一个符号(　　)，以区别于构造函数。

A. ~　　B. .　　C. ?　　D. ::

2. 判断对错

(1)　在 C++程序中，通过继承机制可以利用已有的数据类型来定义新的数据类型。所定义的新的数据类型不仅拥有新定义的成员，而且还同时拥有旧的成员。称已存在的用来派生新类的类为基类，又称为父类。(　　)

(2)　在 C++程序中，当子类和父类中有相同名称的函数(方法)时，如果父类中的方法是虚拟的，则在子类中可以重新定义它，也可以直接使用它。如果不是虚拟的，则子类方法将覆盖父类的同名方法。(　　)

3. 上机练习

(1)　在类中声明静态数据成员。

(2)　用 static 声明成员函数为静态成员函数。

第14章

C++ 多态

本章要点

- 什么是多态
- 宏多态
- 虚函数
- 抽象类
- 运算符重载和函数重载

本章主要内容

在面向对象语言中，接口的多种不同的实现方式即为多态。多态是面向对象程序设计的重要特征之一，是扩展性在“继承”之后的又一重大表现。在本章的内容中，将详细讲解 C++语言多态的基本知识，为读者步入本书后面知识的学习打下基础。

14.1 什么是多态

“多态”(Polymorphism)一词最初来源于希腊语 Polumorphos，含义是具有多种形式或形态的情形。在程序设计领域，一个广泛认可的定义是“一种将不同的特殊行为和单个泛化记号相关联的能力”。

↑扫码看视频

和纯粹的面向对象程序设计语言不同，C++中的多态有着更广泛的含义。除了常见的通过类继承和虚函数机制生效于运行期的动态多态(Dynamic Polymorphism)外，模板也允许将不同的特殊行为和单个泛化记号相关联，由于这种关联处理于编译期而非运行期，因此被称为静态多态(Static Polymorphism)。

多态性就是多种表现形式，具体来说，可以用“一个对外接口，多个内在实现方法”表示。举一个例子，计算机中的堆栈可以存储各种格式的数据，包括整型、浮点或字符。不管存储的是何种数据，堆栈的算法实现是一样的。针对不同的数据类型，编程人员不必手工选择，只需使用统一接口名，系统可自动选择。“多态性”一词最早用于生物学，指同一种族的生物体具有相同的特性。在面向对象理论中，多态性的定义是：同一操作作用于不同的类的实例，将产生不同的执行结果，即不同类的对象收到相同的消息时，得到不同的结果。

在 C++语言中，多态性包含编译时的多态性和运行时的多态性两大类，也可以分为静态多态性和动态多态性两种，具体说明如下。

- 静态多态性是指定义在一个类或一个函数中的同名函数，它们根据参数表(类型以及个数)区别语义，并通过静态联编实现，例如，在一个类中定义的不同参数的构造函数。
- 动态多态性是指定义在一个类层次的不同类中的重载函数，它们一般具有相同的函数，因此要根据指针指向的对象所在类来区别语义，它通过动态联编实现。

知识精讲

多态性是指用一个名字定义不同的函数，这些函数执行不同但又有类似的操作，从而实现“一个接口，多种方法”。多态性的实现与静态联编、动态联编有关。静态联编支持的多态性称为编译时的多态性，也称静态多态性，它是通过函数重载和运算符重载实现的。动态联编支持的多态性称为运行时的多态性，也称动态多态性，它是通过继承和虚函数实现的。

14.2 宏 多 态

在 C++程序中，宏是指替换，即在编程时用一个标记来代替一个字符串，并在编译时将该标记替换为对应的字符串。宏多态由#define 定义，分为带参数和不带参数两种。

↑扫码看视频

不带参数的宏是一种纯粹的字符串替换，带参数的宏类似于内联函数。当使用带参数的宏定义时，没有规定其参数的具体类型，即宏仅仅定义了一个处理参数的模板，至于具体完成什么动作是由参数的类型决定的。例如下面的实例演示了在 C++程序中使用宏多态的过程。

实例 14-1：在 C++程序中使用宏多态

源文件路径：daima\14\14-1

本实例的实现文件为 hong.cpp，具体实现代码如下。

```
#define hong(x) ((x)==0)          //这是断言宏
#define _ADD_(x,y) ((x)+(y))      //这是加法宏
int main(int argc, char* argv[]){
    int x[3]={1,2,3};
    int *p=NULL;
    string str1("hello");
    string str2("world");
    cout<<hong(x[0])<<endl;       //判断整数是否为 0
    cout<<hong(p)<<endl;          //判断指针是否为空
    p=x;
    cout<<_ADD_(x[1],*p)<<endl; //整数加
    cout<<p<<endl;                //输出地址
    p=_ADD_(p,1);                 //指针地址递增
    cout<<p<<endl;                //输出地址
    cout<<(*p)<<endl;
    cout<<_ADD_(str1,str2)<<endl;//字符串连接
    return 0;
}
```

在上述代码中分别定义了两个宏 hong 和_ADD_，具体说明如下。

- 宏 hong：在 hong 的第一次调用中，参数是整数，所以执行的是判断整数是否为 0 的操作。第二次调用时参数为指针，所以执行的是判断是否为空的操作。
- 宏_ADD_：第一次调用中，参数都是整数，所以执行的是整数加法运算。第二次调用中，参数是指针和整数 1，所以执行的是指针地址增加 1，即指向数组的下一个整数。最后一次调用中，参数都是字符串，所以执行的是串的连接。

程序编译执行后的效果如图 14-1 所示。从执行效果可以看出，宏多态要依赖于参数的类型，因为参数类型的不同，它决定了宏完成什么样的功能。实质上宏是在编译时替换的，这种替换是不加任何改动的替换。因此在替换后相当于在代码中出现宏的地方直接写了一段代码，所以有什么样的参数，就会有什么样的操作。

图 14-1　执行效果

14.3　虚　函　数

在 C++程序中，虚函数就是虚拟函数，是在基类中被声明为虚拟的，并在派生类中定义，实现其本身的功能。C++通过虚函数实现多态，“无论发送消息的对象属于什么类，它们均发送具有同一形式的消息，对消息的处理方式可能随接收消息的对象而变”的处理方式被称为多态性。

↑扫码看视频

14.3.1　虚函数基础

在 C++语言中，定义虚函数的语法格式如下。

```
virtual 类型函数名 (参数表);
```

虚函数一旦被定义后，在同一类族的类中，所有与该虚函数具有相同参数和返回值类型的同名函数都将自动成为虚函数，无论是否加关键字 virtual。例如在下面的代码中，演示了虚函数的定义与派生类中的重定义过程。

```
class 类名{
public:
      virtual 成员函数说明;
}
class 类名: 基类名{
   public:
      virtual 成员函数说明;
}
```

下面的实例演示了在 C++程序中使用虚函数的过程。

实例 14-2：使用虚函数

源文件路径：daima\14\14-2

本实例的实现文件为 xu.cpp，具体实现代码如下。

```
class JiLei{              //定义基类 JiLei
public:
    virtual void fun(char *str); //声明虚函数 fun
};
void JiLei::fun(char *str) {         //实现函数 fun
    cout<<"在 JiLei 内，str="<<str<<endl;
}
class ZiLei1 : public JiLei{         //定义派生子类 ZiLei1
public:
    void fun(char *str);             //声明函数 fun
};
void ZiLei1::fun(char *str){         //实现函数 fun

    cout<<"在 ZiLei1 内，str="<<str<<endl;
}
class ZiLei2 : public JiLei{         //定义子类 ZiLei2
public:
    void fun(char *str);             //定义函数 fun
};
void ZiLei2::fun(char *str){         //实现函数 fun
    cout<<"在 ZiLei2 内，str="<<str<<endl;
}
class ZiLei11:public ZiLei1{         //定义子类 ZiLei11
public:
    void fun(char *str);             //声明函数 fun
};
void ZiLei11::fun(char *str){        //实现函数 fun
    cout<<"在 ZiLei11 内，str="<<str<<endl;
}
int main(int argc, char* argv[]){
    JiLei *base=new JiLei;           //新建基类对象*base
    ZiLei1 child1;                   //ZiLei1 实例 child1
    ZiLei2 child2;                   //ZiLei2 实例 child2
    ZiLei11 child11;                 //ZiLei11 实例 child11
    ZiLei1 *pchild1;                 //ZiLei1 实例*pchild1
    base->fun("base.fun");           //调用虚函数 fun
    child1.fun("child1.fun");        //调用 child1 实例中的函数 fun
    child2.fun("child2.fun");        //调用 child2 实例中的函数 fun
    delete base;                     //释放 base
    base=&child1;                    //指向 ZiLei1 类
    base->fun("base->fun");          //调用类 ZiLei1 中的函数 fun
    base=&child2;
    base->fun("base->fun");          //调用类 ZiLei2 中的函数 fun
    child11.fun("child11.fun");      //指向子孙类
    base=&child11;
    base->fun("base->fun");          //调用类 ZiLei11 中的函数 fun
    pchild1=&child11;
    pchild1->fun("pchild1->fun");
    return 0;
}
```

在上述代码中，分别定义了一个基类 JiLei 和两个子类 ZiLei1、ZiLei2，又从 ZiLei1 中派生了 ZiLei11。当直接访问类本身时，调用了类本身的 fun()函数。当将子类的地址赋给父类的指针时，调用者虽然是父类，但执行的却是子类的函数。将程序编译执行后的效果如图 14-2 所示。由执行结果可以看出，当基类中的函数是虚函数时，则所有子类、子类中的子类中的对应函数就都是虚拟的。

```
C:\WINDOWS\system32\cmd.exe
面试官说：请列出程序中调用的什么函数?
在JiLei内, str=base.fun
在ZiLei1内, str=child1.fun
在ZiLei2内, str=child2.fun
在ZiLei1内, str=base->fun
在ZiLei2内, str=base->fun
在ZiLei11内, str=child11.fun
在ZiLei11内, str=base->fun
在ZiLei11内, str=pchild1->fun
请按任意键继续. . .
```

图 14-2　执行效果

14.3.2　纯虚函数

在 C++程序中，纯虚函数是在基类中声明的虚函数，它在基类中没有定义，但要求任何派生类都要定义自己的实现方法。在基类中实现纯虚函数的方法是在函数原型后加“=0”。定义纯虚函数的语法格式如下。

```
virtual 类名函数名(参数表)=0;
```

在 C++程序中，引入纯虚函数的原因如下。

- 为了方便使用多态特性，我们常常需要在基类中定义虚拟函数。
- 在很多情况下，基类本身生成对象是不合情理的。例如，动物作为一个基类可以派生出老虎、孔雀等子类，但动物本身生成对象明显不合常理。

为了解决上述问题，C++引入了纯虚函数的概念，将函数定义为纯虚函数，具体格式如下。

```
virtual ReturnType Function()= 0;
```

知识精讲

当将一个函数定义为纯虚函数后，编译器会要求在派生类中必须予以重载以实现多态性。同时含有纯虚拟函数的类称为抽象类，它不能生成对象。这样就很好地解决了上述两个问题。定义一个函数为纯虚函数的直接原因是为了实现一个接口，起到一个规范的作用，要求继承这个类的程序必须实现该函数。

例如下面的实例演示了使用纯虚函数的过程。

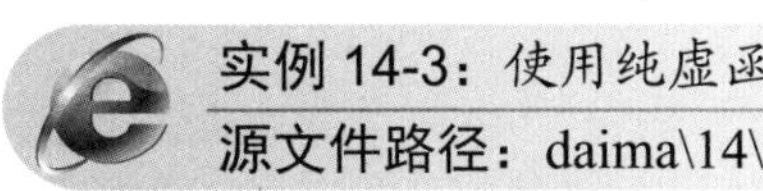

本实例的实现文件为 chunxu.cpp，具体实现代码如下。

```
class JiLei{                              //定义基类 JiLei
public:
    virtual void fun(char *str)=0;  //声明纯虚函数 fun
};
class ZiLei : public JiLei{               //定义子类 ZiLei
public:
    void fun(char *str);                  //实现父类的虚函数
};
int main(int argc, char* argv[]){
    ZiLei child;
    //JiLei base;                         //错误，此处不允许实例化
    JiLei *pBase;                         //JiLei 实例*pBase
    //pBase=new JiLei;                    //错误，此处不允许实例化
    child.fun("ZiLei.fun");               //调用 ZiLei 中的函数 fun
    pBase=&child;                         //用父类型的指针指向派生类
    pBase->fun("JiLei->fun");             //通过父类型的指针调用子类的函数
    return 0;
}
void ZiLei::fun(char *str){               //实现 ZiLei 中的函数 fun
    cout<<"在 ZiLei 内，str="<<str<<endl;
}
```

在上述代码中，分别定义了一个基类 JiLei 和一派生类 ZiLei。基类中的函数 fun()被声明为纯虚函数，所以代码中不能出现它的定义，但是在子类 ZiLei 中则给出了该函数的具体实现。将程序编译执行后的效果如图 14-3 所示。

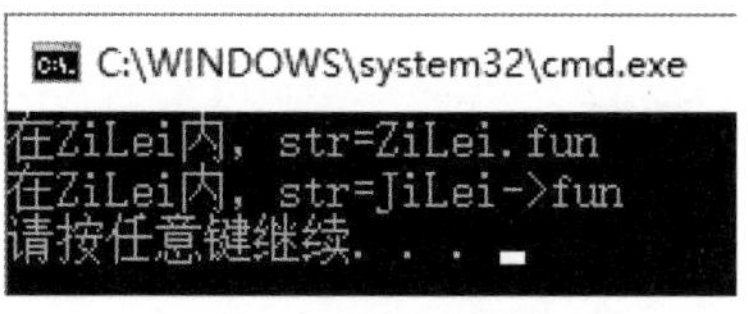

图 14-3　执行效果

14.4　抽　象　类

在 C++程序中，抽象类是一种特殊的类，它是为了抽象和设计的目的而建立的，它处于继承层次结构的较上层。在本节的内容中，将详细介绍 C++抽象类的基本知识和具体用法。

↑扫码看视频

14.4.1 什么是抽象类

在面向对象的概念中，所有的对象都是通过类来描绘的。但是反过来却不是这样，即并不是所有的类都是用来描绘对象的。如果一个类中没有包含足够的信息来描绘一个具体的对象，这样的类就是抽象类。抽象类往往用来表征我们在对问题领域进行分析、设计中得出的抽象概念，是对一系列看上去不同但在本质上相同的具体概念的抽象。比如正在进行一个图形编辑软件的开发，就会发现问题领域存在着圆、三角形这样一些具体概念，它们是不同的，但是它们又都属于形状这样一个概念，形状这个概念在问题领域是不存在的，它就是一个抽象概念。正是因为抽象的概念在问题领域没有对应的具体概念，所以用以表征抽象概念的抽象类是不能够实例化的。

在 C++程序中，抽象类是一种特殊的类，它是为了抽象和设计的目的而建立的，它处于继承层次结构的较上层。通常我们称带有纯虚函数的类为抽象类。在 C++程序中，抽象类的主要作用是将有关的操作作为结果接口组织在一个继承层次结构中，由它来为派生类提供一个公共的根，派生类将具体实现在其基类中作为接口的操作。所以派生类实际上刻画了一组子类的操作接口的通用语义，这些语义也传给子类，子类可以具体实现这些语义，也可以再将这些语义传给自己的子类。

智慧锦囊

当在 C++程序中使用抽象类时，必须注意如下两点。

(1) 抽象类只能作为基类来使用，其纯虚函数的实现由派生类给出。如果派生类中没有重新定义纯虚函数，而只是继承基类的纯虚函数，则这个派生类仍然还是一个抽象类。如果派生类中给出了基类纯虚函数的实现，则该派生类就不再是抽象类了，它是一个可以建立对象的具体的类。

(2) 抽象类是不能定义对象的。

14.4.2 抽象类的派生

在 C++程序中，如果在一个类中含有纯虚函数，那么任何试图对该类进行实例化的语句都将会导致错误产生，因为抽象基类是不能被直接调用的。纯虚函数必须被子类定义后才能被调用。所以抽象类只能作为基类来使用，其纯虚函数的实现是由派生类给出的。如果派生类没有重新定义纯虚函数，只是继承基类的纯虚函数，则这个派生类仍然是一个抽象类。如果派生类中给出了基类纯虚函数的实现，则该派生类就不再是抽象类了，就是一个可以建立对象的具体类了。例如下面的实例演示了 C++抽象类的派生过程。

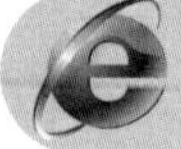

实例 14-4：演示 C++抽象类的派生过程
源文件路径：daima\14\14-4

本实例的实现文件为 paisheng.cpp，具体实现代码如下。

```
class JiLei{                    //定义基类 JiLei
public:
```

```
    virtual void fun(char *str)=0;  //声明纯虚函数 fun
};
class ZiLei1 : public JiLei{        //定义子类 ZiLei1，公有继承，不再是抽象类
public:
    void fun(char *str);            //声明函数 fun
};
class ZiLei2 : public JiLei{        //定义子类 ZiLei2，公有继承，仍然是抽象类
};
class ZiLei21 : public ZiLei2{      //公有继承，不再是抽象类

public:
    void fun(char *str);            //声明函数 fun
};
int main(int argc, char* argv[]){
    //JiLei *pBase=new JiLei;       //抽象类不能实例化
    JiLei *pBase;
    ZiLei1 child1;
    //ZiLei2 *pZiLei=new ZiLei2;    //抽象类不能实例化
    ZiLei2 *pZiLei;
    ZiLei21 ZiLei1;
    child1.fun("child1.fun");
    pBase=&child1;                  //利用抽象基类的指针指向子类
    pBase->fun("pBase->fun");
    ZiLei1.fun("ZiLei1.fun");
    pBase=&ZiLei1;                  //利用抽象基类的指针指向孙子类

    pBase->fun("pBase->fun");
    pZiLei=&ZiLei1;                 //利用抽象基类的指针指向子类
    pZiLei->fun("pZiLei->fun");
    pBase=pZiLei;                   //利用抽象基类的指针指向孙子类
    pBase->fun("pBase->fun");

    return 0;
}
void ZiLei1::fun(char *str){        //实现 ZiLei1 中函数 fun
    cout<<"在 ZiLei1 内，str="<<str<<endl;
}
void ZiLei21::fun(char *str)        //实现 ZiLei21 中函数 fun
{
    cout<<"在 ZiLei21 内，str="<<str<<endl;
}
```

在上述代码中分别定义了 4 个子类，其中基类 JiLei 是纯虚函数。因为子类 ZiLei2 中没有对绝对虚函数 fun()进行定义，所以 fun()仍然是一个纯虚函数，该类也就是抽象类。在子类 ZiLei1 和孙子类 ZiLei21 中都对函数 fun()进行了定义，所以它们不再是抽象类。将程序编译执行后的效果如图 14-4 所示。

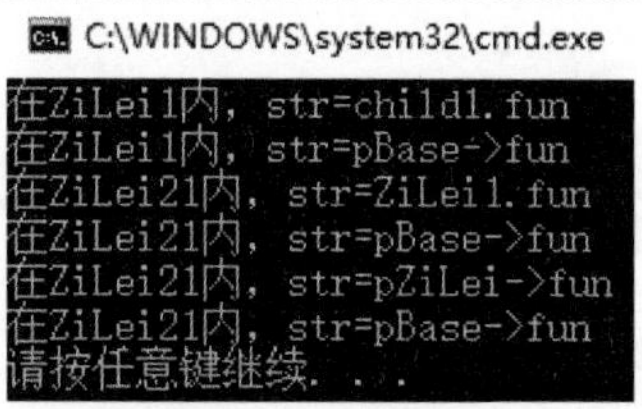

图 14-4　执行效果

14.5 运算符重载和函数重载

运算符重载是 C++多态性中的重要内容之一，运算符重载就是赋予已有的运算符多重含义。C++通过重新定义运算符，使它能够用于特定类的对象执行特定的功能，这便增强了 C++语言的扩充能力。在 C++程序中，在同一作用域内可以有一组具有相同函数名、不同参数列表的函数，这组函数被称为重载函数。重载函数通常用来命名一组功能相似的函数，这样做减少了函数名的数量，避免了名字空间的污染，对于程序的可读性有很大的好处。

↑扫码看视频

14.5.1 运算符重载基础

在 C++程序中，运算符重载的作用是允许你为类的用户提供一个直觉的接口。通过使用运算符重载，允许 C/C++的运算符在用户定义类型(类)上拥有一个用户定义的意义。通过重载类上的标准运算符，可以发掘类的用户的直觉，使得用户程序所用的语言是面向问题的，而不是面向机器的，最终目标是降低学习曲线并减少错误率。

在 C++程序中，除了少数几个运算符以外全部可以重载，而且只能重载已有的运算符。具体来说，C++可以重载的运算符如下。

- 算术运算符：+、-、*、/、%、++、--。
- 位操作运算符：&、|、~、^、<<、>>。
- 逻辑运算符：!、&&、||。
- 比较运算符：<、>、>=、<=、==、!=。
- 赋值运算符：=、+=、-=、*=、/=、%=、&=、|=、^=、<<=、>>=。
- 其他运算符：[]、()、->、,(逗号运算符)、new、delete、new[]、delete[]、->*。

在 C++程序中，有如下 4 个不能重载的运算符。

- 类属关系运算符“.”。
- 成员指针运算符“*”。
- 作用域分辨符“::”。
- sizeof 运算符和三目运算符“?:”。

14.5.2 重载一元运算符

在 C++程序中，一元运算符只能重载一元运算符，双目运算符只能重载双目运算符。例如下面的实例演示了在 C++程序中重载一元运算符的具体过程。

实例 14-5：重载一元运算符
源文件路径：daima\14\14-5

本实例的实现文件为 one.cpp，具体实现代码如下。

```
class RealLei{                              //定实数类 RealLei
public:
    RealLei(double value=0);                //声明构造函数 RealLei
    RealLei operator -()const;              //重载“-”负运算
    RealLei operator ++();                  //重载“++”自增运算
public:
    double value;
};
RealLei::RealLei(double value){             //实现构造函数 RealLei
    this->value=value;
}
RealLei RealLei::operator -()const{         //重载“-”负运算的实现
    return RealLei(-value);                 //取反处理
}
RealLei RealLei::operator ++(){             //重载“++”自增运算的实现
    value++;                                //自增处理
    return RealLei(value);
}
int main(int argc, char* argv[]){
    RealLei r1(100.3);                          //r1 赋值 100.3
    cout<<r1.value<<"万美金" << endl;           //输出 r1 的值
    cout<<(++r1).value<<"万美金" << endl;       //输出++r1 的值
    cout<<r1.value<<"万美金" << endl;           //输出 r1 的值
    cout<<(-r1).value<<"万美金" << endl;        //输出-r1 的值
    return 0;
}
```

在上述代码中，首先定义了一个实数类 RealLei，并为其定义了自增运算和负运算。两个运算符都被重载为类的成员。“-”运算被解释为 r1.operator -()，“++”运算符被解释为 r1.operator ++()。程序编译执行后的效果如图 14-5 所示。

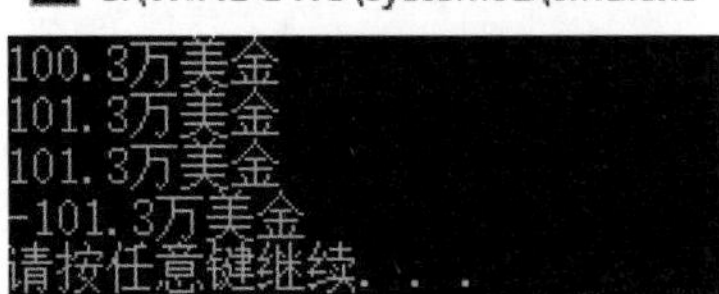

图 14-5　执行效果

14.5.3　重载二元运算符

在 C++程序中，二元运算符只能重载二元运算符。例如下面的实例演示了在 C++程序中重载二元运算符的过程。

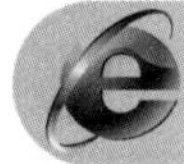

实例 14-6：重载二元运算符
源文件路径：daima\14\14-6

本实例的实现文件为 two.cpp，具体实现代码如下。

```
class RealLei{                  //定义类 RealLei
public:
    RealLei(double value=0);    //构造声明
    RealLei operator +(const RealLei &RealLei1);    //重载加运算
    //重载乘法运算，友元
    friend  RealLei  operator  *(const  RealLei  &RealLei1,const  RealLei
&RealLei2);
    RealLei operator -()const;  //重载负运算
    RealLei operator ++();      //重载自增运算

public:
    double value;
};
RealLei::RealLei(double value){//实现构造函数
    this->value=value;
}
//实现重载加运算
RealLei RealLei::operator +(const RealLei &RealLei1){  //虽然是二元运算，
                                                       //但只有一个参数
    return RealLei(this->value+RealLei1.value);
}
RealLei RealLei::operator -()const{     //实现重载取反(负)运算
    return RealLei(-value);
 }
//实现重载自增运算
RealLei RealLei::operator ++(){
    value++;
    return RealLei(value);
}
//实现重载乘法运算，是二元运算，且是友元，所以有两个参数
RealLei operator *(const RealLei &RealLei1,const RealLei &RealLei2){
    RealLei temp;
    temp.value=RealLei1.value*RealLei2.value;
    return temp;
}
int main(int argc, char* argv[]){
    RealLei r1(12.1);                   //r1 赋值为 12.1
    RealLei r2(20.1);                   //r2 赋值为 20.1
    cout << "项目经理的年薪是" << (r1+r2).value <<"万" << endl;  //成员函数
    cout << "CTO 的年薪是" <<(r1*r2).value <<"万" << endl;       //友元函数
    return 0;
}
```

上述代码是对前面实例 14-5 的升级，在此增加了加法运算和乘法运算。其中加法运算被定义为类的成员，乘法运算被定义为友元函数。所以 r1+r2 将被解释为 r1.operator +(r2)，“r1*r2”被解释为 operator *(r1,r2)。将程序编译执行后的效果如图 14-6 所示。

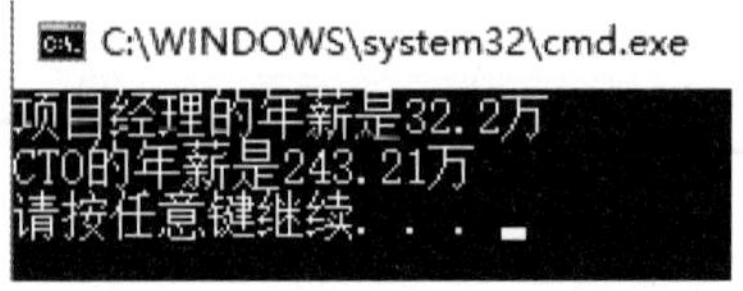

图 14-6　执行效果

14.5.4　参数类型不同的重载

当在 C++程序中定义函数后，系统区分不同函数的依据是函数的签名，签名中包含函数名称、参数类型和参数个数这 3 个要素。为了保证类型安全链接，编译器利用每个函数的参数个数和类型对其标识符进行编码。类型安全可以保证调用到恰当的重载函数，以及形参和实参之间的对应。这就产生了因参数类型和参数个数不同而形成的两种重载方法。参数类型不同的重载函数具有相同的名称，但是具有不同的参数类型。例如下面的实例演示了使用不同参数类型的重载函数的过程。

实例 14-7：使用不同参数类型的重载函数

源文件路径：daima\14\14-7

本实例的实现文件为 different.cpp，具体实现代码如下。

```
int add(int i1,int i2);                //声明整数加运算函数 add
double add(double d1,double d2);       //声明双精度加运算函数 add
string add(const string &s1,const string &s2); //声明串链接运算函数 add
int main(int argc, char* argv[]){
    int i1=100;                        //变量 i1 初始值为 100
    int i2=50;                         //变量 i2 初始值为 50
    double d1=100.5;                   //变量 d1 初始值为 100.5
    double d2=100.8;                   //变量 d2 初始值为 100.8
    string s1("财务总监");              //s1 赋值：财务总监
    string s2("发布");                  //s2 赋值：发布
    cout << "Java 团队的工资支出：" << add(i1, i2) << "万" << endl;
                                           //因为参数是整数，所以调用的是整数加
    cout << "C++团队的工资支出：" << add(d1, d2) << "万" << endl;
                                           //因为参数是双精度，所以调用的是双精度加
    cout<<add(s1,s2)<<endl;            //因为参数是串，所以调用的是串链接
    return 0;
}
//实现串链接运算函数 add
string add(const string &s1,const string &s2){
    string str;
    str.assign(s1);

    str.append(s2);
    return str;
}
//实现整数加运算函数 add
int add(int i1,int i2){
    return i1+i2;
}
//实现双精度加运算函数 add
double add(double d1,double d2){
    return d1+d2;
}
```

上述代码定义了函数 add()，然后分别对其进行了 3 次重载处理，分别接受 int、double、string 三种参数。在编译时会根据参数类型的不同对函数 add()进行解析。所以 add(i1,i2)将

被编译为 add(int,int)，add(d1,d2)将被编译为 add(double,double)，add(s1,s2)将被编译为 add(string,string)。程序编译执行后的效果如图 14-7 所示。

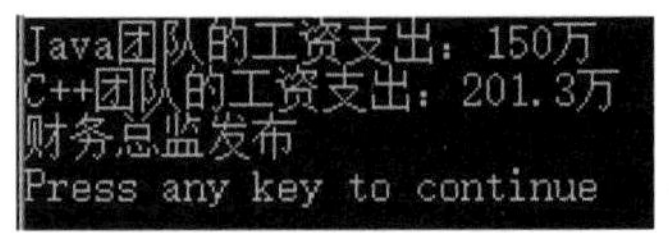

图 14-7 执行效果

14.6 实践案例与上机指导

通过本章的学习，读者基本可以掌握 C++语言多态的知识。其实 C++多态的知识还有很多，这需要读者通过课外渠道来加深学习。下面通过练习操作，以达到巩固学习、拓展提高的目的。

↑扫码看视频

虚函数、重载和覆盖是 C++多态中的重要知识体系，这三者的基本特点如下。

- 虚函数：是子类与父类的垂直关系，函数名和参数列表完全相同，且父类中的虚函数必须用 virtual 来修饰。
- 重载：是同一类中同名方法之间的水平关系，在同一个命名空间内，这些函数只是名字相同，参数类型和个数不相同。
- 覆盖：是子类和父类的函数具有相同的名字。无论参数是否相同，也无论是否含有 virtual，只要子类和父类具有相同的名字，父类的成员就会被覆盖。

重载是根据实参类型和个数来决定调用哪个函数，虚函数是根据对象类型的不同而调用不同的函数，覆盖则是调用本地成员。下面通过一个实例演示在 C++程序中使用覆盖函数的过程。

实例 14-8：使用覆盖函数

源文件路径：daima\14\14-8

本实例的实现文件为 fugai.cpp，具体实现代码如下。

```
#include "stdafx.h"
#include <iostream.h>
class A{                     //定义基类 A
public:
    void fun1(char *str);    //声明构造函数 fun1
    virtual void fun2();     //声明虚函数 fun2
};
void A::fun2(){              //实现函数 fun2
    cout<<"in A"<<endl;
}
```

```
void A::fun1(char *str){    //实现函数 fun1
    cout<<"in A,str="<<str<<endl;;
}
class B:public A{           //定义子类 B，公有派生
public:
    void fun1(char *str);   //声明覆盖基类函数 fun1
    void fun1(int x);       //声明覆盖基类函数 fun1，同时也水平重载
    void fun2();            //声明继承基类的虚函数 fun2
    void fun3();            //声明函数 fun3
};
void B::fun3(){             //实现类 B 中的函数 fun3
    A::fun1("继承于 B");    //调用基类的函数，该函数被子类覆盖
}
void B::fun2(){             //实现类 B 中的函数 fun2
    cout<<"in B"<<endl;
}
void B::fun1(char *str){    //实现类 B 中的函数 fun1，参数是*str
    cout<<"in B,str="<<str<<endl;
}
void B::fun1(int x) {       //实现类 B 中的函数 fun1，参数是 x
    cout<<"in B,x="<<x<<endl;
}

int main(void){
    A a;                    //A 实例 a
    B b;                    //B 实例 b
    a.fun1("继承于 a");     //调用 a 的函数 fun1
    b.fun1("继承于 b");     //调用 b 的函数 fun1
    b.fun1(100);            //调用 b 的函数 fun1
    a.fun2();               //调用 a 的函数 fun2
    b.fun2();               //调用 b 的函数 fun2
    b.A::fun1("继承于 a.B"); //调用基类的被覆盖的函数 fun1
    b.fun3();               //调用 b 的函数 fun3
    return 0;

}
```

在上述代码中定义了两个类 A 和 B，B 继承于 A。其中 B 的函数 fun1()覆盖了 A 的同名函数。类 A 的两个同名函数 fun1()相互重载。类 B 的函数 fun2()继承了类 A 的虚函数 fun2()。类 B 的函数 fun3()给出了调用被覆盖的父函数的一种方法。在输出语句中，给出了另外一种调用覆盖函数的方法。程序编译执行后的效果如图 14-8 所示。

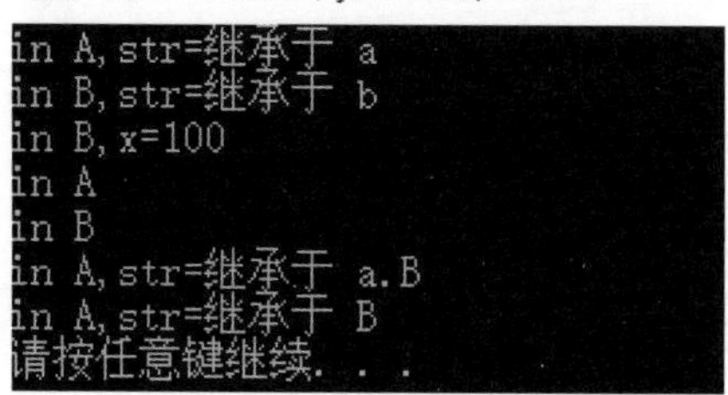

图 14-8 执行效果

14.7 思考与练习

本章详细讲解了 C++多态的知识，循序渐进地讲解了什么是多态、宏多态、虚函数、抽象类、运算符重载和重载函数等知识。在讲解过程中，通过具体实例介绍了使用 C++多态的方法。通过本章的学习，读者应该熟悉使用 C++多态的知识，掌握它们的使用方法和技巧。

1. 选择题

(1) C++语言中，定义虚函数的标识符是(　　)。

A. Virtual　　B. var　　C. def　　D. virtual

(2) 假设变量 a= 23，b= 124，则$a & $b 的结果是(　　)。

A. 20　　B. 127　　C. 147　　D. -121

2. 判断对错

(1) 当在 C++程序中定义函数后，系统区分不同函数的依据是函数的签名，签名中包含函数名称、参数类型和参数个数这 3 个要素。为了保证类型安全链接，编译器利用每个函数的参数个数和类型对其标识符进行编码。(　　)

(2) 虚函数是子类与父类的垂直关系，函数名和参数列表完全相同，且父类中的虚函数必须用 var 来修饰。(　　)

3. 上机练习

(1) 使用友元函数重载双目运算符“+”。

(2) 使用友元函数重载单目运算符“++”。

第 15 章

异常处理

本章要点

- 对异常处理的理解
- C++的异常处理机制

本章主要内容

在 C++语言中，异常处理是一种处理特殊状况的机制，例如除数为 0、数组越界、类型不兼容等问题都属于异常。异常处理是任何一门编程语言所必须面临的问题，它关系到整个项目程序是否合理。在本章的内容中，将详细介绍 C++语言中异常处理的基本知识。

15.1 什么是异常处理

异常处理提供了处理程序运行时出现的任何意外或异常情况的方法。在 C++程序中，异常处理通常使用 try、catch 和 finally 关键字来尝试可能未成功的操作，处理失败，以及在事后清理资源。异常可以由公共语言运行库(CLR)、第三方库或使用关键字 throw 的应用程序代码生成。

↑扫码看视频

在 C++语言中，异常处理的基本特点如下。

- 在应用程序遇到异常情况(如被零除或内存不足)时，就会产生异常。
- 发生异常时，控制流立即跳转到关联的异常处理程序(如果存在)。
- 如果给定异常没有异常处理程序，则程序将停止执行，并显示一条错误信息。
- 可能导致异常的操作通过 try 关键字来执行。
- 异常处理程序是在异常发生时执行的代码块。在 C++中，catch 关键字用于定义异常处理程序。
- 程序可以使用 throw 关键字显式地引发异常。
- 异常对象包含有关错误的详细信息，其中包括调用堆栈的状态以及有关错误的文本说明。
- 即使引发了异常，finally 块中的代码也会执行，从而使程序可以释放资源。

在软件开发领域，异常处理在理论上有如下两种基本模型。

- 一种称为“终止模型”(它是 Java 与 C++所支持的模型)，在这种模型中，将假设错误非常关键，这将导致程序无法返回到异常发生的地方继续执行。一旦异常被抛出就表明错误已无法挽回，也不能回来继续执行。
- 另一种称为“恢复模型”，意思是异常处理程序的工作是修正错误，然后在此基础上重新尝试调用出问题的方法，并认为二次能成功。对于恢复模型来说，通常希望异常被处理之后能继续执行程序。在这种情况下，抛出异常更像是对方法的调用。也就是说，不是抛出异常，而是调用方法修正错误。或者把 try 块放在 while 循环里，这样就可以不断地进入 try 块，直到得到满意的结果。

知识精讲

虽然恢复模型开始显得很吸引人，并且人们使用的操作系统也支持恢复模型的异常处理，但程序员们最终还是转向了使用类似“终止模型”的代码。因为处理程序必须关注异常抛出的地点，这势必要包含依赖于抛出位置的非通用性代码。这就增加了代码编写和维护的困难，对于异常可能会从许多地方抛出的大型程序来说更是如此。

15.2　C++的异常处理

对于 C++语言的异常处理机制来说，这是一个用来有效地处理运行错误的非常强大且灵活的工具。C++异常处理机制提供了更多的弹性、安全性和稳固性，克服了传统方法所带来的问题。在本节的内容中，将详细讲解 C++语言异常处理机制的知识。

↑扫码看视频

15.2.1　使用 throw 抛出异常

在 C++程序中，使用关键字 try、throw、catch 实现异常抛出和处理工作。抛出异常即检测是否产生异常，如果检测到产生异常则抛出异常。使用 throw 语句的语法格式为：

```
throw 表达式;
```

在上述格式中，如果在 try 语句块的程序段中(包括在其中调用的函数)发现了异常，且抛弃了该异常，则这个异常就可以被 try 语句块后的某个 catch 语句所捕获并处理，捕获和处理的条件是被抛弃的异常的类型与 catch 语句的异常类型相匹配。由于 C++使用数据类型来区分不同的异常，因此在判断异常时，throw 语句中的表达式的值就没有实际意义，而表达式的类型就特别重要。throw 抛出的是一个异常对象，具体抛出的异常对象由 throw 后面的实际对象所决定。例如在下面的代码中，ExceptionClass 是一个类，它的构造函数以一个字符串作为参数，用来说明异常。也就是说，在使用 throw 抛出异常的时候，C++的编译器先构造一个 ExceptionClass 的对象，让它作为 throw 的返回值——抛出去。

```
throw ExceptionClass("oh, it's a exception! ");
```

在 C++程序中，使用 throw 语句抛出异常的过程如下。

- 创建一个临时的异常对象。
- 将临时的异常复制到异常存储区。
- 调用析构函数销毁前面创建的临时对象，抛出异常存储区中的异常对象。

例如下面的实例演示了在 C++程序中使用 throw 抛出异常的过程。

实例 15-1：使用 throw 抛出异常

源文件路径：daima\15\15-1

本实例的实现文件为 throw.cpp，主要实现代码如下。

```
int fun(void){                 //实现函数 fun
    throw "这是一个异常";      //抛出异常
    //thorw iVal;
    //throw class;
```

```
    return 0;
}
int main(int argc, char* argv[]){
    fun();                       //调用函数 fun
    return 0;
}
```

通过本实例演示了使用 throw 抛出异常的过程，函数 fun()终止了程序的运行，如果去掉代码中的两行注释，则可以抛出一个整型变量 iVal，或抛出一个类对象。本实例编译执行后的效果如图 15-1 所示。

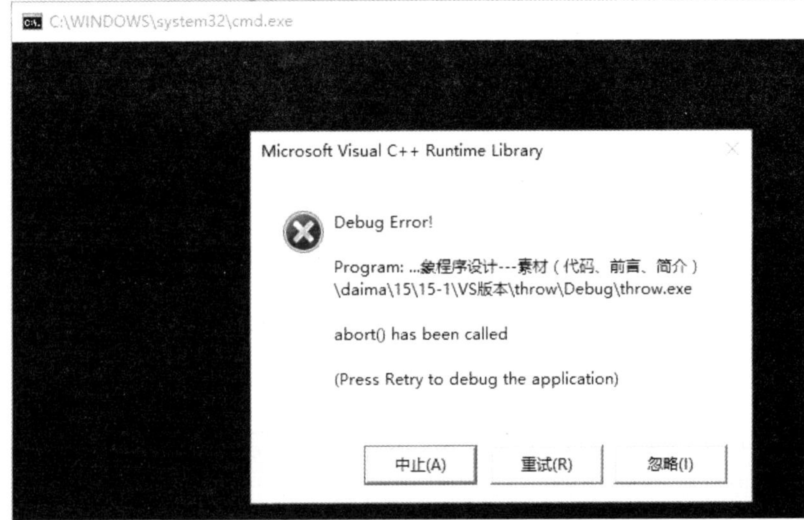

图 15-1　执行效果

15.2.2　使用 raise 抛出异常

在 C++程序中，虽然 raise 和 throw 类似，都能引发程序的中断，但是两者的处理方式不同。其中 raise 只是向程序发出一个信号，然后捕获信号并处理。使用 raise 的语法格式如下。

```
int raise (int sig);
```

在上述格式中，sig 是一个整型信号值，如果产生异常则返回 0；否则返回一个非 0 值。预定义中的 sig 信号值有如下几种。

- SIGABRT：异常中断，以代码 3 退出程序。
- SIGFPE：浮点数错，导致程序中断。
- SIGILL：非法指令导致程序中断。
- SIGINT：Ctrl+C 命令中断，导致程序中断。
- SIGEGV：非法的存储器访问，导致程序中断。
- SIGERM：向程序发送终止请求，但是一般会忽略该信号。

例如，下面的例子演示了在 C++程序中使用 raise 抛出异常的过程。

实例 15-2：使用 raise 抛出异常
源文件路径：daima\15\15-2

本实例的实现文件为 raise.cpp，主要实现代码如下。

```
void mm(int sig);                                    //声明信号处理函数 mm
int main(int argc, char* argv[]){
    typedef void (*mmPointer)(int);                  //函数指针
   mmPointer previousHandler;                        //定义信号句柄
    //为信号 SIGABRT 注册信号处理函数
   previousHandler = signal(SIGABRT, mm);  //注册信号句柄
   raise(SIGABRT);                                   //抛出异常
    return 0;
}
void mm(int sig){                                    //实现异常处理函数
        cout << "价格" << sig <<"万元" << endl;
}
```

在上述代码中，使用函数 signal 为 SIGABRT 信号注册了处理函数 mm(int sig)。当函数 raise 发送 SIGABRT 信号时，系统将调用 mm(int sig)函数进行后续处理。执行效果如图 15-2 所示。

```
C:\WINDOWS\system32\cmd.exe
价格22万元
请按任意键继续. . .
```

图 15-2　执行效果

15.2.3　使用 try…catch 异常捕获

在 C++程序中，使用 try…catch 语句的语法格式如下。

```
try{
包含可能抛出异常的语句;
}
catch(类型名 [形参名]){ //捕获特定类型的异常
}
catch(类型名 [形参名])
```

在 try 后面的大括号中，保存了有可能涉及异常的各种声明和调用之类的信息，如果有异常抛出，就会被异常处理器截获捕捉到，然后转给 catch 来处理。在处理时先把异常类和 catch 后面小括号中的类进行比较，如果一致就转到后面的大括号中进行处理。例如抛出异常的代码如下。

```
void f(){
throw ExceptionClass("ya, J");
}
```

假设在类 ExceptionClass 中有一个成员函数 function()，当有异常时进行处理或进行相应的消息显示功能，那么就可以使用如下代码进行捕捉。

```
try{f()}catch(ExceptionClass e){e.function()};
```

像在上面程序中出现的一样，可以在 catch 后用三个点来代表所有异常，例如：

```
try{
f()
}
catch(…)
{}
```

这样就截断了所有出现的异常，有助于把所有没处理的异常屏蔽掉。在异常捕获之后可以再次抛出，此时用一个不带任何参数的 throw 语句就可以了，例如：

```
try(f())catch(…){throw}
```

例如下面的例子演示了在 C++程序中使用 try…catch 捕获异常的过程。

实例 15-3：使用 try…catch 捕获异常

源文件路径：daima\15\15-3

本实例的实现文件为 try-catch.cpp，主要实现代码如下。

```
int main(int argc, char* argv[]){
    try{

        //监控这段代码
        int x;                          //变量 x
        cin>>x;                         //输入 x 的值
        throw x;                        //主动抛出异常
    }
    catch(int y) {                      //捕获 int 异常
        cout<<" INT "<<y<<endl;
    }
    catch(char z) {                     //捕获 char 异常
        cout<<" CHAR "<<z<<endl;
    }
    catch(...){                         //捕获默认异常
        cout<<" other exception "<<endl;
    }
    return 0;
}
```

在上述代码中，使用 try 控制从命令行读入一个整数，并作为异常抛出，然后使用 catch 捕获。因为抛出的是整型，所以将被 catch(int y)语句捕获。程序编译执行后的效果如图 15-3 所示。

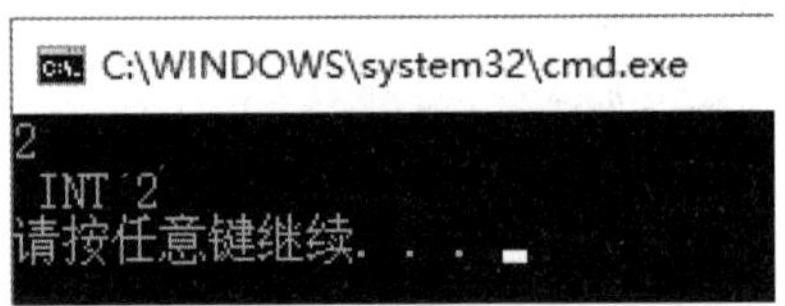

图 15-3　执行效果

知识精讲

在使用异常处理时还需要注意以下问题。

(1) C++只理会放在 try 语句块内受监控的过程的异常，那些不受监控的过程的异常，C++是不会处理的。

(2) 在 try 语句块之后必须紧跟一个或多个 catch 语句块，以便对发生的异常进行处理。在 try 语句块出现之前，不能出现 catch 语句块。

(3) catch 语句的括号中只能有一个形参，但该形参是可选的，而形参的数据类型不能缺省必须保留，因为捕获是利用数据类型的匹配实现的。

(4) 抛弃异常与处理异常可以放在不同的函数中。

(5) catch(...)语句可以捕获全部异常，因此，若使用这个语句，应将它放置在所有的 catch 语句之后。另外，为了增强程序的可读性，C++允许在函数的声明中注明函数可能抛弃的异常类型，其语法为：

```
返回值类型  函数名(形参列表)throw(异常类型 1,异常类型 2,……)
```

例如下面的函数声明，这种做法称为异常接口声明。

```
double Div(double x, double y)throw(int);
```

15.2.4　异常处理中的构造和析构

在 C++程序中，异常处理的真正能力不仅在于能处理各种不同类型的异常，而且还具有在异常抛出前为构造的所有局部对象自动调用析构函数的能力。当在程序中找到一个匹配的 catch 异常处理后，如果 catch()语句的异常类型声明是一个值参数，则其初始化方式是复制被抛弃的异常对象；如果 catch()语句的异常类型声明是一个引用，则其初始化方式是使该引用指向异常对象。当 catch()语句的异常类型参数被初始化后，便开始了栈的展开过程，包括从对应的 try 语句块开始到异常被抛弃之间对构造的所有自动对象进行析构。析构的顺序与构造的顺序相反。然后程序从最后一个 catch 处理之后开始恢复。

实例 15-4：异常处理中的构造和析构
源文件路径：daima\15\15-4

本实例的实现文件为 xigou.cpp，主要实现代码如下。

```
class expt{          //定义类 expt
public:              //定义公有成员
      expt(){        //定义构造函数
          cout<<"structor of expt"<<endl;
      }
      ~ expt(){          //定义析构函数
          cout<<"destructor of expt"<<endl;
      }
   };
   class demo{       //定义类 demo
   public:
      demo(){        //定义构造函数
```

```
        cout<<"structor of demo"<<endl;
    }
    ~demo(){       //定义析构函数
        cout<<"destructor of demo"<<endl;
    }
};
void fuc1(){       //定义函数
    int s=0;
    demo d;        //声明 demo 类的对象
    throw s;       //抛出异常
}
void fuc2(){
    expt e;        //声明 expt 类的对象
    fuc1();        //调用函数 fuc1
}
void main(){
    try{           //定义异常
        fuc2();    //调用函数
    }
    catch(int) { //定义异常处理
        cout<<"catch int exception"<<endl;
    }
    cout<<"continue main()"<<endl;
}
```

在上述代码中定义了两个类 expt 和 demo，在函数 fuc2()中创建了 expt 的对象 e，在函数 fuc1()中创建了 demo 的对象 d，并抛出异常。在主函数 main()中，使用 try…catch 语句捕获并处理异常。从运行结果可以看出，在抛弃异常前，创建了两个对象 e 和 d，在抛弃异常后，这两个对象被按与创建的相反顺序调用析构函数销毁。本实例程序编译执行后的效果如图 15-4 所示。

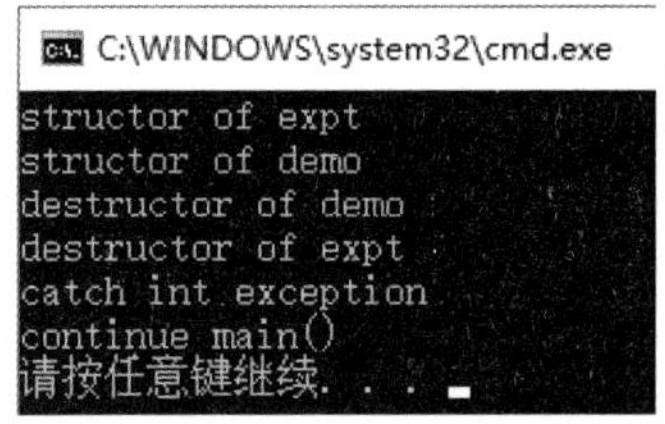

图 15-4　执行效果

15.3　实践案例与上机指导

通过本章的学习，读者基本可以掌握 C++异常处理的知识。其实 C++异常处理的知识还有很多，这需要读者通过课外渠道来加深学习。下面通过练习操作，以达到巩固学习、拓展提高的目的。

↑扫码看视频

C++的异常处理机制是一个用来有效地处理运行错误的非常强大且灵活的工具，它提供了更多的弹性、安全性和稳固性，克服了传统方法所带来的问题。也就是说，C++中的异常处理机制是一种把控制权从异常发生的地点转移到一个匹配的处理函数或功能块的机制。其中，异常可以是内建数据类型变量，也可以是对象。

一般来说，异常处理机制包括如下 4 个部分。

- try 语句块：即一个定义异常的语句块。
- catch 语句块：即一个或多个和 try 语句块相关的处理，它们放在 catch 语句块中。
- throw 表达式：即抛出异常语句。
- 异常本身。

智慧锦囊

当一个异常被抛出后，C++运行机制首先在当前的作用域寻找合适的处理 catch 语句块。如果不存在这样一个处理，那么将会离开当前的作用域，进入更外围的一层继续寻找。这个过程不断地进行下去直到合适的处理被找到为止。此时堆栈已经被解开，并且所有的局部对象被销毁。如果始终都没有找到合适的处理，那么程序将会终止。

下面将通过一个具体的实例，对本章的知识进行总结。

实例 15-5：求一元二次方程的实根
源文件路径：daima\15\15-5

本实例的实现文件保存为 math.cpp，功能是解决数学问题：求一元二次方程的实根，要求加上异常处理，判断 b*b-4*a*c 是否大于 0，若成立则求两个实根，否则要求重新输入。

解决上述问题的主要实现代码如下。

```
#include <math.h>                              //包含头文件
using namespace std;                           //使用命名空间
double sqrt_delta(double d){                   //定义函数 sqrt_delta
      if(d < 0)                                //如果 d 小于 0
         throw 1;                              //抛出异常
      return sqrt(d);                          //返回平方根值
   }
   double delta(double a, double b, double c) {//实现函数 delta
      double d = b * b - 4 * a * c;            //变量 d 赋值为一个表达式
      return sqrt_delta(d);                    //调用 sqrt_delta()函数
   }
   void main() {
cout << "编写一个程序，能够计算一元二次方程的实根。" << endl;
      double a, b, c;                          //定义 3 个变量 a、b 和 c
       cout << "请输入 a, b, c" << endl;
      cin >> a >> b >> c;                      //接收输入的 a、b、c
      while(true) {                            //循环
            try{                               //定义异常
            double d = delta(a, b, c);    //调用函数
            cout << "x1: " << (d - b) / (2 * a);
            cout << endl;
```

```
            cout << "x2: " << -(b + d) / (2 * a);
            cout << endl;
            break;                          //跳出循环
        }
        catch(int) {                        //定义异常处理
           cout << "delta < 0, 请输入 a, b, c.";   //重新输入系数
            cin >> a >> b >> c;
        }
    }
}
```

在上述代码中，实现了对于用户输入的一元二次方程系数的判断，由于只有方程的系数符合 b*b-4*a*c>0 的条件时才有实根，所以在上述代码中的函数 sqrt_delta 中包含了异常定义。在上述代码的最后的 catch 语句块中包含了对该异常的处理。例如分别输入 1、6、-27 后的执行效果如图 15-5 所示。

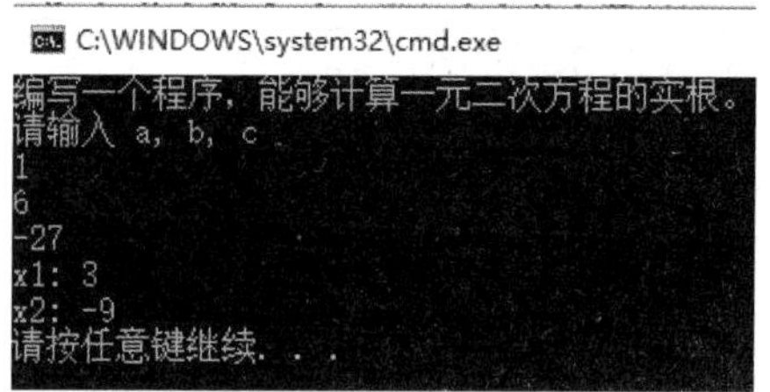

图 15-5　执行效果

15.4　思考与练习

本章详细讲解了 C++异常处理的知识，在讲解过程中，通过具体实例介绍了使用 C++异常处理类处理异常的方法。通过本章的学习，读者应该熟悉使用异常处理类处理异常的知识，掌握它们的使用方法和技巧。

1. 选择题

在 C++程序中，不能处理异常抛出和处理工作的关键字是(　　)。

A. try　　B. throws　　C. catch

2. 判断对错

(1) C++只理会放在 try 语句块内受监控的过程的异常，那些不受监控的过程的异常，C++是不会处理的。(　　)

(2) 在 try 语句块之后必须紧跟一个或多个 catch 语句块，以便对发生的异常进行处理。在 try 语句块出现之前，不能出现 catch 语句块。(　　)

3. 上机练习

(1) 在嵌套函数中处理异常。

(2) 演示 C++捕获异常。

第16章

图书馆管理系统

本章要点

- 项目要求
- 需求分析
- 系统具体实现

本章主要内容

“实践是检验真理的唯一标准。”我们经过前面知识的学习，了解了 C++技术的基本知识，相信读者都已经摩拳擦掌，迫不及待地想投入到实战项目中来。请不要着急，本章安排读者通过一个简单的实例先来检验一下自己的水平。结果并不重要，希望读者仔细品味其中的过程，理解面向对象编程的思想。

16.1 项 目 要 求

C++是一门基于面向对象的高级语言，面向对象强调把整个系统划分为很多细小的模块，每个模块由多个函数构成，这些函数能够实现某些具体的功能。本项目要求通过面向对象的思想，实现一个简单的图书管理系统。

↑扫码看视频

首先看项目要求定义什么样的系统，完成什么样的功能，这是程序设计的第一步。作为一个图书管理系统，使用者包括图书管理员和借阅者。管理员是系统的操作用户，负责图书的日常管理和维护。他需要掌握图书的借出、还入、添加新书、查询记录、删除记录等信息。

而借阅者是系统的服务对象，整个系统是为借阅者服务的，为了确保系统用户的合法性，使用了会员机制。管理人员可以利用系统管理会员的综合情况，包括会员注册、会员注销、查询会员是否存在、图书借阅等操作。

根据上述项目要求，我们明白了需要做的事情，这样对整个项目就有了大体的了解。

16.2 需 求 分 析

需求分析是整个项目的关键，它是开发人员和使用人员之间的媒介。通过需求分析，可以明确要解决什么样的问题。在本节的内容中，将简要介绍本项目的需求分析的具体实现过程。

↑扫码看视频

16.2.1 图书管理

图书管理模块包括如下处理。

- 图书录入：录入新的图书数据。
- 修改：修改已经录入的数据。
- 查询：根据关键字查询图书信息。
- 删除：删除某个图书信息。

- 借阅：借出图书，确保有库存才借出，同时要减少库存，并在会员信息中进行更新处理。
- 返还：返回图书，同时增加库存，并删除会员中的相关信息。

16.2.2　会员管理

会员管理模块包括如下处理。

- 会员注册：注册新的用户，信息不能重复。
- 注销：删除某个会员的信息。
- 查询：根据资料查询某个会员用户。
- 整个系统设置一名会员只能同时借阅三本书。

综上所述，上述两个模块的具体结构如图 16-1 所示。

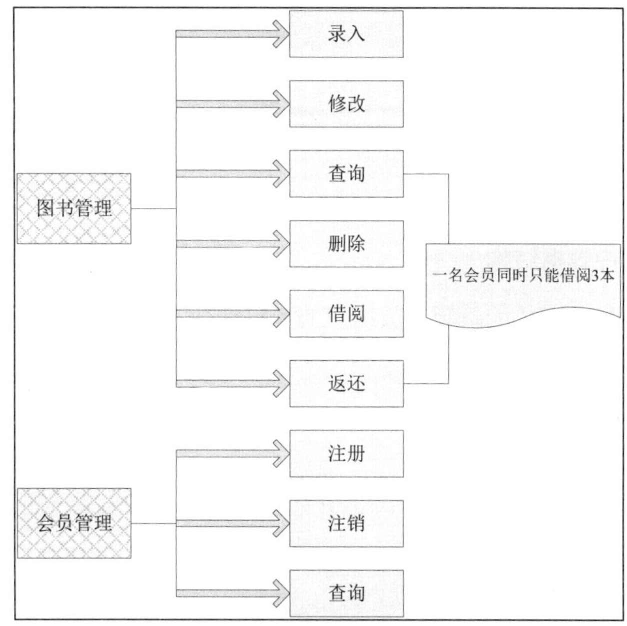

图 16-1　图书借阅系统

16.3　系统的具体实现

经过前面两节内容介绍，了解了整个系统的要求和需求分析，此时读者在脑海中应该有了一个清晰的认识。从本节内容开始，将介绍整个项目的具体实现过程，首先介绍系统需要的数据结构。

↑扫码看视频

16.3.1 数据结构设计

从前面介绍的系统需求看，本系统中需要用到两大类数据：图书数据和会员用户数据。在本项目中，将使用 C++的结构体来实现这两个大类。下面分别介绍这两个大类的具体实现。

1. 系统图书数据结构

在文件 datainfo.h 中定义了系统图书的数据结构，具体代码如下。

```
/*
图书的数据结构
*/
typedef struct bookshuju{
   char isbn[12];                        //ISBN 12B
   char name[20];                        //书名 20B
   char publisher[20];                   //出版社 20B
   char author[20];                      //作者 20B
   short ver;                            //版次
   float price;                          //价格
   short count;                          //库存
}BOOK;
```

2. 系统会员用户数据结构

在文件 datainfo.h 中定义了系统会员用户的数据结构，具体代码如下。

```
/*
会员的数据结构
*/
typedef struct huiyuanshuju{
   char name[20];                    //会员名 20B
   char address[20];                 //住址 20B
   short borrow;                     //借阅数
   char isbn1[12];                   //第一本的 isbn 12B
   char isbn2[12];                   //第二本的 isbn 12B
   char isbn3[12];                   //第三本的 isbn 12B
}MEMBER;
```

上述两段代码是用两个结构体实现的，分别包含了图书的基本信息和会员用户的基本信息。

16.3.2 系统主文件 rent.cpp

系统主文件 rent.cpp 的功能是，显示整个系统的主菜单，获取用户的输入，并管理数据文件。整个菜单的操作都是通过调用函数实现的，具体实现代码如下。

```
#include "stdafx.h"
#include <iostream>
#include "tou\mainfunction.h"
int main(void)
{
    short selected=0;
```

```
    short selectedsub=0;
    //显示欢迎信息
    showwelcome();
    do{
        selected=showmenu();
        do{
            selectedsub=showsubmenu(selected);
            callsubtask(selectedsub);
        }while(selectedsub!=_QUIT_);
    }while(selected!=_QUIT_);
    return 0;
}
```

在上述代码中，通过 do-while 语句循环显示了各个菜单命令，具体功能是通过函数 showmenu()实现的。上述文件直接调用了预先定义的处理函数，具体来说，菜单处理文件在文件 mainfunction.h 中进行预先定义，所以在上述文件中只需使用#include "tou\mainfunction.h"进行调用即可。

16.3.3　菜单处理文件 mainfunction.h

菜单处理文件 mainfunction.h 用于实现系统主文件所需要的处理函数，具体代码如下。

```
#ifndef MAINFUNCTION_H_INCLUDED
#define MAINFUNCTION_H_INCLUDED
#define _QUIT_ 0
/*
显示欢迎信息
*/
void showwelcome(void);
/*
显示菜单项，返回选择的菜单
*/
short showmenu(void);
/*
显示子菜单项
*/
short showsubmenu(short menu);
/*
功能调用函数，依据菜单选择调用相应的功能函数
*/
void callsubtask(short selected);
#endif // MAINFUNCTION_H_INCLUDED
```

从上述代码可以看出，文件 mainfunction.h 也调用了其他文件，并没有定义实现某个具体功能的函数。

16.3.4　函数定义文件 subfunction.h

函数定义文件 subfunction.h 是本实例的函数说明文件，在里面给出了系统中所用到的 18 个函数的具体定义。文件 subfunction.h 的具体实现代码如下。

```
#ifndef SUBFUNCTION_H_INCLUDED
#define SUBFUNCTION_H_INCLUDED
#include "..\tou\datainfo.h"
void mmbook(void);
```

```
void listmember(void);
/*
1.录入图书
*/
int inputbook(void);
/*
2.删除图书
*/
int deletebook(void);
/*
3.查询图书
*/
int searchbook(void);
/*
4.修改图书
*/
int modifybook(void);
/*
5.借阅图书
*/
int lendbook(void);
/*
6.归还图书
*/
int returnbook(void);
/*
7.注册会员
*/
int inputmember(void);
/*
8.注销会员
*/
int deletemember(void);
/*
9.查询会员
*/
int searchmember(void);
/*
10.修改会员
*/
int modifymember(void);
BOOK findbook(char *ISBN);
int removebook(char *ISBN);
MEMBER findmember(char *name);
int removemember(char *name);
int memberborrow(MEMBER member);
int lendbook(BOOK book);
#endif // SUBFUNCTION_H_INCLUDED
```

16.3.5　菜单处理实现文件 mainfunction.cpp

菜单处理实现文件 mainfunction.cpp 的功能是，给出菜单处理函数的具体实现过程。在本文件中定义了如下 4 个函数。

- showwelcome(void)：显示系统的欢迎界面。
- showmenu(void)：显示系统主菜单项。

- showsubmenu(short menu)：显示系统子菜单项。
- callsubtask(short selected)：调用某个处理函数。

上述处理函数的具体运作流程如图 16-2 所示。

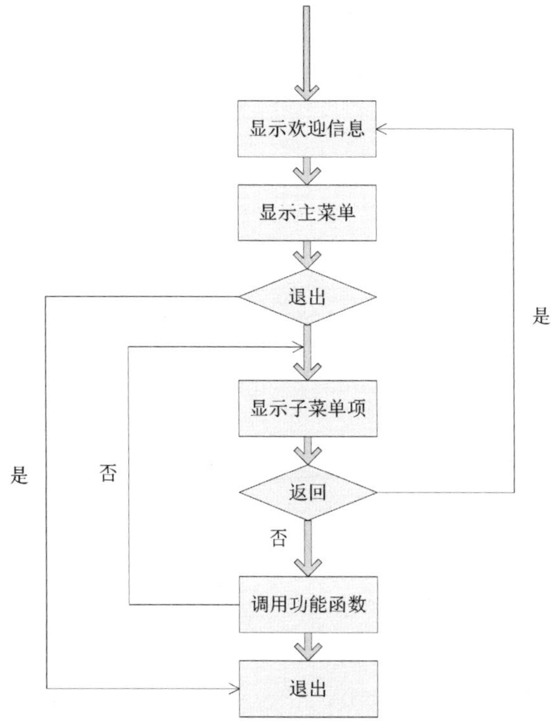

图 16-2　菜单处理文件实现流程

文件 mainfunction.cpp 的具体实现代码如下。

```
#include "stdafx.h"
#include <iostream>
#include "..\tou\mainfunction.h"
#include "..\tou\subfunction.h"
using namespace std;
/*
显示欢迎信息
*/
void showwelcome(void)
{
   cout<<"**********************************"<<endl;
   cout<<"*欢迎使用 BookManager 图书管理系统*"<<endl;
   cout<<"*           版本：alpha          *"<<endl;
   cout<<"**********************************"<<endl;
}
/*
显示菜单项，返回选择的菜单
*/
short showmenu(void)
{
   short selected=0;
   //选择模块
   cout<<"请选择你要使用的模块："<<endl;
```

```
    cout<<"1--图书维护"<<endl;
    cout<<"2--图书借阅"<<endl;
    cout<<"3--会员维护"<<endl;
    cout<<"0--退出"<<endl;
    cout<<"请选择: ";
    cin>>selected;
    while(selected>3||selected<0)
    {
        cout<<"选择错误! 请重选:";
        cin>>selected;
    }
    return selected;
}
/*
显示子菜单项
*/
short showsubmenu(short menu)
{
    int selected=0;
    switch(menu)
    {
        case 1:
            cout<<"      图书维护"<<endl;
            cout<<"请选择你要执行的功能: "<<endl;
            cout<<"1--录入"<<endl;
            cout<<"2--删除"<<endl;
            cout<<"3--查询"<<endl;
            cout<<"4--修改"<<endl;
            cout<<"5--列表"<<endl;
            cout<<"0--退出"<<endl;
            cout<<"请选择: ";
            cin>>selected;
            while(selected>5||selected<0)
            {
                cout<<"选择错误! 请重选:";
                cin>>selected;
            }
            break;
        case 2:
            cout<<"      图书借阅"<<endl;
            cout<<"请选择你要执行的功能: "<<endl;
            cout<<"1--借阅"<<endl;
            cout<<"2--返还"<<endl;
            cout<<"0--退出"<<endl;
            cout<<"请选择: ";
            cin>>selected;
            while(selected>2||selected<0)
            {
                cout<<"选择错误! 请重选:";
                cin>>selected;
            }
            if (selected!=_QUIT_)
                selected+=5;
            break;
        case 3:
            cout<<"      会员维护"<<endl;
```

```
        cout<<"请选择你要执行的功能："<<endl;
        cout<<"1--注册"<<endl;
        cout<<"2--注销"<<endl;
        cout<<"3--查询"<<endl;
        cout<<"4--修改"<<endl;
        cout<<"5--列表"<<endl;
        cout<<"0--退出"<<endl;
        cout<<"请选择：";
        cin>>selected;
        while(selected>5||selected<0)
        {
            cout<<"选择错误！请重选:";
            cin>>selected;
        }
        if (selected!=_QUIT_)
            selected+=7;
        break;
    default:
        selected=_QUIT_;
    }
    return selected;
}
/*
功能调用函数，依据菜单选择调用相应的功能函数
*/
void callsubtask(short selected)
{
    int rtn;
    switch(selected)
    {
        case 1:
            rtn=inputbook();
            break;
        case 2:
            rtn=deletebook();
            break;
        case 3:
            rtn=searchbook();
            break;
        case 4:
            rtn=modifybook();
            break;
        case 5:
            mmbook();
            break;
        case 6:
            rtn=lendbook();
            break;
        case 7:
            rtn=returnbook();
            break;
        case 8:
            rtn=inputmember();
            break;
        case 9:
            rtn=deletemember();
            break;
        case 10:
```

```
            rtn=searchmember();
            break;
        case 11:
            rtn=modifymember();
            break;
        case 12:
            listmember();
            break;
    }
}
```

16.3.6 功能函数实现文件 subfunction.cpp

功能函数实现文件 subfunction.cpp 的功能是，给出系统各个功能函数的具体实现过程。在本文件中定义了如下 3 类函数。

- 图书信息处理。
- 图书借阅处理。
- 会员用户信息处理。

下面分别介绍上述功能模块的具体实现过程。

1. 图书信息处理

图书信息处理模块的功能是实现图书信息的日常维护处理，由如下函数构成。

- mmbook(void)：列表显示系统内的图书信息。
- inputbook(void)：添加新的图书信息。
- findbook(char *ISBN)：显示查询系统内的图书信息。
- deletebook(void)：用于删除某条图书信息。
- searchbook(void)：查询处理函数，检索指定参数的图书信息。
- modifybook(void)：修改系统内已经存在的图书信息。

其中图书添加处理的流程如图 16-3 所示。

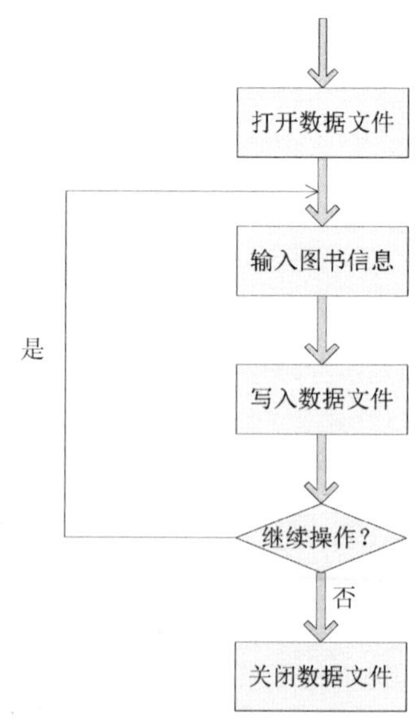

图 16-3 图书添加流程

上述图书信息处理功能的具体实现代码如下。

```
/*
1. 录入图书
*/
int inputbook(void)
{
    int rtn=1;
    BOOK book;
    char check='n';
FILE *fp;
fp=fopen(_DATA_FILE_,"ab");/*追加方式打开文件*/
if(fp==NULL)
  fp=fopen(_DATA_FILE_,"wb"); /*写方式打开文件*/
if (fp==NULL)
    rtn=0;
else
{
    do{
        cout<<"录入图书"<<endl;
        cout<<"ISBN--";
        cin>>book.isbn;
        cout<<"书名--";
        cin>>book.name;
        cout<<"出版社--";
        cin>>book.publisher;
        cout<<"作者--";
        cin>>book.author;
        cout<<"版次--";
        cin>>book.ver;
        cout<<"价格--";
        cin>>book.price;
        cout<<"库存--";
        cin>>book.count;
        cout<<"确认保存(y/n):";
        cin>>check;
        if (check='Y')
        {
            fwrite(&book,sizeof(book),1,fp);/*块写*/
        }
        cout<<"继续录入吗? (y/n)";
        cin>>check;
    }while(check!='n');
}
fclose(fp);
    return rtn;
}
```

图书删除处理的流程如图 16-4 所示，此功能的具体实现代码如下。

```
/*
2. 删除图书
*/
int deletebook(void)
{
    char check='n';
    int rtn=1;
    char ISBN[12];
```

```
    BOOK book;
    do{
        cout<<"请输入 ISBN: ";
        cin>>ISBN;
        book=findbook(ISBN);
        if(book.count==-1)
        {
            rtn=0;
            cout<<"没有找到! "<<endl;
        }
        else
        {
            rtn=removebook(ISBN);
            if (rtn==0)
                cout<<"删除失败!"<<endl;
        }
        cout<<"继续吗? (y/n)";
        cin>>check;
     }while(check!='n');
    return rtn;
}
```

图书查询处理的流程如图 16-5 所示。

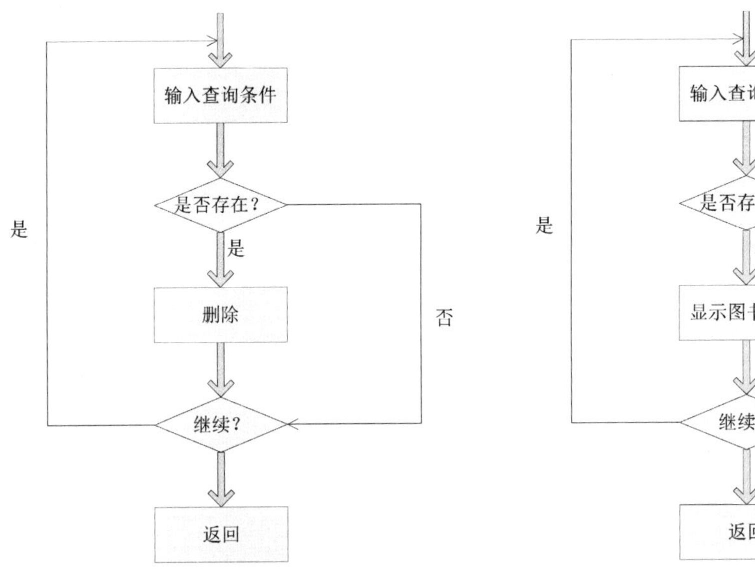

图 16-4 图书删除处理流程

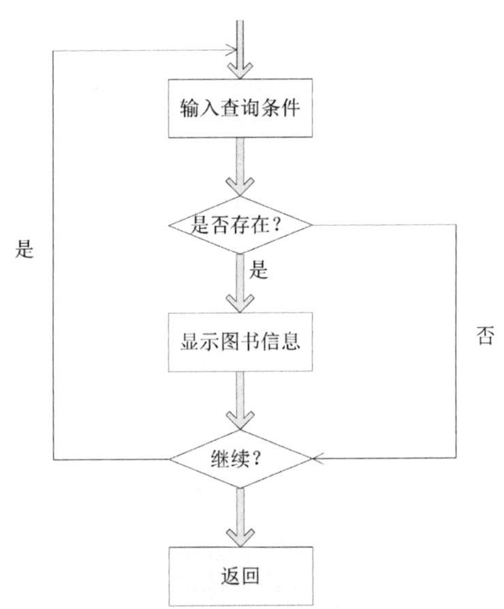

图 16-5 图书查询处理流程

图书查询处理功能的具体实现代码如下。

```
/*
查询图书
*/
BOOK findbook(char *ISBN)
{
    BOOK book;
    bool found=false;
    FILE *fp;
    fp=fopen(_DATA_FILE_,"rb");/*读方式打开文件*/
    book.count=-1;
```

```
    if(fp!=NULL)
    {
        //fseek(fp,0,SEEK_SET);
        fread(&book,sizeof(book),1,fp);
        while(!feof(fp))
        {
            if (!strcmp(book.isbn,ISBN))
            {
               found=true;
               break;
            }
            fread(&book,sizeof(book),1,fp);
        }
        if (!found)
          book.count=-1;
        fclose(fp);
    }
    return book;
}
int removebook(char *ISBN)
{
    BOOK book;
    FILE *fp;
    FILE *temp;
    temp=fopen(_TEMP_FILE_,"w");/*写方式打开文件*/
    fp=fopen(_DATA_FILE_,"rb");/*读方式打开文件*/
    if(fp!=NULL)
    {
        fread(&book,sizeof(book),1,fp);
        while(!feof(fp))
        {
            if (strcmp(book.isbn,ISBN))
            {
               fwrite(&book,sizeof(book),1,temp);/*块写*/
            }
            fread(&book,sizeof(book),1,fp);
        }
        fclose(fp);
        fclose(temp);
        remove(_DATA_FILE_);
        rename(_TEMP_FILE_,_DATA_FILE_);
    }
    return 1;
}
/*
3. 查询图书
*/
int searchbook(void)
{
    char ISBN[12];
    int rtn=0;
    BOOK book;
    char check='n';
    do{
        cout<<"请输入 ISBN: ";
        cin>>ISBN;
        book=findbook(ISBN);
        if (book.count==-1)
            cout<<"没找到"<<endl;
```

```
        else
        {
            cout<<"ISBN="<<book.isbn<<endl;
            cout<<"name="<<book.name<<endl;
            cout<<"publisher="<<book.publisher<<endl;
            cout<<"author="<<book.author<<endl;
            cout<<"ver="<<book.ver<<endl;
            cout<<"price="<<book.price<<endl;
            cout<<"count="<<book.count<<endl;
        }
        cout<<"继续查询吗? (y/n)";
        cin>>check;
    }while(check!='n');
    return rtn;
}
```

图书修改处理的流程如图 16-6 所示。

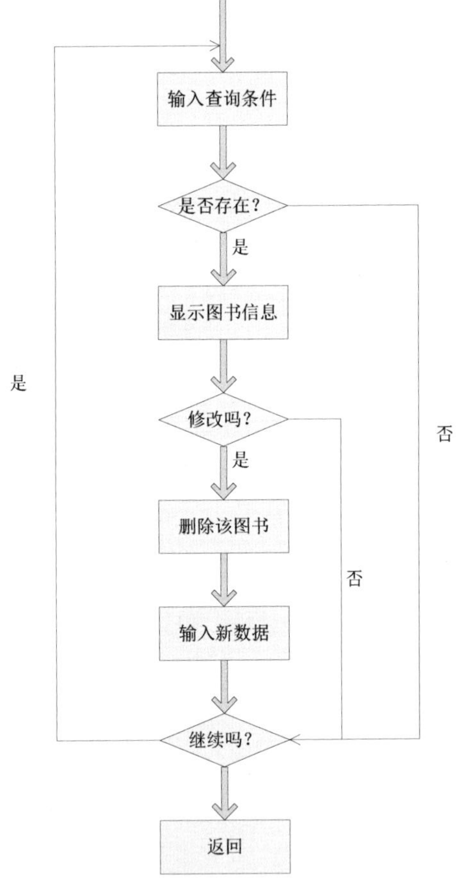

图 16-6　图书修改处理流程

图书修改处理功能的具体实现代码如下。

```
/*
4. 修改图书
*/
int modifybook(void)
```

```
{
   cout<<"修改图书"<<endl;

   char ISBN[12];
   int rtn=0;
   BOOK book;
   char check='n';
   do{
       cout<<"请输入 ISBN: ";
       cin>>ISBN;
       book=findbook(ISBN);
       if (book.count==-1)
           cout<<"没找到"<<endl;
       else
       {
           cout<<"ISBN="<<book.isbn<<endl;
           cout<<"name="<<book.name<<endl;
           cout<<"publisher="<<book.publisher<<endl;
           cout<<"author="<<book.author<<endl;
           cout<<"ver="<<book.ver<<endl;
           cout<<"price="<<book.price<<endl;
           cout<<"count="<<book.count<<endl;
           cout<<"修改吗? (y/n)";
           cin>>check;
           if (check == 'y')
           {
             removebook(ISBN);
             inputbook();
           }
       }
       cout<<"继续吗? (y/n)";
       cin>>check;
    }while(check!='n');
    return rtn;
}
```

函数 mmbook(void)的具体实现代码如下。

```
#include "stdafx.h"
#include <iostream>
#include "..\tou\subfunction.h"
using namespace std;
const char *_DATA_FILE_ ="book.dat";
const char *_TEMP_FILE_="book.tmp";
const char *_MEMBER_FILE_ ="member.dat";
void mmbook(void)
{
    FILE *fp;
    BOOK bk;
    fp=fopen(_DATA_FILE_,"rb");
   cout<<"ISBN name publisher author ver price count"<<endl;
   fread(&bk,sizeof(bk),1,fp);
    while(!feof(fp))
    {
        cout<<bk.isbn<<" "<<bk.name<<" "<<bk.publisher<<" "<<bk.author<<
" "<<bk.ver<<" "<<bk.price<<" "
             <<bk.count<<endl;
       fread(&bk,sizeof(bk),1,fp);
    }
    fclose(fp);
}
```

2. 图书借阅处理

图书借阅处理模块的功能是实现图书的借出和归还处理，由如下函数构成。

➢ lendbook(void)：图书借出处理。

➢ returnbook(void)：图书归还处理。

图书借阅处理的具体流程如图 16-7 所示。

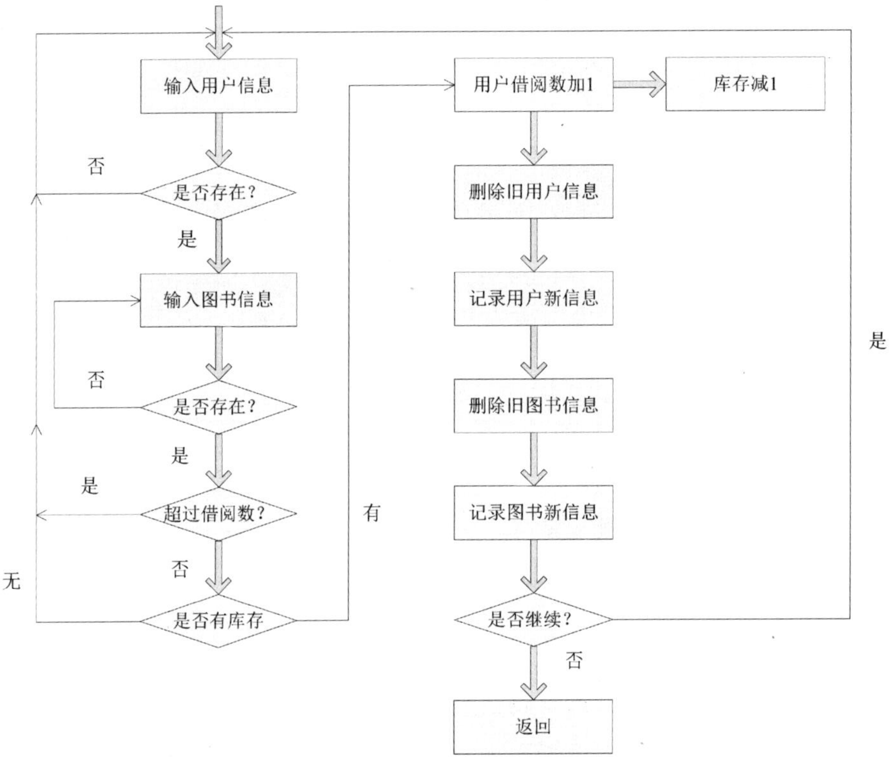

图 16-7　图书借阅处理流程

图书借出处理功能的具体实现代码如下。

```
    /*
    5. 借阅图书
    */
    int lendbook(void)
    {
        cout<<"借阅图书"<<endl;
  char ISBN[12];
  char name[20];
  MEMBER member;
  BOOK book;
  cout<<"输入图书 ISBN: ";
  cin>>ISBN;
  cout<<"输入借阅者姓名: ";
  cin>>name;
  book=findbook(ISBN);
  if (book.count==-1)
    cout<<"图书不存在! "<<endl;
  else
  {
```

```
    member=findmember(name);
    if (member.borrow==-1)
        cout<<"会员不存在"<<endl;
    else
    {
        if (member.borrow>3)
            cout<<"借阅超限，不能再借."<<endl;
        else
        {
            if (book.count==0)
                cout<<"书已借完!"<<endl;
            else
            {
                member.borrow++;
                book.count--;
                if (member.isbn1[0]=='\0')
                    strcpy(member.isbn1,book.isbn);
                else if(member.isbn2[0]=='\0')
                    strcpy(member.isbn2,book.isbn);
                else
                    strcpy(member.isbn3,book.isbn);
                removemember(member.name);
                memberborrow(member);
                removebook(book.isbn);
                lendbook(book);
            }
        }
    }
  }
  return 0;
}
```

图书归还处理的具体流程如图 16-8 所示。

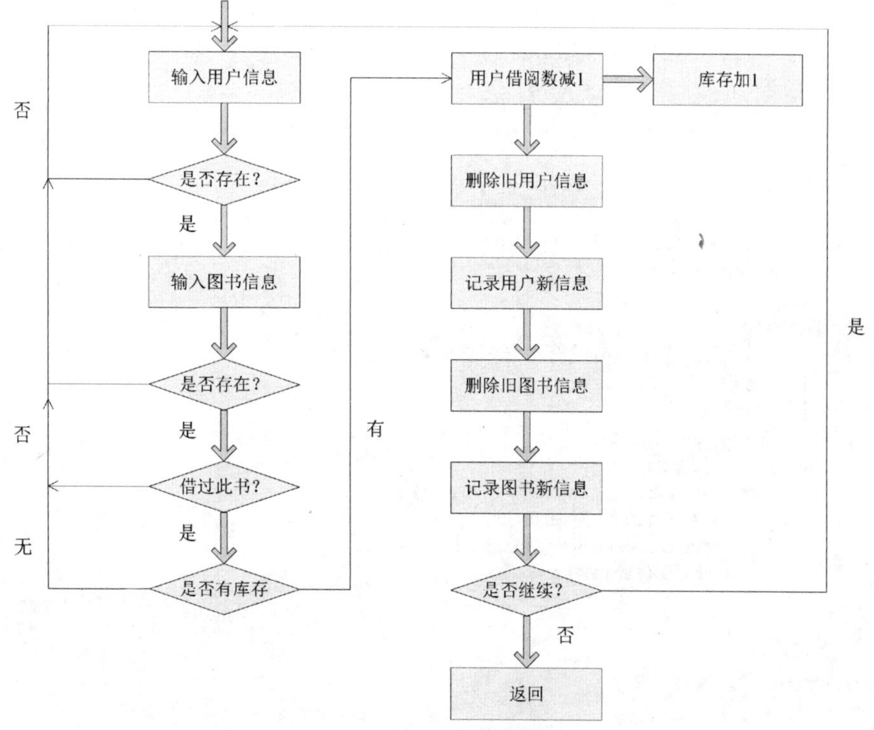

图 16-8　图书归还处理流程

图书归还处理功能的具体实现代码如下。

```
/*
6. 归还图书
*/
int returnbook(void)
{
    cout<<"归还图书"<<endl;
   char ISBN[12];
   char name[20];
   MEMBER member;
   BOOK book;
   bool ok=false;
   cout<<"输入图书 ISBN: ";
   cin>>ISBN;
   cout<<"输入借阅者姓名: ";
   cin>>name;
   book=findbook(ISBN);
   if (book.count==-1)
     cout<<"图书不存在! "<<endl;
   else
   {
     member=findmember(name);
     if (member.borrow==-1)
          cout<<"会员不存在"<<endl;
     else
     {
          if (!strcmp(member.isbn1,book.isbn))
          {
               member.isbn1[0]='\0';
               ok=true;
          }
          else if(!strcmp(member.isbn2,book.isbn))
          {
               member.isbn2[0]='\0';
               ok=true;
          }
          else if(!strcmp(member.isbn3,book.isbn))
          {
               member.isbn3[0]='\0';
               ok=true;
          }
          else
               cout<<"该会员没有借该书."<<endl;
          if (ok)
          {
               member.borrow--;
               book.count++;
               removemember(member.name);
               memberborrow(member);
               removebook(book.isbn);
               lendbook(book);
          }
     }
   }
    return 0;
}
```

3. 会员用户信息处理

会员用户信息处理模块的功能是，实现对会员用户信息的列举、注册、查询、修改和删除等操作，由如下函数构成。

➢　listmember(void)：列表显示系统内的会员信息，具体代码如下。

```
void listmember(void)
{
    FILE *fp;
    MEMBER member;
    fp=fopen(_MEMBER_FILE_,"rb");
   cout<<"姓名   地址   借阅数    isbn1   isbn2   isbn3"<<endl;
   fread(&member,sizeof(member),1,fp);
    while(!feof(fp))
    {
        cout<<member.name<<" "<<member.address<<" "<<member.borrow<<
" "<<member.isbn1<<" "<<member.
              isbn2<<" "<<member.isbn3<<endl;
     fread(&member,sizeof(member),1,fp);
    }
    fclose(fp);
}
```

➢　inputmember(void)：会员注册处理函数。具体处理流程如图 16-9 所示。

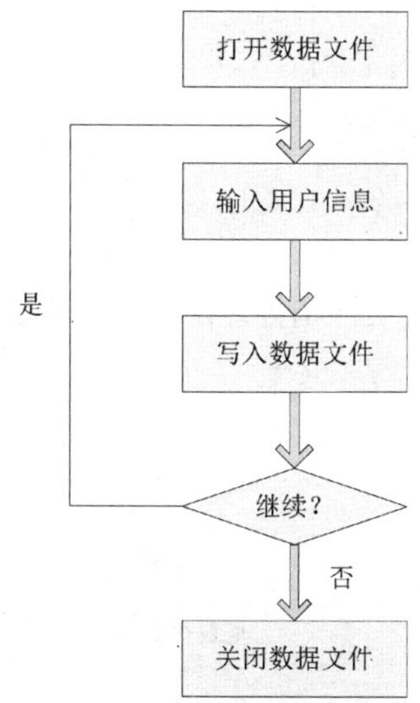

图 16-9　会员注册处理流程

函数 inputmember(void)的具体实现代码如下。

```
/*
7. 注册会员
*/
int inputmember(void)
{
    cout<<"注册会员"<<endl;
   int rtn=1;
    MEMBER member;
    char check='n';
```

```
    FILE *fp;
    fp=fopen(_MEMBER_FILE_,"ab");/*追加方式打开文件*/
    if(fp==NULL)
      fp=fopen(_MEMBER_FILE_,"wb"); /*写方式打开文件*/
    if (fp==NULL)
        rtn=0;
    else
    {
        do{
            cout<<"录入会员"<<endl;
            cout<<"姓名--";
            cin>>member.name;
            cout<<"地址--";
            cin>>member.address;
            member.borrow=0;
            member.isbn1[0]='\0';
            member.isbn2[0]='\0';
            member.isbn3[0]='\0';
            cout<<"确认保存(y/n):";
            cin>>check;
            if (check='Y')
            {
                fwrite(&member,sizeof(member),1,fp);/*块写*/
            }
            cout<<"继续录入吗? (y/n)";
            cin>>check;
        }while(check!='n');
    }
    fclose(fp);
    return rtn;
    return 0;
}
```

➢ deletemember(void)：会员注销处理函数。具体处理流程如图 16-10 所示。

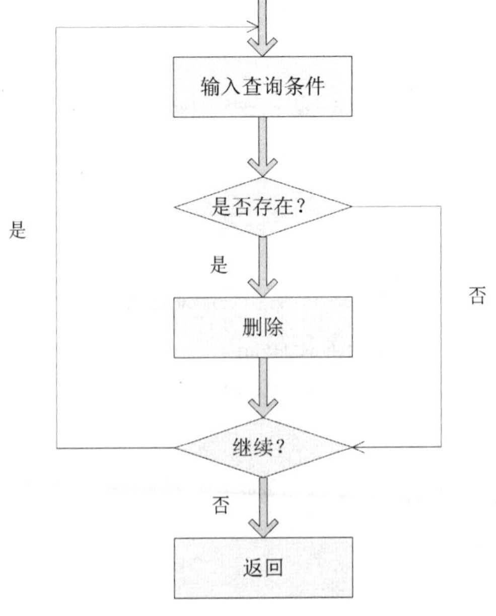

图 16-10　会员注销处理流程

函数 deletemember(void)的具体实现代码如下。

```
/*
8. 注销会员
*/
int deletemember(void)
{
    cout<<"注销会员"<<endl;
    char check='n';
    int rtn=1;
    char name[20];
    MEMBER member;
    do{
         cout<<"请输入姓名: ";
         cin>>name;
         member=findmember(name);
         if(member.borrow==-1)
         {
             rtn=0;
             cout<<"没有找到! "<<endl;
         }
         else
         {
             rtn=removemember(name);
             if (rtn==0)
                 cout<<"删除失败!"<<endl;
         }
         cout<<"继续吗? (y/n)";
         cin>>check;
     }while(check!='n');
    return rtn;
}
```

- searchmember(void)：会员用户查询处理函数。
- findmember(char *name)：显示出找到的信息。

上述功能的具体处理流程如图 16-11 所示。

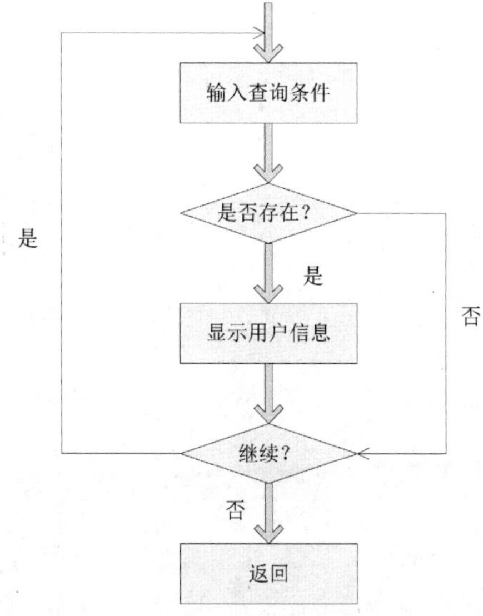

图 16-11　用户查询处理流程

上述两个函数的具体实现代码如下。

```
    /*
    9. 查询会员
    */
    int searchmember(void)
    {
        cout<<"查询会员"<<endl;
        char name[20];
    int rtn=0;
    MEMBER member;
    char check='n';
    do{
        cout<<"请输入姓名：";
        cin>>name;
        member=findmember(name);
        if (member.borrow==-1)
            cout<<"没找到"<<endl;
        else
        {
         cout<<"姓名   地址   借阅数    isbn1   isbn2   isbn3"<<endl;
         cout<<member.name<<"  "<<member.address<<"  "<<member.borrow<<"
               "<<member.isbn1<<"  "<<member.isbn2<<"  "<<member.isbn3<<endl;
    }
        cout<<"继续查询吗？(y/n)";
        cin>>check;
    }while(check!='n');
    return rtn;
}
MEMBER findmember(char *name)
{
    MEMBER member;
    bool found=false;
    FILE *fp;
    fp=fopen(_MEMBER_FILE_,"rb");/*读方式打开文件*/
    member.borrow=-1;
    if(fp!=NULL)
    {
        fread(&member,sizeof(member),1,fp);
        while(!feof(fp))
        {
            if (!strcmp(member.name,name))
            {
              found=true;
              break;
            }
            fread(&member,sizeof(member),1,fp);
        }
        if (!found)
          member.borrow=-1;
        fclose(fp);
    }
    return member;
}
int removemember(char *name)
{
    MEMBER member;
    FILE *fp;
    FILE *temp;
```

```
    temp=fopen(_TEMP_FILE_,"w");/*写方式打开文件*/
    fp=fopen(_MEMBER_FILE_,"rb");/*读方式打开文件*/
    if(fp!=NULL)
    {
        fread(&member,sizeof(member),1,fp);
        while(!feof(fp))
        {
            if (strcmp(member.name,name))
            {
               fwrite(&member,sizeof(member),1,temp);/*块写*/
            }
            fread(&member,sizeof(member),1,fp);
        }
        fclose(fp);
        fclose(temp);
        remove(_MEMBER_FILE_);
        rename(_TEMP_FILE_,_MEMBER_FILE_);
    }
    return 1;
}
int memberborrow(MEMBER member)
{
   int rtn=1;
    FILE *fp;
    fp=fopen(_MEMBER_FILE_,"ab");/*追加方式打开文件*/
    if(fp==NULL)
      fp=fopen(_MEMBER_FILE_,"wb"); /*写方式打开文件*/
    if (fp==NULL)
        rtn=0;
    else
    {
       fwrite(&member,sizeof(member),1,fp);/*块写*/
    }
    fclose(fp);
    return rtn;
    return 0;
}
int lendbook(BOOK book)
{
    int rtn=1;
    FILE *fp;
    fp=fopen(_DATA_FILE_,"ab");/*追加方式打开文件*/
    if(fp==NULL)
      fp=fopen(_DATA_FILE_,"wb"); /*写方式打开文件*/
    if (fp==NULL)
        rtn=0;
    else
    {
        fwrite(&book,sizeof(book),1,fp);/*块写*/
   }
    fclose(fp);
    return rtn;
}
```

➢　modifymember(void)：会员用户修改处理函数。具体处理流程如图 16-12 所示。

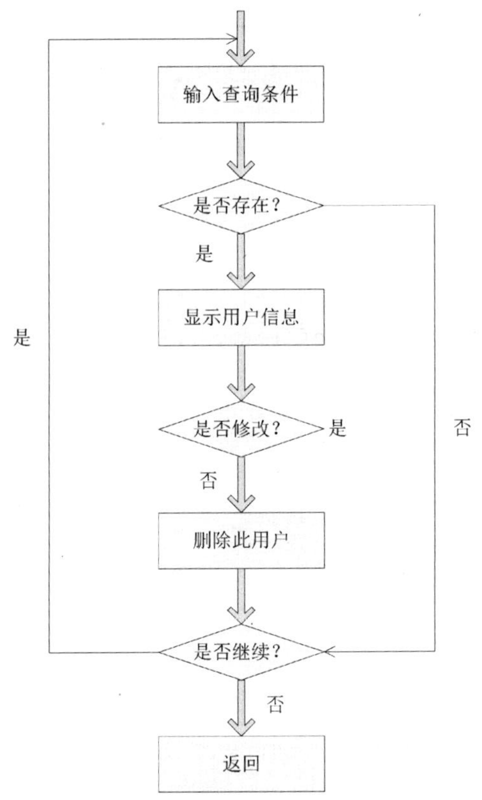

图 16-12 会员修改处理流程

函数 modifymember(void)的具体实现代码如下。

```
/*
10. 修改会员
*/
int modifymember(void)
{
    cout<<"修改会员"<<endl;

    char name[20];
    int rtn=0;
    MEMBER member;
    char check='n';
    do{
        cout<<"请输入姓名: ";
        cin>>name;
        member=findmember(name);
        if (member.borrow==-1)
            cout<<"没找到"<<endl;
        else
        {
            cout<<"姓名="<<member.name<<endl;
            cout<<"地址="<<member.address<<endl;
            cout<<"借阅数="<<member.borrow<<endl;
            cout<<"ISBN1="<<member.isbn1<<endl;
            cout<<"ISBN2="<<member.isbn2<<endl;
            cout<<"ISBN3="<<member.isbn3<<endl;
```

```
            cout<<"修改吗？(y/n)";
            cin>>check;
            if (check == 'y')
            {
              removemember(name);
              inputmember();
            }
        }
        cout<<"继续吗？(y/n)";
        cin>>check;
    }while(check!='n');
    return rtn;
}
```

至此，整个项目的主要文件代码编写完毕。在 Visual Studio 2017 中编译执行后，初始界面会显示系统的主菜单，具体效果如图 16-13 所示。

```
H:\文杰书院\C++\daima\16\rent\Debug\rent.exe
**********************************
*欢迎使用BookManager图书管理系统*
*           版本：alpha          *
**********************************
请选择你要使用的模块：
1--图书维护
2--图书借阅
3--会员维护
0--退出
请选择：
```

图 16-13　系统主菜单

根据对应提示输入数字，会显示出对应的子菜单。例如输入“1”，则显示“图书维护”的子菜单项，如图 16-14 所示。还可以继续选择操作，例如接着上述操作，输入“1”，可以完成“图书输入”操作。具体效果如图 16-15 所示。

```
H:\文杰书院\C++\daima\16\rent\Debug\rent.exe
**********************************
*欢迎使用BookManager图书管理系统*
*           版本：alpha          *
**********************************
请选择你要使用的模块：
1--图书维护
2--图书借阅
3--会员维护
0--退出
请选择：1
     图书维护
请选择你要执行的功能：
1--录入
2--删除
3--查询
4--修改
5--列表
0--退出
请选择：
```

图 16-14　“图书维护”二级子菜单

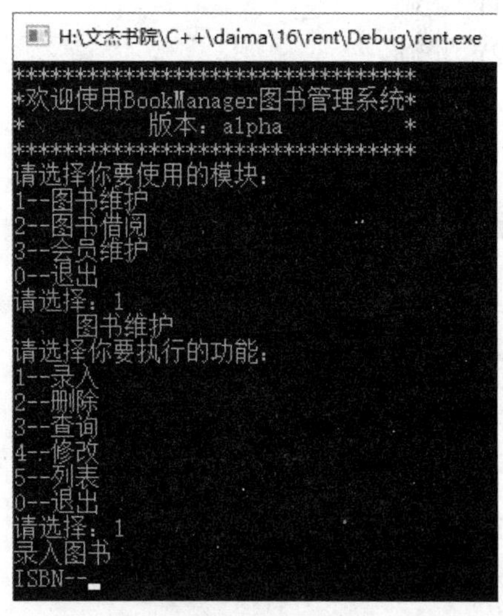

图 16-15　“录入图书”三级子菜单

读者可以继续根据控制台提示进行操作，完成需要的功能。为了节省本书篇幅，在此不再一一详细介绍。

习题答案

第1章

1. 选择题

(1) A
(2) A

2. 判断对错

(1) 正确
(2) 正确

第2章

1. 选择题

(1) A
(2) A

2. 判断对错

(1) 正确
(2) 正确

第3章

1. 选择题

(1) A
(2) A

2. 判断对错

(1) 正确
(2) 正确
(3) 正确

第4章

1. 选择题

(1) A
(2) A

2. 判断对错

(1) 正确
(2) 正确

第5章

1. 选择题

(1) A
(2) D

2. 判断对错

(1) 错误
(2) 正确

第6章

1. 选择题

(1) D
(2) A

2. 判断对错

(1) 正确
(2) 正确

第 7 章

1. 选择题

(1) A
(2) B

2. 判断对错

(1) 正确
(2) 正确

第 8 章

1. 选择题

(1) A
(2) A

2. 判断对错

(1) 正确
(2) 正确

第 9 章

1. 选择题

C　D

2. 判断对错

(1) 正确
(2) 错误

第 10 章

1. 选择题

(1) A
(2) A

2. 判断对错

(1) 正确
(2) 正确

第 11 章

1. 选择题

(1) A
(2) C

2. 判断对错

(1) 正确
(2) 错误

第 12 章

1. 选择题

(1) B
(2) A

2. 判断对错

(1) 正确
(2) 正确

第 13 章

1. 选择题

(1) A
(2) A

2. 判断对错

(1) 正确
(2) 正确

第 14 章

1. 选择题

(1) D
(2) A

2. 判断对错

(1) 正确
(2) 错误

第 15 章

1. 选择题

B

2. 判断对错

(1) 正确

(2) 正确

注：

本书上机练习代码文件均提供在本书配套素材文件夹中。